はじめに

　我が国においては、科学技術創造立国の理念の下、産業競争力の強化を図るべく「知的創造サイクル」の活性化を基本としたプロパテント政策が推進されております。

　「知的創造サイクル」を活性化させるためには、技術開発や技術移転において特許情報を有効に活用することが必要であることから、平成9年度より特許庁の特許流通促進事業において「技術分野別特許マップ」が作成されてまいりました。

　平成13年度からは、独立行政法人工業所有権総合情報館が特許流通促進事業を実施することとなり、特許情報をより一層戦略的かつ効果的にご活用いただくという観点から、「企業が新規事業創出時の技術導入・技術移転を図る上で指標となりえる国内特許の動向を分析」した「特許流通支援チャート」を作成することとなりました。

　具体的には、技術テーマ毎に、特許公報やインターネット等による公開情報をもとに以下のような分析を加えたものとなっております。
　・体系化された技術説明
　・主要出願人の出願動向
　・出願人数と出願件数の関係からみた出願活動状況
　・関連製品情報
　・課題と解決手段の対応関係
　・発明者情報に基づく研究開発拠点や研究者数情報　　など

　この「特許流通支援チャート」は、特に、異業種分野へ進出・事業展開を考えておられる中小・ベンチャー企業の皆様にとって、当該分野の技術シーズやその保有企業を探す際の有効な指標となるだけでなく、その後の研究開発の方向性を決めたり特許化を図る上でも参考となるものと考えております。

　最後に、「特許流通支援チャート」の作成にあたり、たくさんの企業をはじめ大学や公的研究機関の方々にご協力をいただき大変有り難うございました。

　今後とも、内容のより一層の充実に努めてまいりたいと考えておりますので、何とぞご指導、ご鞭撻のほど、宜しくお願いいたします。

独立行政法人工業所有権総合情報館

理事長　藤原　譲

| 無線LAN | エグゼクティブサマリー |

本格普及を迎える無線LAN

■ 有線ケーブル敷設が不要

無線LANは、信号の伝送路として電波や赤外線などを使用したLAN（Local Area Network）であり、パソコンやその周辺機器などの端末に無線通信アダプタを接続してネットワークをケーブル無しで構築できる。有線ケーブルの敷設が不要で、配置換えや移動などが容易であり、この際のケーブルの再敷設も不要である。

■ 電波方式の無線LAN

無線LANで主に用いられる電波には、2.4GHz帯、5.2GHz帯および19GHz帯がある。

2.4GHz帯は現在最も製品が多く出ている周波数帯であり、スペクトラム拡散方式を用い、伝送速度は最大11Mビット／秒である。2.4GHzは、電子レンジや近距離無線データ通信技術との間に電波干渉問題がある。

5.2GHz帯は、直交周波数分割多重方式による伝送速度最大24Mビット／秒（オプションで最大54Mビット／秒）であるが、日本国内では、衛星携帯電話や気象レーダとの干渉を防ぐため屋外での使用はできない。

19GHz帯は、2.4GHz帯や5.2GHz帯に比べて電波の直進性が強く、障害物の影響を受けやすく、到達距離も短く、移動の自由度も小さいなど赤外線に近い性質をもつ。セキュリティの確保が重要な場所などで使用される程度である。

■ 赤外線方式の無線LAN

赤外線方式には、発光ダイオードを使用するものと、半導体レーザを使用するものがある。発光ダイオードを用いたものでは、100Mビット／秒の伝送速度の製品もあるが、大多数の製品は伝送速度10Mビット／秒である。半導体レーザを用いたものでは、伝送速度が最大622Mビット／秒のものもある。

電波法の規制を受けないため、また高価な部品を必要としないため低コストの無線LANシステムが構築できる。電波のようなノイズの影響は受けないが、信号強度は距離とともに急速に減衰するので、遠距離通信には不適当であり、また光軸合わせが難しい。

無線LAN　　　　　　　　エグゼクティブサマリー

本格普及を迎える無線LAN

■ 無線LANの標準規格

　無線LAN標準化作業は、1990年11月にアメリカのIEEE総会でワーキンググループが設立され、まず97年6月に2.4GHz帯に関する標準仕様IEEE802.11が採択された。

　さらに、1999年11月に2.4GHz帯で伝送速度を最大11Mビット／秒に高めたIEEE802.11b、および5.2GHz帯で伝送速度最大24Mビット／秒（オプションで最大54Mビット／秒）のIEEE802.11aが標準仕様として採択された。

　これらのIEEEでの標準化に合わせて、日本では、1999年10月に2.4GHz帯で利用可能な帯域幅を米国などと同じに拡大し、また2000年3月に5.2GHz帯を利用可能としている。

■ 特許出願は端局間の接続手順、占有制御に集中

　無線LAN技術に関する特許出願を技術要素ごとの出願件数でみた場合、最も出願が多いのは、端局間の接続手順に関するものである。

　次に出願が多いのは、送信権を獲得するための占有制御に関するものである。

　これらに続いて、誤り制御に関するもの、トラフィック制御に関するものが件数で続いている。

■ 幅広い種々の業種、世界各国からの特許出願

　無線LAN技術に関する特許出願を、出願人の業種からみると、当然のことながら、電子通信関連、コンピュータ関連、携帯電話関連あるいは半導体製造関連の企業からの出願が大部分を占めている。しかしながら、出願件数上位50社には、住宅関連、自動車関連、産業機械関連あるいはガス会社などの企業が名前を連ねており、幅広い種々の業種から出願がなされていることが分かる。

　また、出願件数上位50社のうち12社は、外国企業であり、これらの国は、米国、オランダ、フランス、フィンランド、スウェーデンおよび韓国であり、世界各国から出願されていることが分かる。

| 無線 LAN | 主要技術要素 |

無線 LAN に関する 10 技術要素

電波による無線 LAN の一形態（インフラストラクチャ・モードの例）を図に示す。

親機であるアクセスポイントと、子機である移動端末は互いに電波を送受信してデータをやり取りするが、電波を送受信する際、この間に障害物が有ると妨害になるために①電波障害対策が必要になり、移動端末が異なる無線 LAN エリアに移動した際には、②ローミングによるアクセスポイント切換えが必要である。また、特に電波の場合にはデータを第三者に受信されやすいため、③機密保護の機能が必須になる。

データは、送受信の際に誤りが発生しないよう④誤り制御されるとともに、優先的に送信されるものは⑤優先制御される。

無線 LAN では、有線 LAN と同様にデータ送受信の流れを制御する⑥トラフィック制御、⑦同期制御、⑧プロトコル変換、⑨端局間の接続手順処理などが必須となり、送信権を獲得するための⑩占有制御も必要となる。

以上、上記の①から⑩は、無線 LAN 技術に不可欠な技術要素である。

無線LANエリアB

無線LANエリアA

移動端末（子機）

アクセスポイント（親機）

ルータ

有線LAN

移動端末（子機）

アクセスポイント（親機）

ルータ

サーバ

インターネット

⇔ 送受信されるデータの流れ

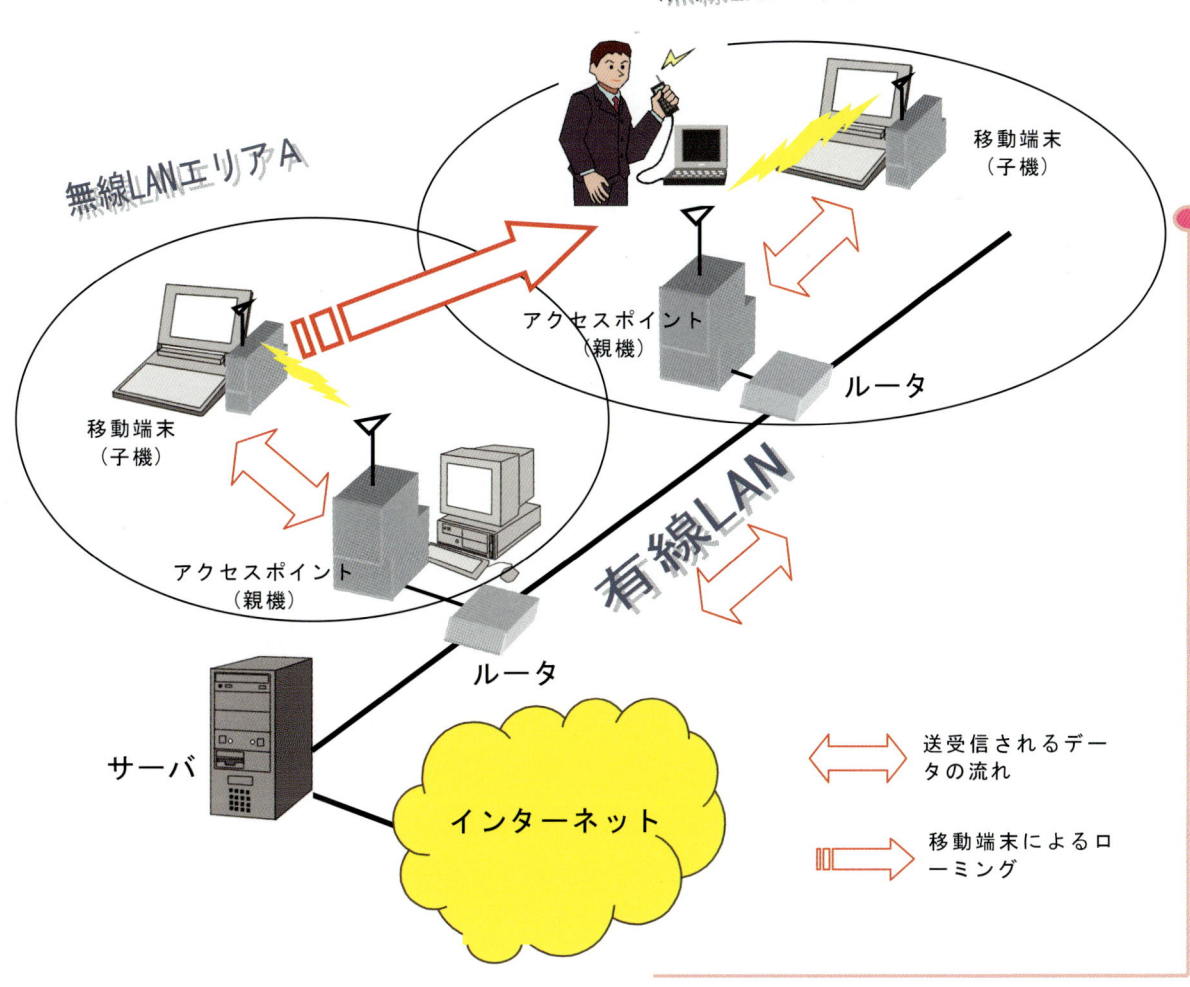

⇒ 移動端末によるローミング

無線LAN　　　　　　　技術の動向

増加傾向にある発明者数と特許出願

1990年から99年までに出願公開された無線LAN関連の出願件数を下図に示す。

1990年から93年頃までは、発明者数は増加しているものの出願件数はさほど増えていない。出願件数が増加したのは94年頃からで、96年、97年は多少落ち込んでいるものの、99年まで増加している。

出願件数の増加に伴って、発明者数も1994年頃から増加しており、この間の企業などでの発明活動が発展期にあったことをうかがわせている。

出願年-発明者数と出願件数の推移

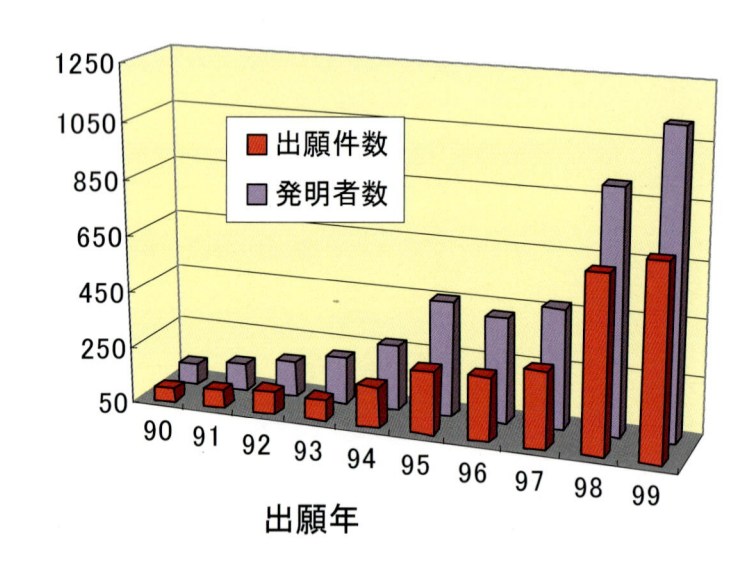

発明者数-出願件数の推移

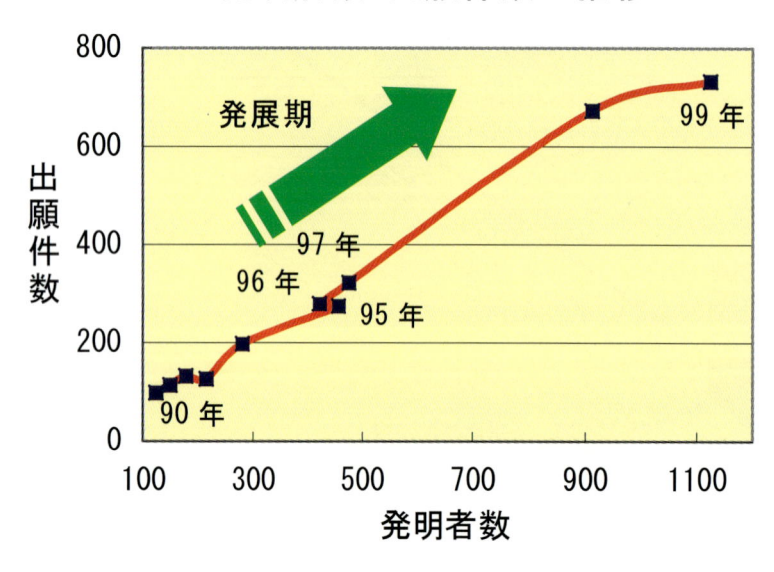

無線LAN

移動端末ローミングの課題・解決手段

> 高速ローミングの課題に対しては、通信エリアの変更処理といった解決手段が取られているものが多い。
>
> 移動局側処理改善の課題に対しては、基地局での移動局データ登録、更新といった解決手段が取られているものが多い。

課題＼解決手段	基地局選択、更新：基地局での移動局データ登録、更新	基地局選択、更新：ハンドオーバ時に他の基地局選択	通信エリア変更処理：移動局の現在位置取得、通知	通信エリア変更処理：通信エリアの変更処理	送受信電波を制御	処理制御の改善：サーバ側での処理、制御	処理制御の改善：パケット転送制御	処理制御の改善：識別子、識別番号による制御	その他：時間、時間間隔変更	その他：セルヘッダ、メッセージ処理	その他
通信応答性、スループットの改善：基地局と移動局間でのスループット向上	日立国際電気1件 日本電信電話1件	IBM(US)1件		東芝1件	フィリップス(NL)1件	日本電気1件 日本電信電話2件	NTT1件 フィリップス(NL)1件				日立製作所1件
通信応答性、スループットの改善：通信の応答性改善	三菱電機1件 日立製作所1件	IBM(US)1件	三菱電機1件 日本電気1件		日電エンジニアリング1件	デンソー1件 日立製作所1件	三菱マテリアル1件				松下電器産業1件 ルーセント(US)1件
通信応答性、スループットの改善：回線切断回避				日本電気1件			テレコム(FR)1件 東芝1件				日本電気1件 松下電器産業1件
高速ローミング：ハンドオーバ簡単化、高速化	東芝1件 日本電気1件	ルーセント(US)1件 東芝2件、日本電気1件 YRP移動通信研究所1件 ノキアモービル(FI)1件			三星電子(KR)1件 東芝1件					ルーセント(US)1件 日立製作所1件 日立通信システム1件	日立製作所1件 テレコム(FR)1件
高速ローミング：通信エリアの円滑変更	松下電工1件	富士通1件 東芝1件	IBM(US)1件	ソニー1件、日本電気1件 日本電信電話1件、PFU1件 富士通1件 AT&T(US)1件	日立製作所1件 キヤノン1件	東芝1件 三菱マテリアル1件					日立製作所1件
高速ローミング：パケットの確実送信、転送	沖電気工業1件		三菱マテリアル1件 ソニー1件	ルーセント(US)1件 日本電信電話1件 他1件	東芝1件 富士通1件				東芝1件		
高速ローミング：高速ローミングの実現	日立国際電気1件 日本電信電話1件	クラリオン1件		電子航法研究所1件 クラリオン1件 個人 2件	TI(US)1件						
高速ローミング：メッセージの確実転送、送信				ハイニックスセミコン(KR)1件							
移動局側処理改善：移動局の高精度位置把握	NTTデータ1件 三菱電機1件 日立国際電気1件		日本電気1件 ソニー(DE)1件 NTTドコモ1件 松下電器産業1件		松下電器産業1件	NTTデ…					
移動局側処理改善：移動局の電力低減		富士通1件		豊田自動織機1件 東芝1件							
移動局側処理改善：移動局への必要情報提供	NTTデータ2件 日立国際電気1件 パイオニア1件 日立製作所1件 他 2件		日立国際電気1件 デンソー1件 東芝1件	日本電気1件	日立製作所1件	住友電気1件 個人1件					
その他：ユーザへのサービス提供向上			テレフォン(SE)1件		アルカテル(FR)1件	ソニー1件 NTTド…					
その他：その他			ゼロックス(US)1件 富士通テン1件	日本電気2件 日電通信システム1件					日立テレコム1件 NTTアドバンス1件 日本電信電話1件		日本電気1件 日立製作所1件 ルーセント(US)1件 IBM(US)1件 シャープ1件

| 無線LAN | 技術開発の拠点の分布 |

国内外ともに幅広い開発拠点分布

　主要企業20社の開発拠点を発明者の住所または居所でみると、日本では北海道を除く本州、九州および四国にあり、都道府県別では北の宮城県から、南の熊本県までとなっている。
　一方、海外では米州、欧州および台湾などにも開発拠点があり、全世界規模で開発が行われている。

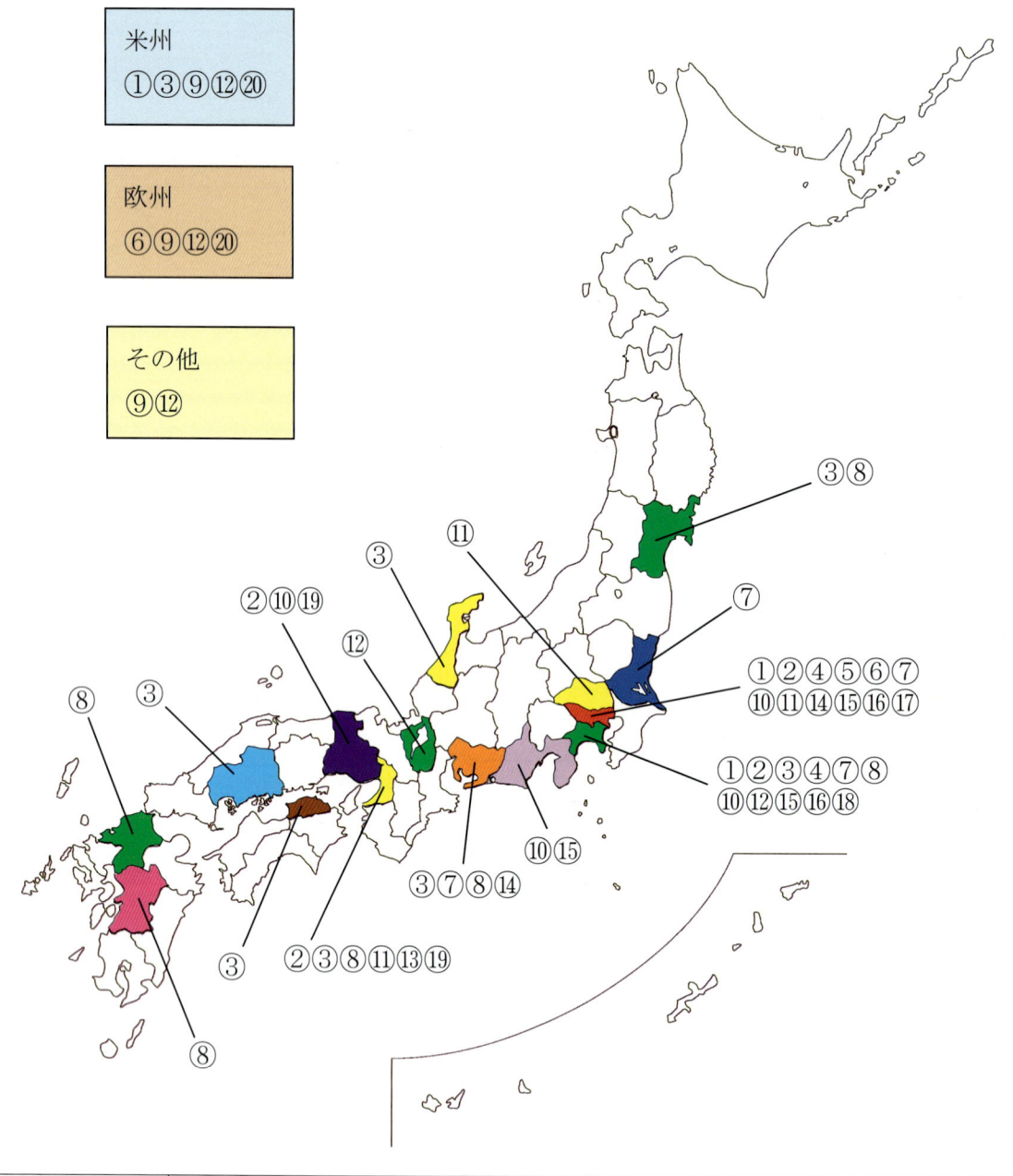

米州
①③⑨⑫⑳

欧州
⑥⑨⑫⑳

その他
⑨⑫

① 日本電気	② 東芝	③ 松下電器産業	④ 日本電信電話	⑤ ソニー
⑥ キヤノン	⑦ 日立製作所	⑧ 富士通	⑨ ルーセント テクノロジーズ	⑩ 三菱電機
⑪ 日立国際電気	⑫ IBM	⑬ シャープ	⑭ NTTドコモ	⑮ 東芝テック
⑯ 沖電気工業	⑰ リコー	⑱ 日本ビクター	⑲ クボタ	⑳ オープンウェーブ システムズ

無線LAN　　　　　　　　　　　　　　　　　　主要企業の状況

主要企業20社の出願状況

主要企業20社の無線LAN技術全体および技術要素ごとの出願件数を下表に示す。無線LAN技術全体での出願件数ベスト5は、日本電気、東芝、松下電器産業、日本電信電話、ソニーである。

	出願人	無線LAN技術全体(件)	電波障害対策(件)	移動端末ローミング(件)	占有制御(件)	端局間の接続手順(件)	プロトコル関連(件)	誤り制御(件)	トラフィック制御(件)	同期(件)	優先制御(件)	機密保護(件)
1	日本電気	258	10	16	96	83	17	40	54	31	14	9
2	東芝	214	14	19	49	69	12	30	47	17	7	13
3	松下電器産業	176	0	5	45	73	28	26	30	12	9	4
4	日本電信電話	162	7	11	46	58	9	28	38	14	11	11
5	ソニー	123	3	3	30	52	10	22	14	22	7	6
6	キヤノン	120	5	1	57	50	12	33	19	8	6	2
7	日立製作所	106	4	11	28	27	9	20	14	12	7	2
8	富士通	94	4	5	40	29	6	21	16	10	3	1
9	ルーセント　テクノロジーズ(米国)	88	3	11	30	37	11	13	28	5	6	2
10	三菱電機	77	2	5	24	23	6	12	13	5	8	3
11	日立国際電気	73	12	8	21	28	3	6	11	12	2	3
12	IBM(米国)	63	0	5	21	23	8	16	10	9	3	4
13	シャープ	55	4	1	8	29	3	8	4	7	3	4
14	NTTドコモ	52	1	2	13	20	7	6	12	1	0	2
15	東芝テック	47	4	0	13	13	4	13	8	3	0	0
16	沖電気工業	39	0	5	10	10	2	8	10	3	1	1
17	リコー	38	2	0	18	11	2	9	2	2	3	1
18	日本ビクター	38	2	0	16	16	6	2	11	3	1	3
19	クボタ	19	0	0	2	12	0	6	3	1	13	0
20	オープンウェーブシステムズ	15	0	0	0	9	5	1	2	1	0	5

無線LAN	主要企業

日本電気 株式会社

出願状況	技術要素「トラフィック制御」における出願分布
日本電気の出願件数は258件で、出願件数順で1位である。 そのうち、登録になった特許が100件、係属中の特許が80件ある。	（出願件数の3Dグラフ：課題軸＝トラフィック低減、回線利用率向上、チャネル割当適正化、その他／解決手段軸＝状態量検出、割当・方式変更、パケット・セル利用、速度切換・変化、その他）

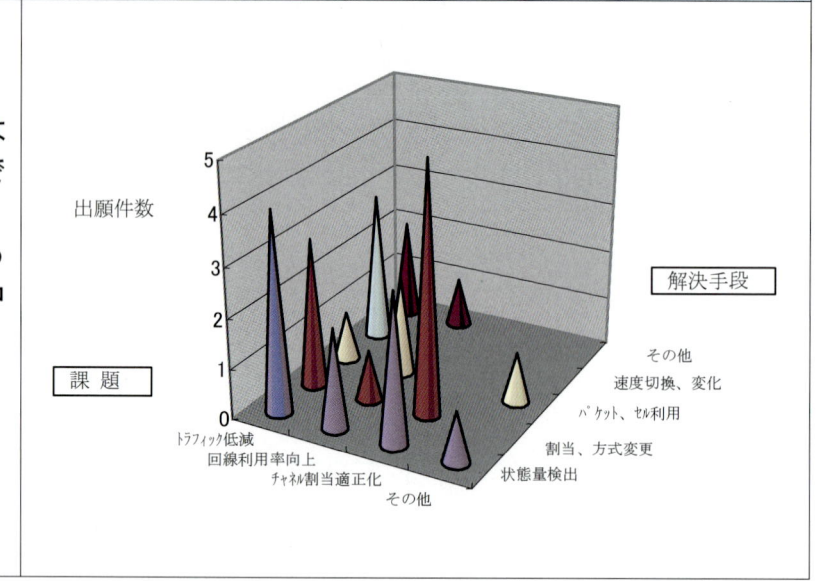

保有特許例

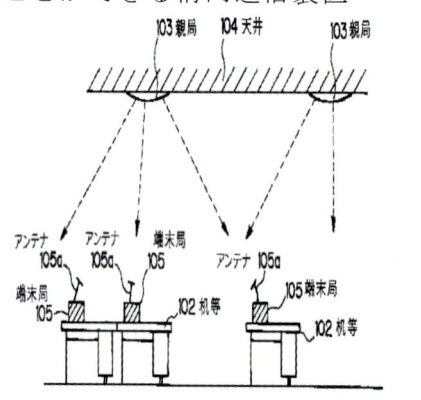

特許第3005937号	特許第3165125号
概要：端末局のアンテナの方向を容易に調整することができる構内通信装置	概要：衝突に関与の複数の無線局が送信遅延処理中は別の無線局のアクセスを制限する

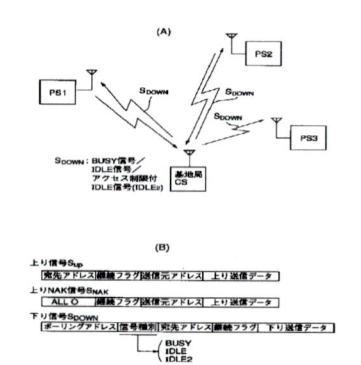

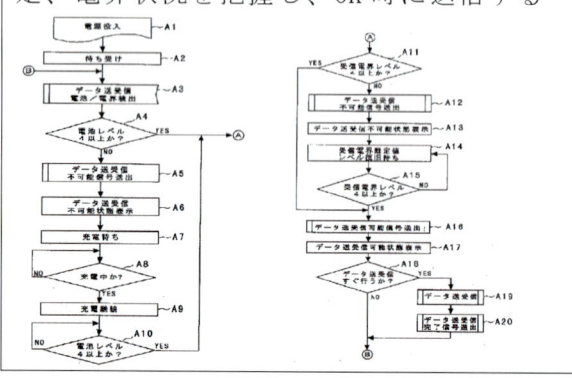

特許第3114695号	特許第2836563号
概要：ネットワーク側で無線端末の電池不足、電界状況を把握し、OK時に送信する	概要：親局は子局が動作するための基準タイミングを子局に送る

無線LAN	主要企業

株式会社 東芝

出願状況	技術要素「トラフィック制御」における出願分布
東芝の出願件数は214件で、出願件数順で2位である。 そのうち、登録になった特許が6件、係属中の特許が169件ある。	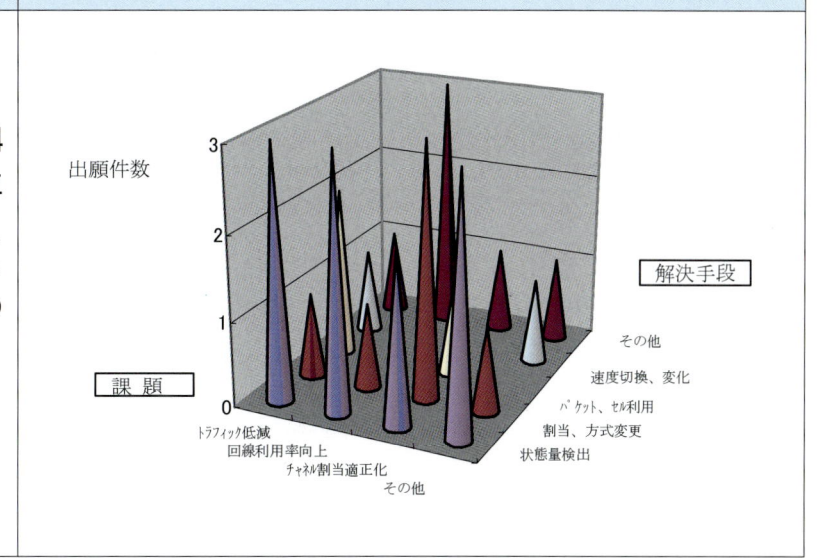 (3Dコーングラフ：課題×解決手段×出願件数) 課題：トラフィック低減、回線利用率向上、チャネル割当適正化、その他 解決手段：状態量検出、割当・方式変更、パケット・セル利用、速度切換・変化、その他

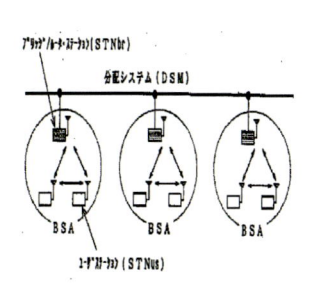

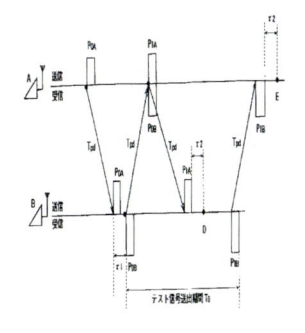

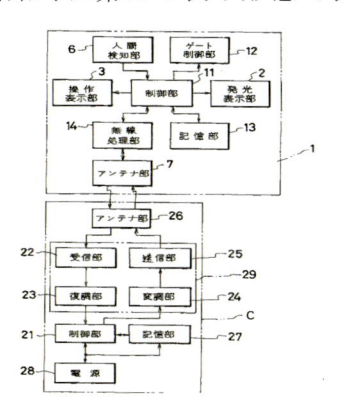

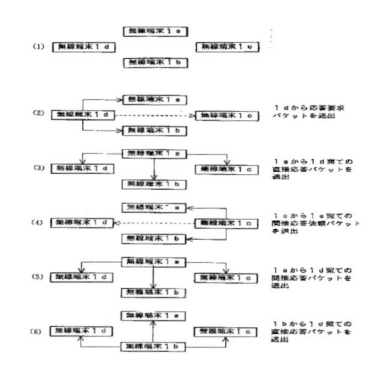

保有特許例	
特許第3157199号	特許第3181317号
概要：異なるキャリア周波数で1次変調を施し更にスペクトル拡散で2次変調を実施	概要：所定の帯域で通信データを転送する無線ネットワークにおける情報処理端末
特許第2931659号	特許第3198182号
概要：送受信可能のとき第1の表示形態、送受信開始時に第2の表示形態で表示する	概要：各端末が自分自身が隠れ端末であるか否かを判断し、隠れ端末の場合通信を停止

| 無線LAN | 主要企業 |

松下電器産業 株式会社

出願状況	技術要素「プロトコル関連」における出願分布
松下電器産業の出願件数は176件で、出願件数順で3位である。 　そのうち、登録になった特許が11件、係属中の特許が130件ある。	（3Dグラフ：課題別×解決手段別の出願件数分布） 課題：通信性能、通信品質、システム構成、通信障害 解決手段：通信経路、システム処理、多重方式・ATM方式 他、TCP/IP方式・HDLC方式 他

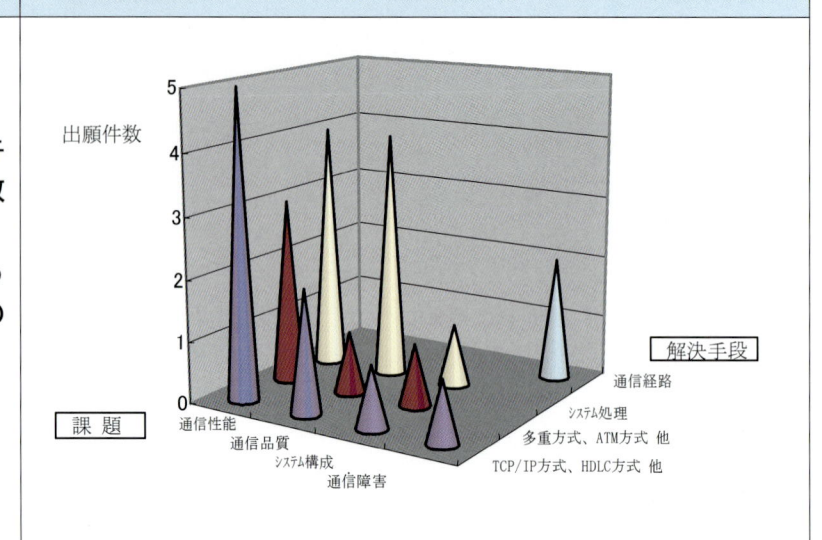

保有特許例

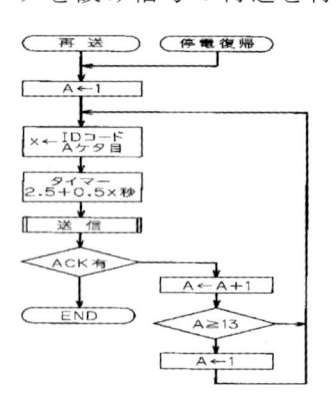

特許第3144129号	特許第2943478号
概要：信号衝突時にタイマ生成手段によりタイムラグを設け信号の再送を行う	概要：サーバ無線アドレス保持テーブルを持つ

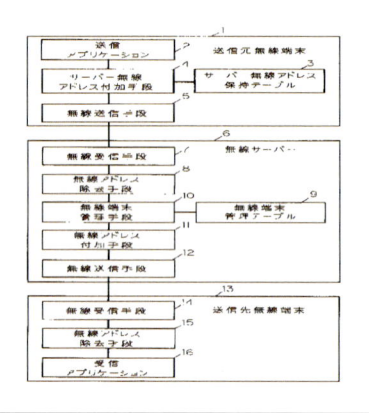

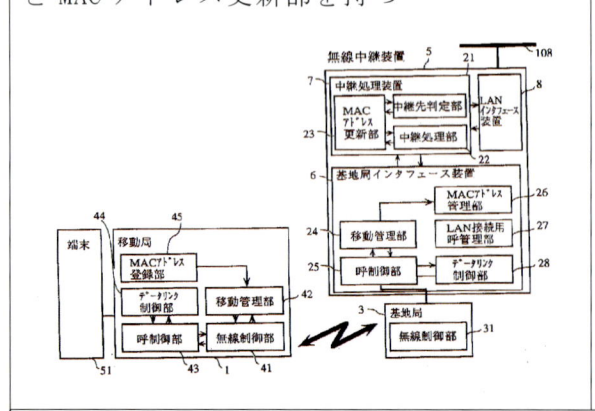

特許第2985683号	特許第2732962号
概要：無線中継装置にMACアドレス管理部とMACアドレス更新部を持つ	概要：タイマ計時による一定時間経過後に通信アダプタを初期化する

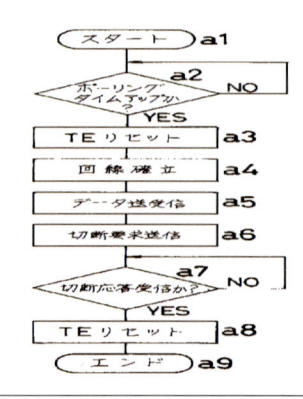

X

| 無線 LAN | 主要企業 |

日本電信電話 株式会社

出願状況	技術要素「端局間の接続手順」における出願分布
日本電信電話の出願件数は162件で、出願件数順で4位である。 そのうち、登録になった特許が15件、係属中の特許が125件ある。	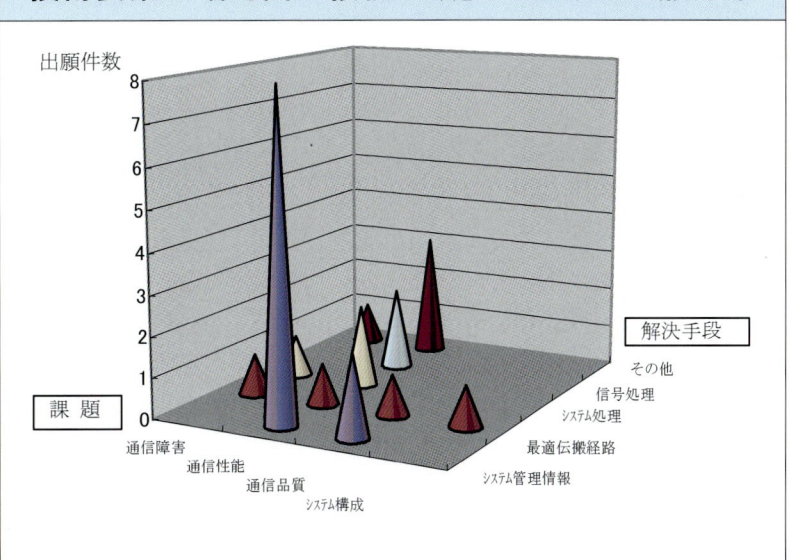 （出願件数の3Dグラフ：課題×解決手段）

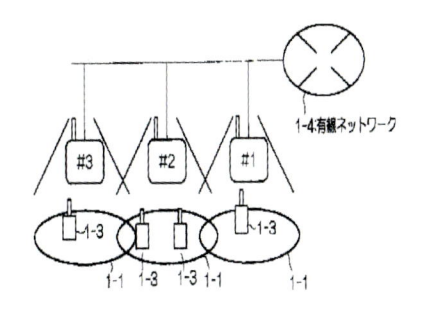

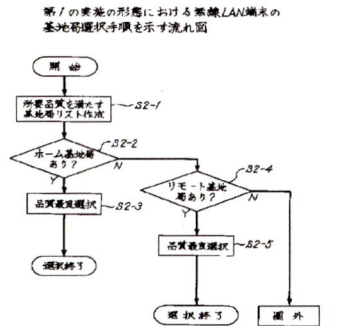

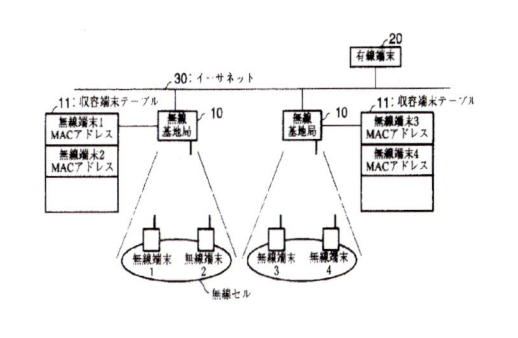

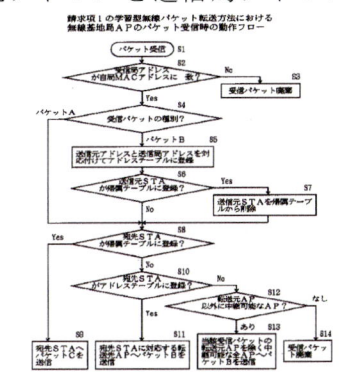

保有特許例	
特許第3004243号	特許第2963424号
概要：占有使用できる非衝突領域を他の無線局と競合しつつ周期的に設定する	概要：ホームネットワークと同じドメインIDを持ち品質が最も優れた基地局を選択
特許第3007069号	特許第2947351号
概要：直接転送が可能な端末をテーブルに記憶し、直接／中継転送を選ぶ	概要：無線基地局間を転送されるパケットが送信元アドレスと送信局アドレスを持つ

| 無線LAN | 主要企業 |

ソニー 株式会社

出願状況	技術要素「同期」における出願分布
ソニーの出願件数は123件で、出願件数順で5位である。 そのうち、登録になった特許が1件、係属中の特許が114件ある。	（3Dグラフ：課題×解決手段×出願件数） 課題：通信性能、通信障害、システム構成、時刻・位置管理、フレーム処理、周波数処理 解決手段：システム処理、ビット・符号処理、その他

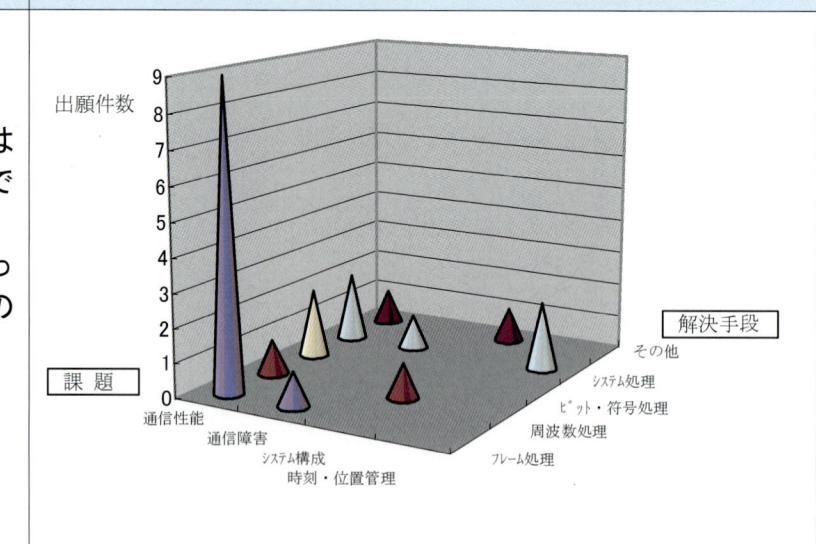

保有特許例	
特許第3075278号	特開2001-77878
概要：制御ノードは同期通信データの発信を1あるいは複数サイクル単位で管理する	概要：有線通信、近距離無線通信、記憶、通信制御手段を備えた通信装置
特開平11-355279	特開2001-111562
概要：受信信号から所定部分を復号し、復号できたか否かで情報リンクを確立する	概要：高速シリアルバスで接続された機器から送られる帯域情報に基づいて帯域を予約

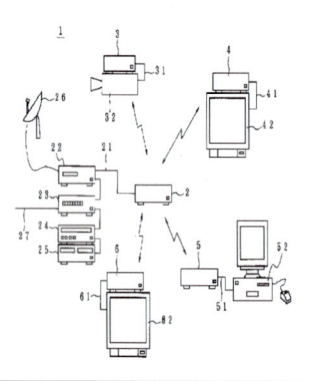

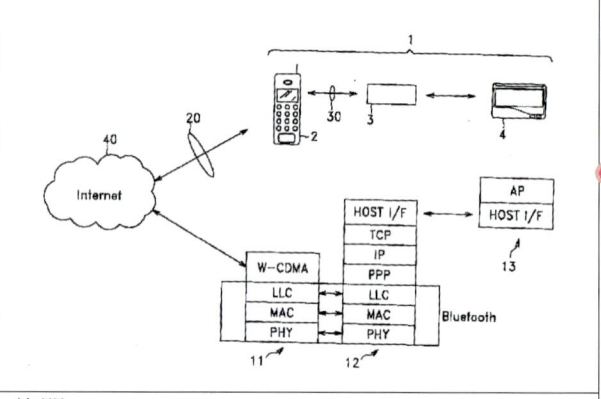

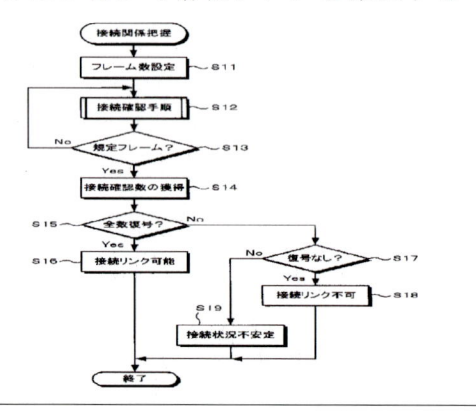

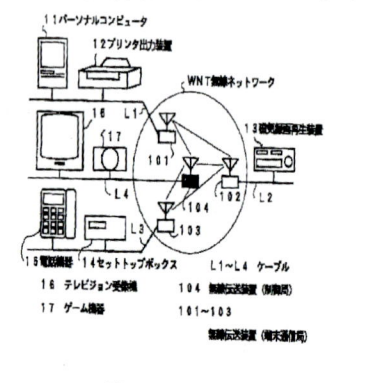

目次

無線 LAN

1. 無線 LAN 技術の概要

- 1.1 無線 LAN 技術 3
  - 1.1.1 無線 LAN 技術全体の概要 3
  - 1.1.2 無線 LAN のシステム構成 3
  - 1.1.3 伝送媒体 4
  - 1.1.4 アクセス制御方式 5
  - 1.1.5 無線 LAN の標準規格 6
  - 1.1.6 無線 LAN におけるセキュリティ 6
  - 1.1.7 無線 LAN の適用分野 7
  - 1.1.8 無線 LAN の技術体系 8
  - 1.1.9 無線 LAN 技術の最新動向 9
- 1.2 無線 LAN 技術の特許情報へのアクセス 10
  - 1.2.1 関連 IPC、FI 10
  - 1.2.2 特許電子図書館（IPDL）の利用 10
  - 1.2.3 民間情報サービスの利用 11
- 1.3 技術開発活動の状況 13
  - 1.3.1 無線 LAN 技術全体の出願人数－出願件数の推移 13
  - 1.3.2 技術要素ごとの出願人数－出願件数の推移 14
    - （1）電波障害対策 14
    - （2）移動端末ローミング 15
    - （3）占有制御 16
    - （4）端局間の接続手順 17
    - （5）プロトコル関連 18
    - （6）誤り制御 19
    - （7）トラフィック制御 20
    - （8）同期 21
    - （9）優先制御 22
    - （10）機密保護 23
- 1.4 技術開発の課題と解決手段 24

目次

2. 主要企業等の特許活動

- 2.1 主要企業20社 40
- 2.2 日本電気 42
  - 2.2.1 企業の概要 42
  - 2.2.2 無線LAN技術に関する製品・技術 42
  - 2.2.3 技術開発課題対応保有特許の概要 43
  - 2.2.4 技術開発拠点 48
  - 2.2.5 研究開発者 49
- 2.3 東芝 50
  - 2.3.1 企業の概要 50
  - 2.3.2 無線LAN技術に関する製品・技術 50
  - 2.3.3 技術開発課題対応保有特許の概要 51
  - 2.3.4 技術開発拠点 56
  - 2.3.5 研究開発者 56
- 2.4 松下電器産業 57
  - 2.4.1 企業の概要 57
  - 2.4.2 無線LAN技術に関する製品・技術 57
  - 2.4.3 技術開発課題対応保有特許の概要 58
  - 2.4.4 技術開発拠点 63
  - 2.4.5 研究開発者 63
- 2.5 日本電信電話 64
  - 2.5.1 企業の概要 64
  - 2.5.2 無線LAN技術に関する製品・技術 65
  - 2.5.3 技術開発課題対応保有特許の概要 65
  - 2.5.4 技術開発拠点 70
  - 2.5.5 研究開発者 70
- 2.6 ソニー 71
  - 2.6.1 企業の概要 71
  - 2.6.2 無線LAN技術に関する製品・技術 72
  - 2.6.3 技術開発課題対応保有特許の概要 72
  - 2.6.4 技術開発拠点 76
  - 2.6.5 研究開発者 76

目次

Contents

2.7 キヤノン 77
- 2.7.1 企業の概要 77
- 2.7.2 無線 LAN 技術に関する製品・技術 78
- 2.7.3 技術開発課題対応保有特許の概要 78
- 2.7.4 技術開発拠点 82
- 2.7.5 研究開発者 82

2.8 日立製作所 83
- 2.8.1 企業の概要 83
- 2.8.2 無線 LAN 技術に関する製品・技術 84
- 2.8.3 技術開発課題対応保有特許の概要 84
- 2.8.4 技術開発拠点 88
- 2.8.5 研究開発者 88

2.9 富士通 90
- 2.9.1 企業の概要 90
- 2.9.2 無線 LAN 技術に関する製品・技術 91
- 2.9.3 技術開発課題対応保有特許の概要 91
- 2.9.4 技術開発拠点 93
- 2.9.5 研究開発者 94

2.10 ルーセント テクノロジーズ 95
- 2.10.1 企業の概要 95
- 2.10.2 無線 LAN 技術に関する製品・技術 96
- 2.10.3 技術開発課題対応保有特許の概要 96
- 2.10.4 技術開発拠点 98
- 2.10.5 研究開発者 99

2.11 三菱電機 100
- 2.11.1 企業の概要 100
- 2.11.2 無線 LAN 技術に関する製品・技術 101
- 2.11.3 技術開発課題対応保有特許の概要 101
- 2.11.4 技術開発拠点 103
- 2.11.5 研究開発者 103

2.12 日立国際電気 105
- 2.12.1 企業の概要 105
- 2.12.2 無線 LAN 技術に関する製品・技術 106
- 2.12.3 技術開発課題対応保有特許の概要 106
- 2.12.4 技術開発拠点 109
- 2.12.5 研究開発者 109

目次

Contents

- 2.13 IBM 110
  - 2.13.1 企業の概要 110
  - 2.13.2 無線 LAN 技術に関する製品・技術 111
  - 2.13.3 技術開発課題対応保有特許の概要 111
  - 2.13.4 技術開発拠点 114
  - 2.13.5 研究開発者 114
- 2.14 シャープ 115
  - 2.14.1 企業の概要 115
  - 2.14.2 無線 LAN 技術に関する製品・技術 116
  - 2.14.3 技術開発課題対応保有特許の概要 116
  - 2.14.4 技術開発拠点 118
  - 2.14.5 研究開発者 118
- 2.15 NTT ドコモ 119
  - 2.15.1 企業の概要 119
  - 2.15.2 無線 LAN 技術に関する製品・技術 120
  - 2.15.3 技術開発課題対応保有特許の概要 120
  - 2.15.4 技術開発拠点 122
  - 2.15.5 研究開発者 122
- 2.16 東芝テック 123
  - 2.16.1 企業の概要 123
  - 2.16.2 無線 LAN 技術に関する製品・技術 124
  - 2.16.3 技術開発課題対応保有特許の概要 124
  - 2.16.4 技術開発拠点 126
  - 2.16.5 研究開発者 126
- 2.17 沖電気工業 127
  - 2.17.1 企業の概要 127
  - 2.17.2 無線 LAN 技術に関する製品・技術 128
  - 2.17.3 技術開発課題対応保有特許の概要 128
  - 2.17.4 技術開発拠点 129
  - 2.17.5 研究開発者 129
- 2.18 リコー 130
  - 2.18.1 企業の概要 130
  - 2.18.2 無線 LAN 技術に関する製品・技術 131
  - 2.18.3 技術開発課題対応保有特許の概要 131
  - 2.18.4 技術開発拠点 133
  - 2.18.5 研究開発者 133

目次

Contents

2.19 日本ビクター 134
  2.19.1 企業の概要 134
  2.19.2 無線 LAN 技術に関する製品・技術 135
  2.19.3 技術開発課題対応保有特許の概要 135
  2.19.4 技術開発拠点 137
  2.19.5 研究開発者 137

2.20 クボタ 138
  2.20.1 企業の概要 138
  2.20.2 無線 LAN 技術に関する製品・技術 139
  2.20.3 技術開発課題対応保有特許の概要 139
  2.20.4 技術開発拠点 140
  2.20.5 研究開発者 140

2.21 オープンウェーブシステムズ 141
  2.21.1 企業の概要 141
  2.21.2 無線 LAN 技術に関する製品・技術 142
  2.21.3 技術開発課題対応保有特許の概要 142
  2.21.4 技術開発拠点 143
  2.21.5 研究開発者 143

3．主要企業の技術開発拠点
  3.1 電波障害対策 148
  3.2 移動端末ローミング 149
  3.3 占有制御 150
  3.4 端局間の接続手順 152
  3.5 プロトコル関連 154
  3.6 誤り制御 155
  3.7 トラフィック制御 156
  3.8 同期 158
  3.9 優先制御 159
  3.10 機密保護 160

目次

資料
1. 工業所有権総合情報館と特許流通促進事業 163
2. 特許流通アドバイザー一覧 166
3. 特許電子図書館情報検索指導アドバイザー一覧 169
4. 知的所有権センター一覧 171
5. 平成13年度 25技術テーマの特許流通の概要 173
6. 特許番号一覧 189

1. 無線 LAN 技術の概要

1.1 無線 LAN 技術
1.2 無線 LAN 技術の特許情報へのアクセス
1.3 技術開発活動の状況
1.4 技術開発の課題と解決手段

> 特許流通
> 支援チャート
>
> # 1. 無線LAN技術の概要
>
> 有線ケーブル敷設が不要で機器の配置換え、移動などが容易であるという特徴を有しており、今後、適用分野のさらなる拡大が期待される。

1.1 無線LAN技術

1.1.1 無線LAN技術全体の概要

　無線LANは、信号の伝送路として電波（電波方式）や赤外線（赤外線方式）などを使用したLAN (Local Area Network)であり、パソコンやその周辺機器などの端末に無線通信アダプタを接続してネットワークをケーブル無しで構築できる。有線ケーブルの敷設が不要で、配置換えや移動などが容易であり、この際のケーブルの再敷設も不要である。

　電波方式は、通信エリア内であれば自由に移動して使用できるが、有線LANに比べて伝送速度が制限され、ほかの機器から発生する電磁ノイズの影響を受けやすい欠点がある。1992年頃から規格化が進み、2.4GHz帯および19GHz帯において各社が製品化を進めてきたが、伝送速度が遅いこと（2.4GHz帯で2Mビット／秒程度）、機器が高価であることなどから、なかなか普及が進まなかった。無線LANが注目され製品も多く出されるようになってきたのは、99年11月に2.4GHz帯で伝送速度を最大11Mビット／秒に高めたIEEE802.11bが正式採択されてからである。また、同じく99年11月に5.2GHz帯で最大24Mビット／秒（オプションでは最大54Mビット／秒）のIEEE802.11aも正式採択され、高速通信の環境が整えられたが、5.2GHz帯は日本国内では基本的に屋内でしか使えない。

　赤外線方式は、免許の必要が無く、送受信機に高周波回路など高価な部品を必要としないため、低コストの無線LANシステムが構築でき、また最近では100Mビット/秒の伝送速度を持つ高速な室内用の機器も販売されているが遠距離通信には不向きである。

1.1.2 無線LANのシステム構成

　無線LANのシステム構成は、大きく分けて以下の3種類がある。

(1) アドホック・モード

　これはアクセス・ポイントを使用せずに、無線LAN端末のみでネットワークを構築し、ピア・ツー・ピア接続するもので、各無線LAN端末はアクセス制御の点で対等な関係にある。小規模オフィスやイベント会場などに適用される。

(2) ポイント・ツー・ポイント・モード

　無線ブリッジ同士、またはアクセス・ポイント同士で通信する形態で、1対1通信なのでアクセス制御は使用しない。主にビル間通信などの2拠点間のLAN間接続に適用される。

(3) インフラストラクチャ・モード

　既設のイーサネット上にアクセス・ポイントを接続し、無線LAN端末がアクセス・ポイントを介して有線LANに接続する形態で、アクセス・ポイントは無線通信のアクセス制御を管理する親機の役割ももつ。オフィスに無線LANを導入する場合の最も一般的な構成である。

1.1.3 伝送媒体

　無線LANに用いられる伝送媒体には電波および赤外線の2方式がある。

(1) 電波方式

　無線LANで主に用いられる電波には、2.4GHz帯、5.2GHz帯および19GHz帯がある。

　2.4GHz帯は現在最も製品が多く出ている周波数帯であり、スペクトラム拡散方式を用い、伝送速度は最大11Mビット／秒である。2.4GHz帯は、電子レンジや近距離無線データ通信技術「Bluetooth」（Bluetoothは、Bluetooth SIG,Inc.の商標である）との間に電波干渉問題がある。

　5.2GHz帯は、直交周波数分割多重(OFDM)方式による伝送速度最大24Mビット／秒（オプションで最大54Mビット／秒）であるが、日本国内では、衛星携帯電話や気象レーダとの干渉を防ぐため屋外での使用はできない。

　19GHz帯は、2.4GHz帯や5.2GHz帯に比べて電波の直進性が強く、障害物の影響を受けやすく、到達距離も短く、移動の自由度も小さいなど赤外線に近い性質をもつ。2.4GHz帯、5.2GHz帯での伝送速度の高速化により、速度上のメリットが薄れてきており、また高価であることから、セキュリティの確保が重要な場所で使用される程度である。

(2) 赤外線方式

　赤外線は発光ダイオード（LED：Light Emission Diode)や半導体レーザ（LD：Laser Diode)を使用してデータを伝送するもので、発光ダイオードを用いたものでは、100Mビット／秒の伝送速度の製品もあるが、大多数の製品は伝送速度10Mビット／秒である。半導体レーザを用いたものでは、伝送速度が最大622Mビット／秒のものもある。電波法の規制を受けないため、また高価な部品を必要としないため低コストの無線LANシステムが構築できる。電波のようなノイズの影響は受けないが、信号強度は距離とともに急速に減衰するので、遠距離通信には不適当であり、また光軸合わせが難しい。

　表1.1.3-1は、伝送媒体による無線LANの比較を纏めたものである。

表 1.1.3-1 伝送媒体による無線 LAN の比較

伝送媒体の方式	電波（2.4GHz 帯）	赤外線（発光ダイオード）
伝送速度	1～11M ビット／秒	2～155M ビット／秒
通信距離	数 10m～100m（屋内） 100m～2km（屋外）	数 m～300m
変調方式	直接拡散方式スペクトラム拡散	直接輝度変調
障害物による影響	壁・天井を越えた通信も可能	通信経路上に障害物があるとダメ
小型化	容易	困難
セキュリティ	中ぐらい	高い

1.1.4 アクセス制御方式

　無線 LAN では、空中に多種多様な電波が混在し、さらに多数の端末を並行して使用するために、互いの電波による干渉が発生して混信による伝搬障害の恐れがある。このためアクセス制御を行って対策をとる必要がある。これには次の 3 方式がある。

(1) 周波数分割多元接続方式（FDMA：Frequency Division Multiple Access）

　これは各端末が全く異なる周波数を使用し、ほかの端末からの信号と混信しないよう独立性を確保する方式である。

(2) 時分割多元接続方式（TDMA：Time Division Multiple Access）

　これは同じ周波数を使用し、各データを送受信する時間を区切って独立性を確保する方式である。

(3) 符号分割多元接続方式（CDMA：Code Division Multiple Access）

　一般にスペクトラム拡散方式といわれ、データを周波数軸上(スペクトラム)に拡散して伝送する方式であり、PN 符号（Pseudo Noise Code)を用いてほかの信号からの独立性を確保している。これには次の 3 方式がある。
①直接拡散方式(SS-DS：Spread Spectrum-Direct Sequence)
　送信側で、送信信号を PN 符号を用いて拡散し、受信側で、受信信号と PN 符号との相関を取ることにより、重なり合う複数の拡散スペクトラムから目的の信号を取り出す。データを広い周波数に拡散させるため電力密度を低くでき、外部干渉に強い特性をもつ。
②周波数ホッピング方式(SS-FH：SS-Frequency Hopping)
　時間とともに周波数を変えて狭帯域データを伝送する方式である。この場合送信側と受信側で周波数が変わる(Hopping)タイミングを事前に了解して通信を行う。特定の周波数に干渉・妨害波があっても、すぐに別の周波数に変わるので、干渉に強い特性をもつ。
③SS-DS と SS-FH 方式を混合したハイブリッド方式

1.1.5 無線LANの標準規格

日本では1991年7月、電波技術審議会で「無線LANシステムの技術的条件」の検討が開始され、92年2月に準マイクロ波帯の周波数を利用するスペクトラム拡散方式の中速無線LANシステムおよび準ミリ波帯の周波数を利用する高速無線LANシステムの技術的条件に関する答申がなされ、これにもとづいて92年12月に郵政省令によって、2.4GHz帯システムおよび19GHz帯システムの技術規格が成立した。

無線LAN標準化作業は1990年11月にアメリカのIEEE総会でワーキンググループが設立され、まず97年6月に2.4GHz帯に関する標準仕様IEEE802.11が採択された。さらに、99年11月に2.4GHz帯で伝送速度を最大11Mビット／秒に高めたIEEE802.11b、および5.2GHz帯で伝送速度最大24Mビット／秒(オプションで最大54Mビット／秒)のIEEE802.11aが標準仕様として採択された。表1.1.5-1にこれら標準仕様の内容を示す。

これらのIEEEでの標準化に合わせて、日本では、1999年10月に2.4GHz帯で利用可能な帯域幅を米国などと同じに拡大し、また2000年3月に5.2GHz帯を利用可能としている。

表1.1.5-1 無線LAN標準仕様 IEEE802の概要

仕様名称	規格採択時期	伝送媒体	変調方式	伝送速度 [Mビット／秒] ( )はオプション
IEEE802.11	97年6月	電波 (2.4GHz帯)	直接拡散方式スペクトラム拡散(2次変調)、BPSK/QPSK(1次変調)	1, 2
			周波数ホッピング方式スペクトラム拡散(2次変調)、FSK(1次変調)	1, (2)
		赤外線 (850〜950nm)	4値PPM/16値PPM(1次変調のみ)	1, 2
IEEE802.11b	99年11月	電波 (2.4GHz帯)	直接拡散方式スペクトラム拡散(2次変調)、BPSK/QPSK(1次変調)	1, 2, 5.5, 11
IEEE802.11a	99年11月	電波 (5.2GHz帯)	OFDM(2次変調)、BPSK/QPSK/16値QAM/64値QAM(1次変調)	6, (9), 12, (18) 24, (36), (48), (54)

注. BPSK(Binary Phase Shift Keying)、QPSK(Quadrature Phase Shift Keying)、FSK(Frequency Shift Keying)、PPM(Pulse Position Modulation)、OFDM(Orthogonal Frequency Division Multiplexing)、QAM(Quadrature Amplitude Modulation)。

1.1.6 無線LANにおけるセキュリティ

無許可ユーザによる不正なLANアクセスが無線で可能になり、セキュリティが低下しないかという不安がある。しかし無線LANは通常の有線LANよりも安全性は高く、IEEE802.11の規定では、通信プロトコルの階層構造においてMAC(Media Access Control)層以下に3段階のセキュリティのハードルを設けている。スペクトラム拡散方式で信号を送受信し、この時に疑似乱数コードがデータにスクランブルを掛ける役割をするので、逆の手順で信号を復号しない限り解読出来なくなっている。またMAC層にはBSS-ID/ESS-IDなどの認証用のIDがあり、ASCIIコードの64文字を用いた32文字で構成する仕様になっている。

より高度のセキュリティにはデータの暗号化が必要であるが、IEEE802.11にはこれに対するオプション規定も設定されている。

1.1.7 無線LANの適用分野

当初、オフィスや工場などでの業務効率向上、生産性向上を目指してLANが導入され普及したが、光ファイバ、同軸ケーブルあるいはツイストペア・ケーブルなどの有線構成であったため、接続機器の追加、配置換え、移動などが大変で、多大な休止ロスおよび費用を必要とした。これに対して無線LANでは、配線スペースが不要、端末設置の柔軟性向上、移動体での使用が可能という特徴をもち、場所を選ばず迅速な無線LANの構築が可能となった。

最初の適用分野は、①レストランでのオーダ・エントリーシステム、②OA(Office Automation)、FA(Factory Automation)におけるLAN端末部分でのワイヤレス・データ伝送、③プリンタサーバへのアクセス、④無線モデム、そのほか携帯パソコンによるLANへのアクセス、工場におけるワイヤレス・データ伝送などであり、有線LANの端末部分のワイヤレス化や電池で使用する携帯パソコンからの利用などが主たる利用分野であった。

現在、無線LAN製品の高速化、低価格化および規制緩和などの影響で適用範囲が拡大している。

以下に、オフィス内、ビル間、家庭内の無線LANについて概説する。

(1) オフィス内の無線LAN

ISM(Industrial Scientific Medical)帯を使用する中速無線LANを用いたISDNのコードレス化を含めたオフィスの情報システムを構築する。しかし帯域の限られた現在の10Mビット／秒程度の無線LANでは、LANの接続全てを無線化することは得策ではない。幹線系は有線により100Mビット／秒以上を確保し、アクセス系のみを無線LANとした方が合理的である。

(2) ビル間の無線LAN

ビル間通信は数10mから数kmの距離内に分散したビル間でLAN接続する。無線LAN機器を使用すると、ほかの光ファイバケーブルなどに比べて、機動性とコストの点でメリットがある。ケーブルでは敷設工事は大掛かりで煩雑であり、初期投資、納期、敷設後のメンテナンスともに問題である。ビル間通信に利用される無線機器は2.4GHz帯の周波数を利用する電波方式、赤外線方式、レーザ方式がある。電波方式は伝送速度2Mビット／秒で最大通信距離は約5km、8Mビット／秒では約1kmの通信が可能である。赤外線方式では10〜622Mビット／秒で、約100m〜約2km程度の通信が可能となる。

(3) 家庭内の無線LAN

無線LAN機器類の低価格化により、家庭での使用が拡大している。ケーブルを引きまわさなくて良く、美観を損なわず、また構築した後でも自由に機器を移動でき、機器の移設に手間とコストがかからずメリットが大きい。

1.1.8 無線LANの技術体系

電波による無線 LAN の一形態(インフラストラクチャ・モードの例)を図 1.1.8-1 に示す。

親機であるアクセスポイントと、子機である移動端末は互いに電波を送受信してデータをやり取りするが、電波を送受信する際、この間に障害物があると妨害になるために①電波障害対策が必要になり、移動端末が異なる無線 LAN エリアに移動した際には、②ローミングによるアクセスポイント切換えが必要である。また、特に電波の場合にはデータを第三者に受信されやすいため、③機密保護の機能が必須になる。

データは、送受信の際に誤りが発生しないよう④誤り制御されるとともに、優先的に送信されるものは⑤優先制御される。

無線 LAN では、有線 LAN と同様にデータ送受信の流れを制御する⑥トラフィック制御、⑦同期制御、⑧プロトコル変換、⑨端局間の接続手順処理などが必須となり、送信権を獲得するための⑩占有制御も必要となる。

以上、上記の①から⑩は、無線 LAN 技術に不可欠な技術要素であり、以後ではこの 10 の技術要素を中心に説明を行う。

図 1.1.8-1 無線 LAN の一形態(インフラストラクチャ・モードの例)

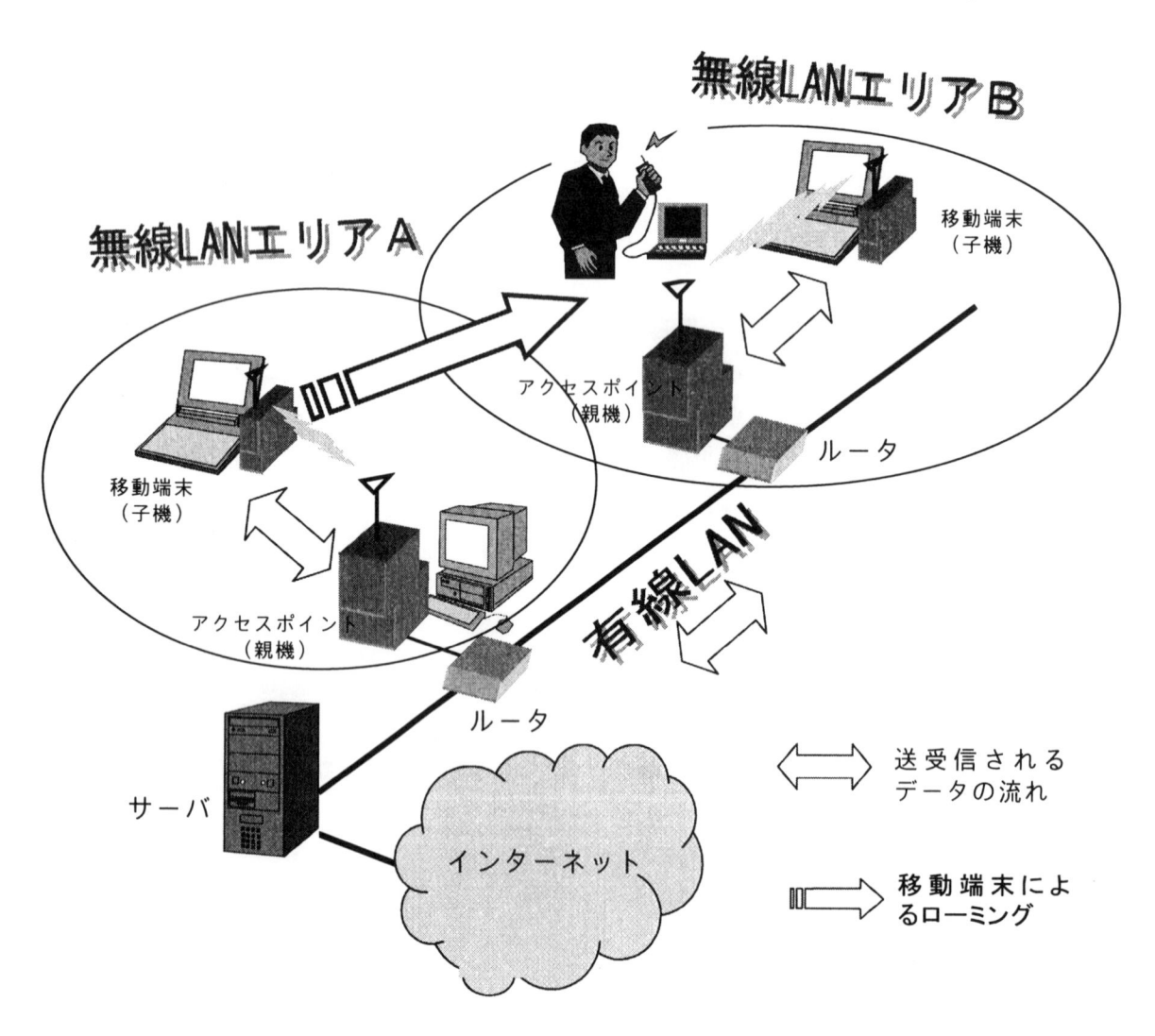

1.1.9 無線 LAN 技術の最新動向

　総務省は、2002 年 1 月 16 日に「2.4GHz 帯を使用する無線システムの高度化」と「準ミリ波帯の周波数の電波を利用する広帯域移動アクセスシステムの導入」などに関して、電波法施行規則などの一部改正を行なうと発表している。これは、電波監理審議会が「諮問どおり改正することが適当」と答申したことによるもので、同省では、速やかな関係省令および告示の公布・施行を予定している。

　2.4GHz 帯の電波は、IEEE802.11b や「Bluetooth」(Bluetooth は、Bluetooth SIG,Inc. の商標である) といった無線 LAN システムやアマチュア無線、産業科学医療用(ISM 帯)として開放され、ユーザが免許不要で無線局を開設できるため、無線インターネットの需要が高まるにつれてより大容量のデータ伝送が期待されている。情報通信審議会が 2001 年 9 月 25 日に、従来 10M ビット／秒の伝送速度を直交周波数分割多重(OFDM)方式を利用することで 20M ビット／秒まで増速したり、高指向性アンテナを利用することで電波の届く距離を 3 倍近く延長することを総務省に対し答申している。

　これを受けて総務省では、関係省令の整備を行なうため 2001 年 11 月 21 日に電波監理審議会に諮問している。また、同じく免許を必要としない 25GHz 帯付近の準ミリ波を利用した高速無線インターネットシステムについても、情報通信審議会が 01 年 9 月 25 日に答申を行なっている。この答申では、最大伝送速度が 420M ビット／秒の無線インターネットを構築でき、家庭内ネットワークだけでなく、屋外でのホットスポットインターネットサービスなどが想定されており、11 月 21 日に電波監理審議会に諮問されている。

1.2 無線LAN技術の特許情報へのアクセス

1.2.1 関連IPC、FI
　無線LAN技術に関連するIPC(国際特許分類)およびFI(特許庁ファイル・インデックス)を、表1.2.1-1および表1.2.1-2にそれぞれ示す。
　現在使用されているIPC第7版では、無線LAN技術に直接対応した分類はなく、LAN技術に対応した分類、無線技術に対応した分類がそれぞれ存在する。
　一方、FIでは、展開記号310および分冊識別記号Bまで指定することにより、無線LAN技術に直接対応した分類が得られる。
　従って、特許情報へのアクセスツールにおいて、FIが使用可能な場合には、IPCではなく、FIを用いたほうが効率的である。
　以下、無線LAN技術の特許情報にアクセスするためのツールについて説明する。

表1.2.1-1　無線LAN関連のIPC

IPC	概要
H04L12/00	データ交換ネットワーク
H04L12/28	・パスの構成に特徴のあるもの、例．LAN、WAN
H04B7/00	無線伝送方式、すなわち放射電磁界を用いるもの
H04B10/00	無線以外の微粒子放射線または電磁波、例、光、赤外線を用いる伝送システム
H04Q7/00	加入者が無線リンクまたは誘導無線リンクを経て接続されているところの選択配置

表1.2.1-2　無線LAN関連のFI

FI	概要
H04L11/00	交換機；交換局間の接続；交換局と加入者間の接続
H04L11/00,310	・小規模ネットワーク、例．LAN
H04L11/00,310B	・・無線方式

1.2.2 特許電子図書館（IPDL）の利用
　IPDL（URL http://www.ipdl.jpo.go.jp/homepg.ipdl）の検索サービスのうち、特許情報へのアクセスに利用できるサービスを表1.2.2-1に示す。
　サービス1、8、10におけるキーワード検索は、サービス1、8が検索対象領域が固定されているのに対して、サービス10では、検索領域として発明の名称、要約、請求範囲を任意に設定できる。ただし、これらの検索はいずれも公開特許に関しては、公開年が1993年以降に限られる。
　サービス6のFI・Fターム検索は、上記のキーワード検索とは違いデータ蓄積期間に制限はない。無線LAN技術関連の検索で使用するFタームの例を、次項の表1.2.3-4に示す。

表1.2.2-1　IPDLによる特許情報へのアクセス

サービス名	蓄積期間	検索のための入力項目
1．初心者向け簡易検索 （特許・実用新案）	1993年1月〜	キーワード
6．FI・Fターム検索	1885年〜	FI、Fターム
8．公開特許公報 　　フロントページ検索	1993年1月〜	キーワード、IPC
10．公報テキスト検索	1993年1月〜（特許公開） 1986年4月〜（実用公開、 　　　　　　　特実公告）	キーワード、IPC FI、ほか

1.2.3 民間情報サービスの利用

民間の商業サービスを利用すれば、さらに詳細なアクセスが可能となる。

表1.2.3-1および表1.2.3-2に、PATOLIS（(株)パトリスの商標）を用いたアクセスのための検索式を示す。表1.2.3-2において、FK＝ はPATOLIS検索におけるフリーキーワードを表す。

表1.2.3-1 無線LAN技術のアクセスツール（無線LAN全体）

技術テーマ	検索式
無線LAN全体	FI=H04L11/00,310B+FT=5K033DA17

表1.2.3-2 無線LAN技術のアクセスツール（各技術要素）

	技術要素	検索式	概要
1	電波障害対策	(FI=H04L11/00,310B+FT=5K033DA17)*(FK=マルチパス?+FK=反射波?+FK=フエージング+FK=シャドウイング+FK=遮蔽?)	電波、光など伝送媒体の反射、遮蔽などによる障害の対策
2	移動端末ローミング	(FI=H04L11/00,310B+FT=5K033DA17)*(FK=ローミング+(FK=ハンド*FK=オーバー)+FI=H04B7/26,107+FI=H04B7/26,108)	複数の基地局間を移動する際の制御
3	占有制御	(FI=H04L11/00,310B+FT=5K033DA17)*(FT=5K033CA00)	送信権を獲得するための制御
4	端局間の接続手順	(FI=H04L11/00,310B+FT=5K033DA17)*(FT=5K033CB01)	端局間の接続を行うための制御手順
5	プロトコル関連	(FI=H04L11/00,310B+FT=5K033DA17)*(FT=5K033CB02+FT=5K033CB14)	標準化プロトコルあるいはプロトコル変換
6	誤り制御	(FI=H04L11/00,310B+FT=5K033DA17)*(FT=5K033CB03)	送信データの誤りを検出あるいは訂正するもの
7	トラフィック制御	(FI=H04L11/00,310B+FT=5K033DA17)*(FT=5K033CB06)	トラフィックに応じたアクセス制御、輻輳対策
8	同期	(FI=H04L11/00,310B+FT=5K033DA17)*(FT=5K033CB15)	ビット同期、フレーム同期、端末間の時刻情報に関する技術
9	優先制御	(FI=H04L11/00,310B+FT=5K033DA17)*(FT=5K033CB17)	端末の送信権の優先度を変えるもの
10	機密保護	(FI=H04L11/00,310B+FT=5K033DA17)*(FT=5K033AA08)	情報の漏洩あるいは端末の不正使用の防止

表1.2.3-2の各検索式は、表1.2.3-1に示した無線LAN全体の検索式を第1項とし、それと技術要素を絞り込むための第2項の論理積ととるものである。

技術要素1と2については、これらの技術要素に対応したFタームは、現時点では定められていないため、技術要素1ではフリーキーワードによる絞り込み、技術要素2ではフリーキーワードとFIによる絞り込みを行った。

PATOLISのフリーキーワードは、用語の統一があり、統一語を用いて検索する必要があり、また複合語はそれぞれの単一語に分けて検索する必要があるなどの制限があるため、フリーキーワードの選定に当たっては、フリーキーワード一覧表などで確認したうえで使用する必要がある。表1.2.1-2に使用した例では、シャドーイングはシャドウイングに、オーバはオーバーに統一されるため、シャドウイング、オーバーを用いて検索する必要がある。またハンドオーバーは1つのフリーキーワードではなく、ハンドとオーバーに分けて検索する必要がある。

表1.2.3-3 検索式で使用のFI

FI	概要
H04L11/00	交換機；交換局間の接続；交換局と加入者間の接続
H04L11/00,310	・小規模ネットワーク、例．LAN
H04L11/00,310B	・・無線方式
H04B7/00	無線伝送方式、すなわち放射電磁界を用いるもの
H04B7/24	・二つ以上の地点間の通信のためのもの
H04B7/26	・・少くとも一つの地点が移動できるもの
H04B7/26,104	・・・ゾーン分割するもの
H04B7/26,107	・・・・移動局のゾーン切替
H04B7/26,108	・・・・固定局のゾーン切替

表1.2.3-4 検索式で使用のFターム

Fターム	概要
5K033	小規模ネットワーク3：ループ、バス以外
5K033AA00	目的、効果
5K033AA08	・機密保護
5K033CA00	占有制御
5K033CB00	その他の通信制御
5K033CB01	・端局間の接続手順
5K033CB02	・プロトコル変換
5K033CB03	・誤り制御
5K033CB06	・トラヒック制御
5K033CB14	・標準化プロトコル
5K033CB15	・同期
5K033CB17	・優先制御
5K033DA00	ネットワークの構成
5K033DA17	・端局が無線により接続されたもの

注）先行技術調査を完全に漏れなく行うためには、調査目的に応じて上記以外の分類も調査しなければならないことも有り得る。

1.3 技術開発活動の状況

　無線LAN技術全体ならびに技術要素ごとの出願人数-出願件数の推移図、主要出願人の出願状況表について以下に説明する。

1.3.1 無線LAN技術全体の出願人数-出願件数の推移

　図1.3.1-1は、1990年から99年までの出願件数を出願人数でグラフ化した推移図であり、表1.3.1-1は、主要20社の出願年別出願件数を示す。図1.3.1-1に示すように、91年から93年にかけては、出願人数、出願件数とも大きな変化はなく停滞期になっているが、93年から94年にかけて回復している。94年以後99年までは、出願人数、出願件数共に増加しており発展期を呈している。

図1.3.1-1　無線LAN技術の出願人数-出願件数の推移

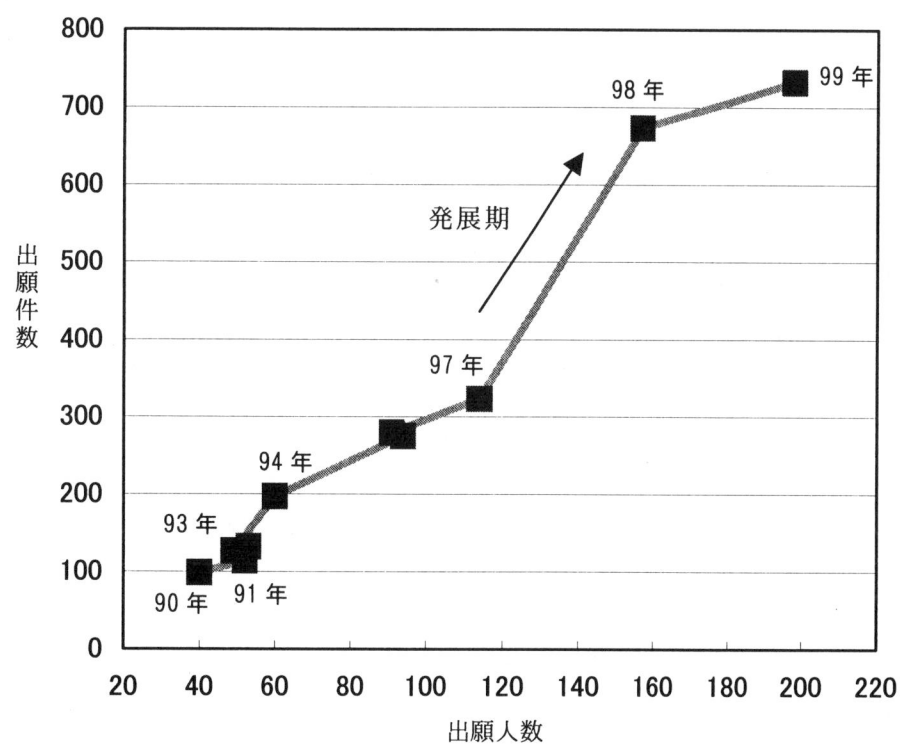

表1.3.1-1　無線LAN技術の主要出願人の出願状況

企業名＼出願年	90	91	92	93	94	95	96	97	98	99	合計
日本電気	11	7	10	16	16	22	33	21	56	55	247
東芝	3	8	3	8	15	15	12	22	67	51	204
松下電器産業	3	2	14	6	10	12	18	8	46	53	172
日本電信電話	4	2	5	4	7	6	10	13	55	53	159
キヤノン	5	3	1	3	24	31	14	8	13	16	118
ソニー			1		2	5	15	46	46		115
日立製作所	2	4	5	7	5	12	15	13	15	24	102
富士通	6	7	4	2	8	15	9	12	13	13	89
ルーセントテクノロジーズ	7		5	4		1	6	23	16	25	87
三菱電機	4	2	4	3	2	8	4	12	15	19	73
日立国際電気		1			5		4	8	25	28	71
ＩＢＭ	7	4	3	10	11	7	7	5		8	62
シャープ			3	4	4	7	4		10	18	50
東芝テック	1	2		2	8	7	5	5	6	9	45
日本ビクター		1	14	3	3	1		6	7	3	38
リコー	1		1	2	9	6	7	2	6	3	37
沖電気工業	4	5	2	1	4	1	3		4	11	35
ＮＴＴドコモ						4		4	24		32
クボタ		3							8	7	18
オープンウェーブシステムズ									12	3	15

1.3.2 技術要素ごとの出願人数−出願件数の推移

図1.3.2-1から図1.3.2-10に技術要素ごとの出願人数-出願件数の推移図を、表1.3.2-1から表1.3.2-10に主要出願人の出願状況表を示す。

(1) 電波障害対策

表1.3.1-1の無線LAN技術全体では出願件数の上位10位に入っていない日立国際電気が、表1.3.2-1に示すように、この技術要素に関しては、出願件数のトップになっている。

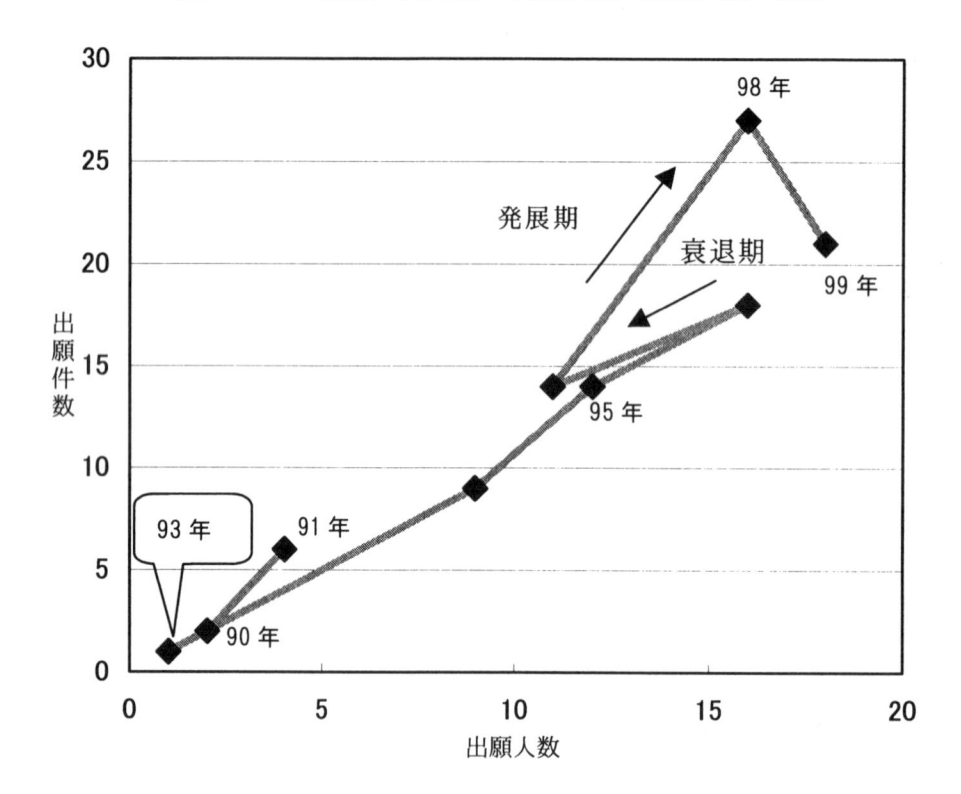

図1.3.2-1 電波障害対策の出願人数-出願件数の推移

表1.3.2-1 電波障害対策の主要出願人の出願状況

企業名＼出願年	90	91	92	93	94	95	96	97	98	99	合計
日立国際電気					1		2	2	4	2	11
東芝		2			1	1	1		5		10
日本電気						1	2	3	1	1	8
日本電信電話					1	1		1	2	2	7
キヤノン					1	2	1			1	5
ソニー									3	1	4
東芝テック					1	1			1	1	4
富士通						2	1	1			4
日立製作所							1	1	1		3
シャープ									1	2	3
ルーセントテクノロジーズ	1		1					1			3
三菱電機					1	1					2
リコー							1		1		2
日本ビクター		1									1
NTTドコモ									1		1

(2) 移動端末ローミング

1997年から98年にかけて出願人数、出願件数ともに増加しており発展期を呈している。

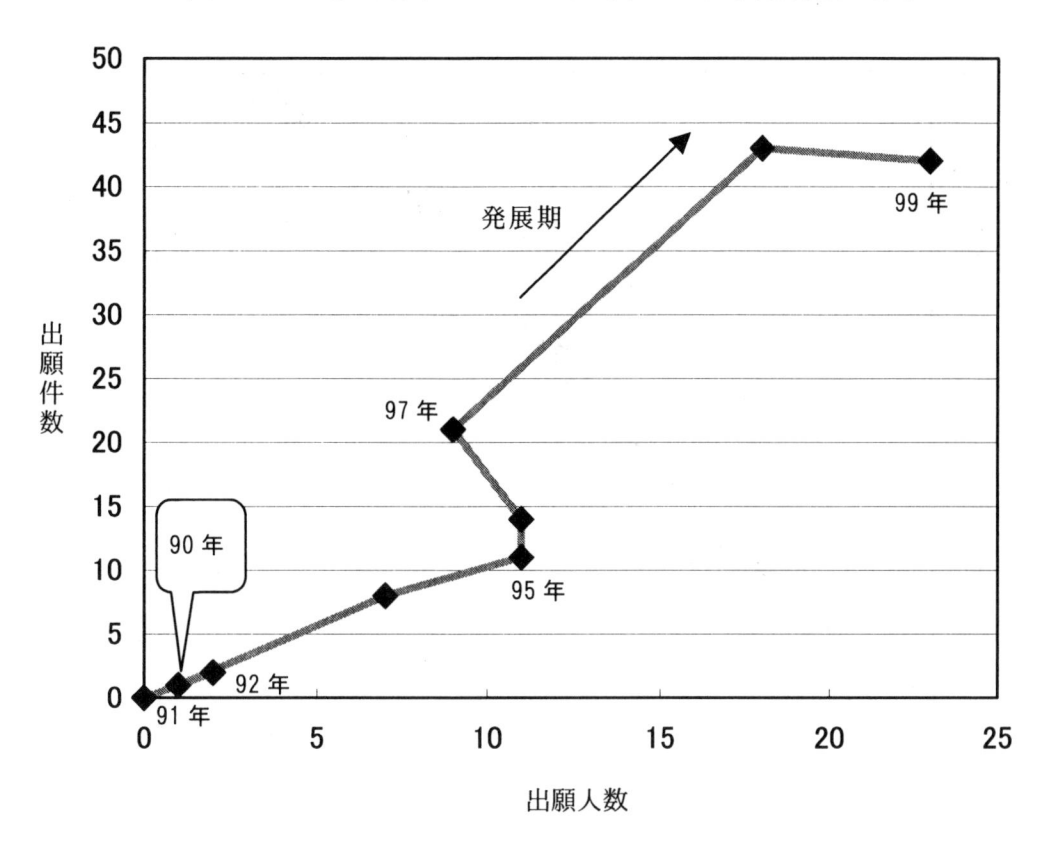

図1.3.2-2 移動端末ローミングの出願人数-出願件数の推移

表1.3.2-2 移動端末ローミングの主要出願人の出願状況

企業名＼出願年	90	91	92	93	94	95	96	97	98	99	合計
東芝					1	1		5	6	4	17
日本電気					1	1	1	2	6	4	15
日本電信電話							1	1	7	2	11
日立製作所					2	1	1		1	5	10
ルーセントテクノロジーズ			1					4	1	3	9
日立国際電気									4	4	8
三菱電機								4	1		5
富士通					1	1		1		1	4
ＩＢＭ	1				1	1				1	4
沖電気工業										3	3
松下電器産業							1		1	1	3
ＮＴＴドコモ										2	2
ソニー						1				1	2
キヤノン					1						1
シャープ										1	1

15

(3) 占有制御
　1994年以降は、年によっては減少していることもあるが、出願人数、出願件数とも高水準で推移している。

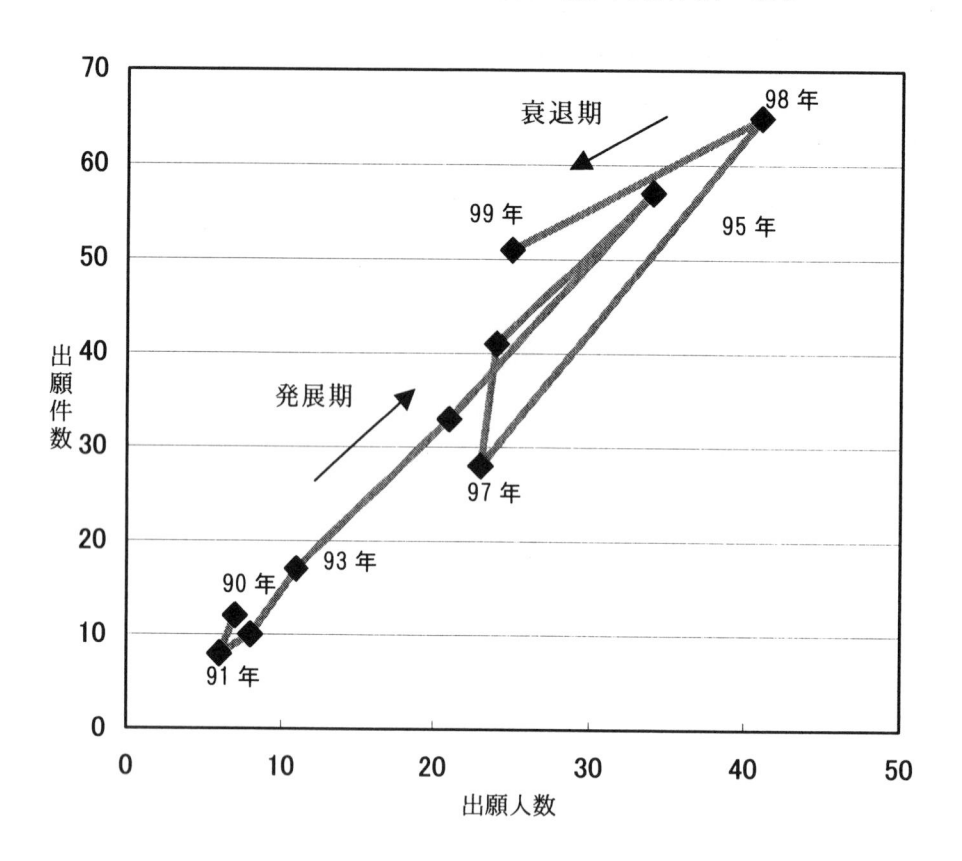

図1.3.2-3　占有制御の出願人数-出願件数の推移

表1.3.2-3　占有制御の主要出願人の出願状況

企業名\出願年	90	91	92	93	94	95	96	97	98	99	合計
日本電気			3	4	2	5	6	2	3	7	32
キヤノン				1	3	9	2	1	1	3	20
東芝			2	1		3	1		2	4	4	17
富士通	2			1	3	1	3	2	2		14
松下電器産業					1	1	3		3	5	13
リコー					3	3	2	1	3		12
日本電信電話	2				1	2	1	1	2	3	12
日立製作所				1	1	4	2		2	1	11
三菱電機		1					2	1	5	1	10
ＩＢＭ	1	2	1	2	2	1		1			10
ソニー								2	2	4	8
ルーセントテクノロジーズ	3		1					1	1	2	8
日立国際電気					2		1		1	3	7
ＮＴＴドコモ	2					1	2		1	1	7
沖電気工業						1			3	1	5
日本ビクター				1		1	1	1			4
シャープ			1	1	1	1					4

16

(4) 端局間の接続手順

　1995年から97年にかけては出願人数、出願件数ともほとんど変化していなかったが、98年、99年と増加に転じ発展期を呈している。

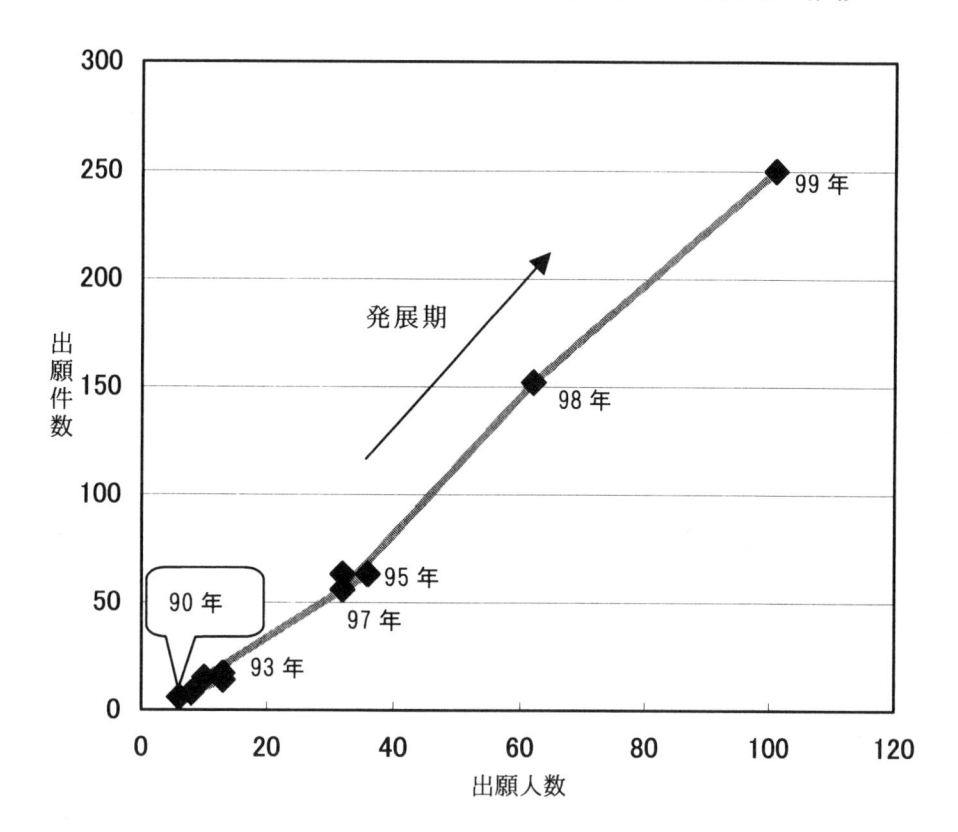

図1.3.2-4 端局間の接続手順の出願人数-出願件数の推移

表1.3.2-4 端局間の接続手順の主要出願人の出願状況

企業名＼出願年	90	91	92	93	94	95	96	97	98	99	合計
東芝	1				2	5	3	2	12	21	46
日本電気				2	2	2	8	3	15	12	44
松下電器産業	1	1	1	2	1	5	3	1	9	20	44
ソニー							2	6	9	14	31
日本電信電話			1		2	1	3	1	13	9	30
キヤノン	1				2	8	5	2	5	3	26
日立製作所				1		1	6		3	8	19
富士通		1	1			7		2	4	4	19
シャープ			1	1		5	2		3	7	19
ルーセントテクノロジーズ	1		1			1	2	4	1	7	17
日立国際電気								4	2	8	14
ＩＢＭ	1			3	1	1	2	2		3	13
三菱電機									5	7	12
ＮＴＴドコモ						1			2	7	10
東芝テック					1		2		2	2	7
リコー						2	1	2		2	7
日本ビクター				1				1	2	2	6
オープンウェーブシステムズ									4		4
沖電気工業		1									1
クボタ										1	1

(5) プロトコル関連

1995年から99年まで出願人数、出願件数ともほぼ増加傾向にある。

図1.3.2-5 プロトコル関連の出願人数-出願件数の推移

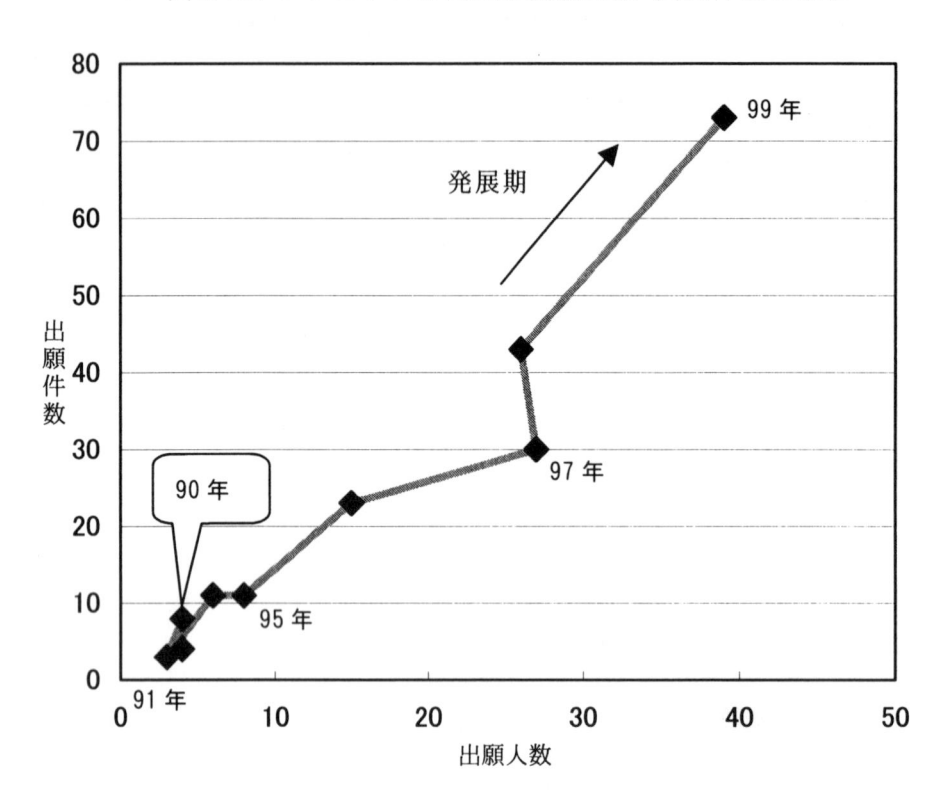

表1.3.2-5 プロトコル関連の主要出願人の出願状況

企業名＼出願年	90	91	92	93	94	95	96	97	98	99	合計
松下電器産業			1		1	1	5	2	6	9	25
キヤノン					3	2		1	1	4	11
ソニー							2	2	3	3	10
東芝								1	3	6	10
日本電気					1	1	2	1		4	9
ルーセントテクノロジーズ							1	1	3	4	9
日本電信電話									2	6	8
IBM	2	1			4					1	8
NTTドコモ							2		2	3	7
日立製作所			1					2	2	1	6
富士通							1	1	1	2	5
三菱電機				1			1	1			4
オープンウェーブシステムズ									2	1	3
日立国際電気									1	2	3
東芝テック								1	1	1	3
日本ビクター					1				1	1	3
シャープ						1			1	1	3
リコー		1					1				2
沖電気工業										1	1

(6) 誤り制御
　1998年に出願人数、出願件数ともに突出して増えている。

図1.3.2-6　誤り制御の出願人数-出願件数の推移

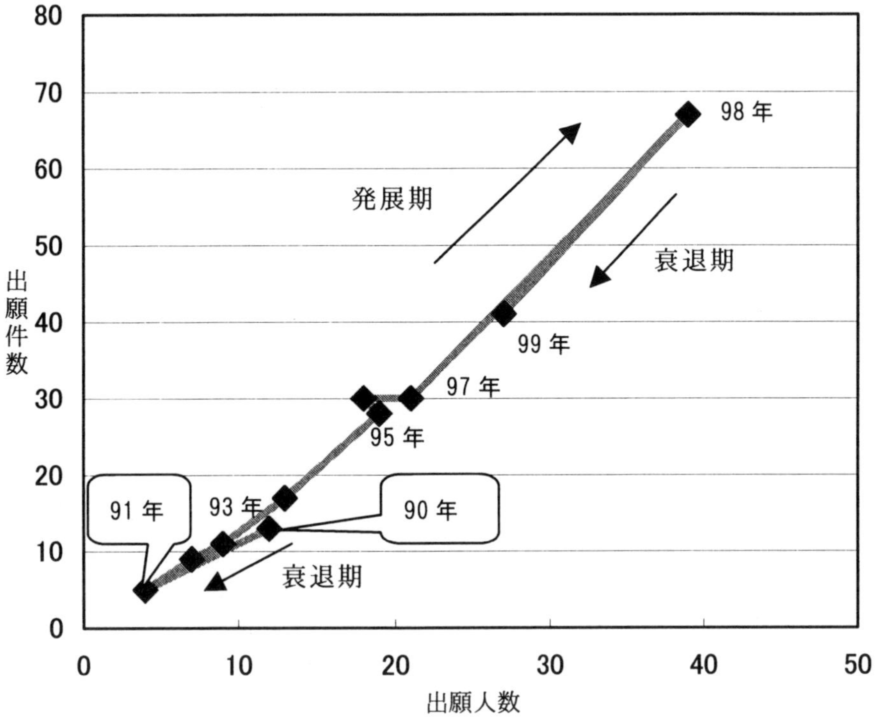

表1.3.2-6　誤り制御の主要出願人の出願状況

企業名＼出願年	90	91	92	93	94	95	96	97	98	99	合計
日本電信電話	1							3	8	3	15
東芝				1		2	1	1	6	3	14
日本電気			1	2		4	1	4	2	14
キヤノン					4	5	2		1	1	13
日立製作所	1		1		1		4	3	1	2	13
ソニー						1			7	4	12
松下電器産業			2		1	1	1		3	3	11
東芝テック	1				1	1		4	1		8
富士通					1	2	2	2		1	8
ルーセントテクノロジーズ	1			1			1	2	2	1	8
ＩＢＭ	1		2	2		1	1		1		8
日立国際電気							1	1	2		4
シャープ						1			1	2	4
リコー				1					2		3
ＮＴＴドコモ	1			1					1		3
沖電気工業										2	2
三菱電機								1		1	2
クボタ									1		1

(7) トラフィック制御

1996年から99年にかけて、出願人数、出願件数ともに増加傾向にある。

図1.3.2-7 トラフィック制御の出願人数-出願件数の推移

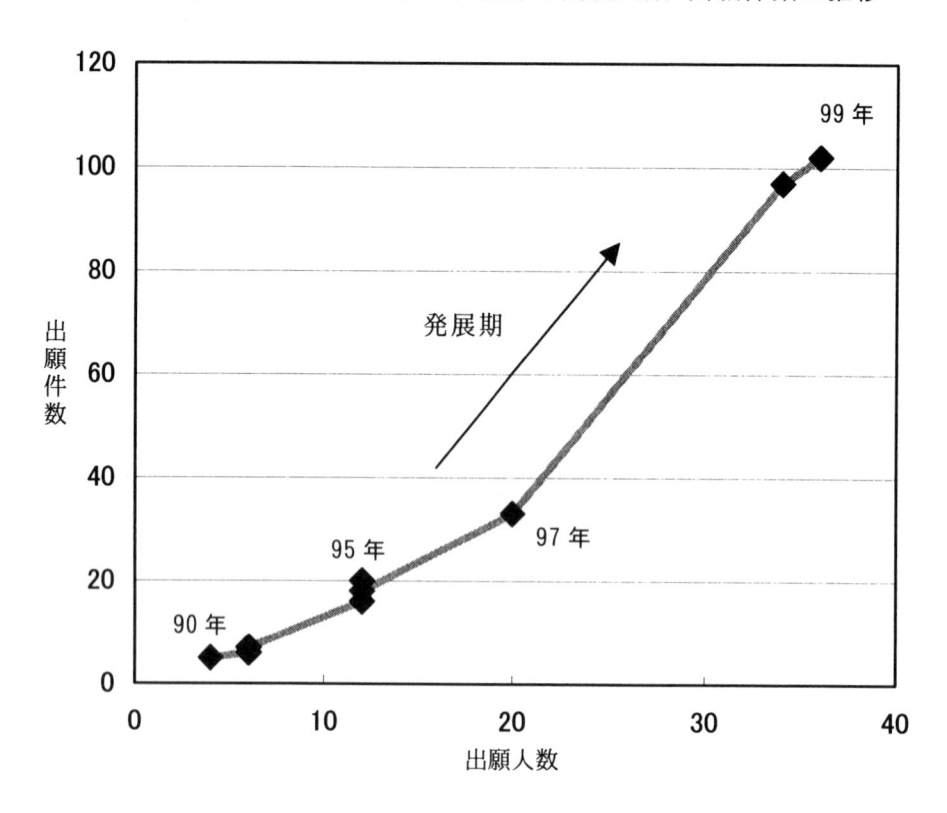

表1.3.2-7 トラフィック制御の主要出願人の出願状況

企業名＼出願年	90	91	92	93	94	95	96	97	98	99	合計
日本電気			1	2	1	4	3	2	10	9	32
東芝						3	2	5	13	6	29
日本電信電話					1	2	1		9	15	28
松下電器産業	2			1	1	1	1		11	8	25
ルーセントテクノロジーズ			1				1	5	5	8	20
キヤノン		1			3	2	1	3	2		12
ソニー									8	2	10
三菱電機						1		1	2	6	10
富士通						1		1	4	3	9
NTTドコモ									1	7	8
日立製作所			1	1					2	4	8
日本ビクター			2		1				3	1	7
沖電気工業	1				2					2	5
日立国際電気					1				2	2	5
東芝テック					1	1	2			1	5
IBM	1	1		1			2				5
オープンウェーブシステムズ									2		2
リコー									1		1
クボタ			1								1

(8) 同期

1998年から99年にかけて、出願人数、出願件数の大幅な増加が見られる。

図1.3.2-8 同期の出願人数-出願件数の推移

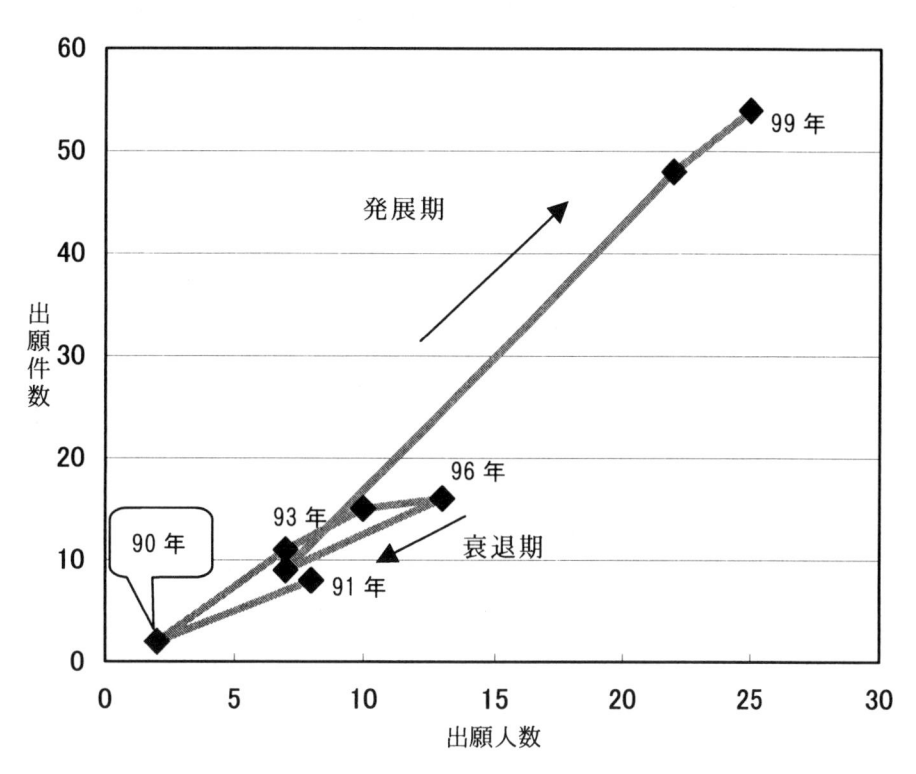

表1.3.2-8 同期の主要出願人の出願状況

企業名＼出願年	90	91	92	93	94	95	96	97	98	99	合計
日本電気	1	1	1	3	2	2	2	2	7	3	24
ソニー								2	8	10	20
日本電信電話					1			1	4	5	11
日立国際電気									4	6	10
東芝					1	1	1	1	5	1	10
キヤノン					2		1		2	3	8
松下電器産業		1				2			2	2	7
ＩＢＭ					3	3	1				7
日立製作所				2		2	1			1	6
シャープ							2		1	3	6
東芝テック					2		1			2	5
三菱電機		1			1					2	4
ルーセントテクノロジーズ				2			1	1			4
沖電気工業							2			1	3
富士通		1		1						1	3
オープンウェーブシステムズ										1	1

(9) 優先制御
　表1.3.1-1の無線LAN技術全体では出願件数で下位のクボタが、表1.3.2-9に示すように、この技術要素に関しては、出願件数のトップになっている。

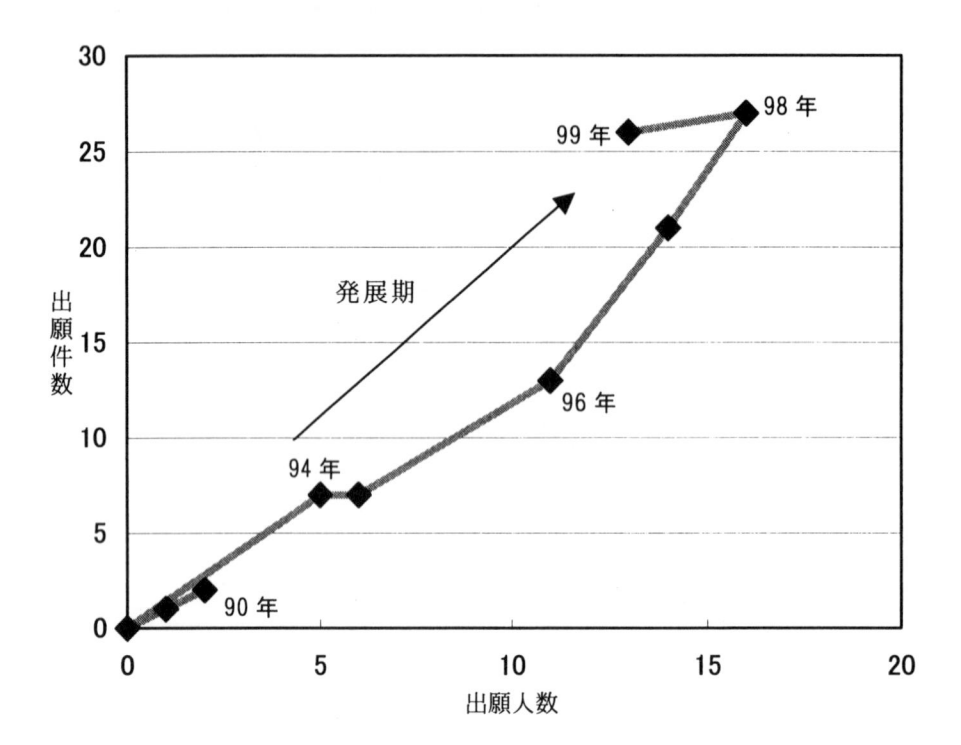

図1.3.2-9 優先制御の出願人数-出願件数の推移

表1.3.2-9 優先制御の主要出願人の出願状況

企業名 \ 出願年	90	91	92	93	94	95	96	97	98	99	合計
クボタ									7	6	13
日本電信電話					1		2	2	1	3	9
日本電気	1					1			2	3	7
松下電器産業							2	1	2	2	7
キヤノン					2	1	1			1	5
東芝							1		2	2	5
日立製作所						1		2		2	5
三菱電機	1							3	1		5
ルーセントテクノロジーズ								4	1		5
ソニー									2	2	4
リコー					2	1					3
富士通						1			1		2
日立国際電気										1	1
東芝テック					1						1
シャープ					1						1

22

(10) **機密保護**
　1999年は98年より出願人数、出願件数が若干減少しているものの、98年および99年に出願人数、出願件数とも大幅に増加している。

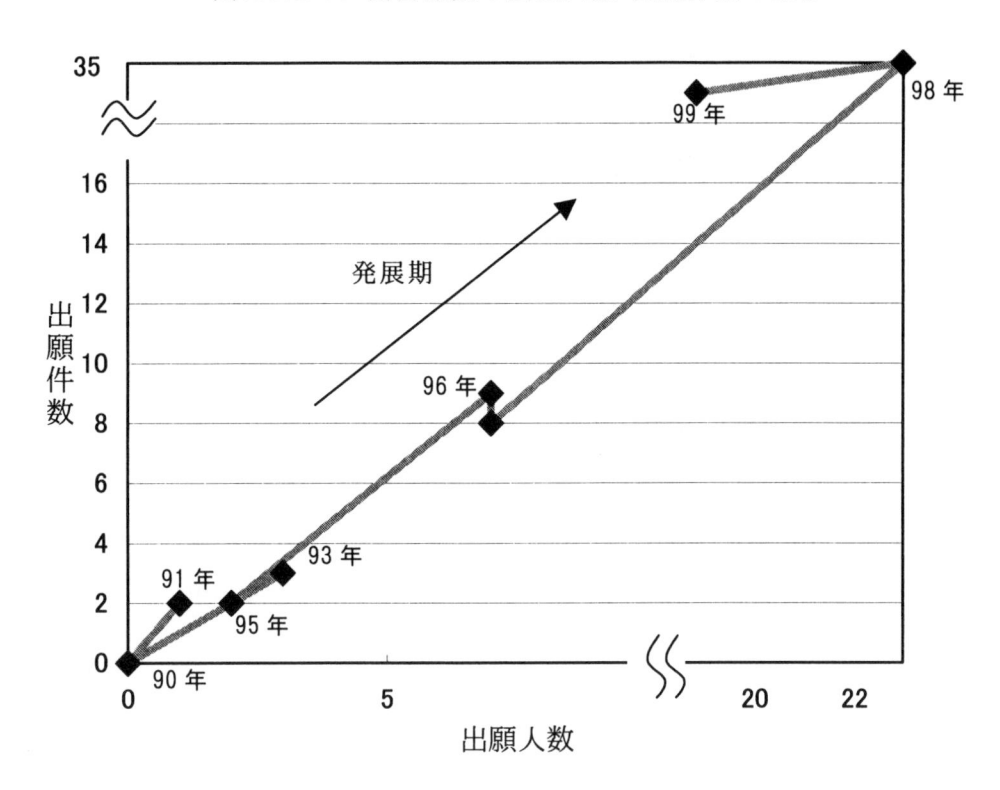

図1.3.2-10 機密保護の出願人数-出願件数の推移

表1.3.2-10 機密保護の主要出願人の出願状況

企業名＼出願年	90	91	92	93	94	95	96	97	98	99	合計
東芝							3	2	4	2	11
日本電信電話							1	1	4	3	9
ソニー								1	3	2	6
日本電気									1	5	6
オープンウェーブシステムズ									3	2	5
ＩＢＭ				1				1		2	4
シャープ									2	1	3
松下電器産業									2	1	3
日立国際電気									2		2
三菱電機						1	1				2
ＮＴＴドコモ									1	1	2
リコー								1			1
富士通							1				1
ルーセントテクノロジーズ								1			1

1.4 技術開発の課題と解決手段

　無線LAN技術に関連した出願のうち、権利存続中の特許あるいは係属中の特許（無効、取下、放棄、拒絶査定が確定したものなどを除いたもの）について、1.1.8項で挙げた10の技術要素ごとに、技術開発の課題と解決手段について分析し、対応表に示す。

　表1.4-1に電波障害対策の技術課題と解決手段を示す。
　伝搬障害対策の課題に対しては、信号または電力の制御、あるいはアンテナによる対応といった解決手段が取られているものが多い。後者に関して日本電信電話から3件の出願がある。
　環境確保の課題に対しては、アンテナによる対応、あるいは中継ユニットの利用といった解決手段が取られているものが多い。

　表1.4-2に移動端末ローミングの技術課題と解決手段を示す。
　高速ローミングの課題に対しては、通信エリアの変更処理といった解決手段が取られているものが多い。
　移動局側処理改善の課題に対しては、基地局での移動局データ登録、更新といった解決手段が取られているものが多く、これに関してNTTデータから3件の出願がある。

　表1.4-3に占有制御の技術課題と解決手段を示す。
　通信性能の課題に対しては、送信タイミング制御、ポーリング方式、チャネル選択制御、あるいは識別情報といった解決手段が取られているものが多く、送信タイミング制御に関して日本電気から5件の出願がある。
　通信障害の課題に対しては、送信タイミング制御といった解決手段が取られているものが多い。

　表1.4-4に端局間の接続手順の技術課題と解決手段を示す。
　通信障害の課題に対しては、中継機能といった解決手段が取られているものが多い。
　通信性能の課題に対しては、識別情報、中継機能、あるいはサーバといった解決手段が取られているものが多く、識別情報に関して日本電気および松下電器産業からそれぞれ5件の出願がある。
　通信品質の課題に対しては、識別情報といった解決手段が取られているものが多い。

　表1.4-5にプロトコル関連の技術課題と解決手段を示す。
　通信性能の課題に対しては、HDLC方式といった解決手段が取られているものが多い。
　通信品質の課題に対しては、TCP、TCP/IP方式、あるいはシステムといった解決手段が取られているものが多く、前者に関してルーセント　テクノロジーズから4件、後者に関し松下電器産業から4件の出願がある。
　システム構成に関連した課題に対しては、TCP、TCP/IP方式といった解決手段が取られているものが多い。

表1.4-6に誤り制御の技術課題と解決手段を示す。
　伝送効率の向上の課題および信頼性向上の課題に対してはともに、識別・制御情報の付加、通信手順その他、あるいは通信媒体・アンテナの制御といった解決手段が取られているものが多く、通信手順その他に関して日本電信電話から5件、通信媒体・アンテナの制御に関して東芝テックから5件の出願がある。

　表1.4-7にトラフィック制御の技術課題と解決手段を示す。
　トラフィック低減の課題に対しては、トラフィック量を検出して送信制御といった解決手段が取られているものが多く、これに関して日本電信電話から4件の出願がある。
　通信回線の利用率向上の課題に対しては、コネクション状態監視で制御といった解決手段が取られているものが多い。
　チャネル割当適正化、処理時間短縮の課題に対しては、コネクション状態監視で制御、あるいはチャネル割当て変更・回線選択制御といった解決手段が取られているものが多く、後者に関して東芝から3件の出願がある。

　表1.4-8に同期の技術課題と解決手段を示す。
　通信性能の課題に対しては、パケット制御、あるいはスロット制御といった解決手段が取られているものが多く、後者に関してソニーから5件、日本電気から4件の出願がある。
　時刻・位置管理の課題に対しては、管理情報といった解決手段が取られているものが多い。

　表1.4-9に優先制御の技術課題と解決手段を示す。
　通信の確保の課題に対しては、経路の切替や選択、あるいはパケット管理といった解決手段が取られているものが多く、前者に関してクボタから7件の出願がある。
　資源の確保の課題に対しては、チャネルやスロットの割当といった解決手段が取られているものが多い。
　データ種別対応の課題に対しては、制御情報付与といった解決手段が取られているものが多く、これに関して松下電器産業から3件の出願がある。

　表1.4-10に機密保護の技術課題と解決手段を示す。
　不正アクセス・盗聴の防止の課題に対しては、認証一般、カードによる認証、暗号化一般、あるいは鍵の生成・更新といった解決手段が取られているものが多く、鍵の生成・更新に関して高度移動通信セキュリティ技術研究所から3件の出願がある。
　接続・認証処理の課題に対しては、認証一般、あるいはサーバでの認証といった解決手段が取られているものが多い。

表 1.4-1 電波障害対策の技術課題と解決手段　注．US は米国、FI はフィンランドを表す。

課題	解決手段	信号処理 信号または電力の制御	送受信タイミング制御	周波数選択制御	2次変調の実施	物理的位置関係 アンテナによる対応	装置/素子の位置関係最適化	最適経路 中継ユニットの利用	最適ルート選択	材料 伝送路に対する材料対応	その他
伝搬障害対策	相互干渉低減	日立国際電気 1件 NTTドコモ 1件 日本無線 1件 中国食品 1件 ノキア（FI) 1件 エリクソン (US) 1件 ナップコープ 1件	東芝 1件 ルーセント (US) 1件 東芝テック 1件 ノキア (FI) 1件 トヨタ自動車 1件	日本電気 1件 キヤノン 1件		日本電信電話 1件 日立製作所 1件 日立画像情報システム 1件 清水建設 1件		スタンレー電気 1件	ベンテル 1件		
	フェージング	東芝 1件 日立国際電気 1件 オムロン 1件 日本無線 1件		三菱重工業 1件		日立製作所 1件 東芝テック 1件 個人 1件				日立国際電気 1件	
	マルチパス	インテル (US) 1件		東芝 1件		日立国際電気 1件 日本電信電話 1件			シャープ 1件		
	シャドウイング					日本電気 1件 日本電信電話 1件	個人 1件				ミリウェイブ 1件
環境確保	伝搬環境確保	東芝テック 1件	東芝 1件 オムロン 1件	京セラ 1件		日立国際電気 1件 日本電信電話 1件 キヤノン 1件 ソニー 1件 大成建設 1件 東亜建設 1件	日立製作所 1件 ルーセント (US) 1件 ソニー 1件	日立国際電気 1件 日本ビッカー 1件 NTTデータ 1件 AT&T (US) 1件	日立国際電気 1件 日本電気 1件	日本電気 1件	日本電気 1件
	障害物影響除去	NTTデータ 1件				キヤノン 1件 TI (US) 1件	富士通電波サポート 1件	日立国際電気 1件 富士通 1件 ソニー 1件 三菱電機 1件 積水化学 1件	ソニー 1件	日本原子力研究所 1件 他 12件* (*は日本原子力研究所との共同出願人)	リコー 1件
ノイズ対策	他機器からの妨害対策		富士通 1件 シャープ 1件 東芝テック 1件						NTTデータ 1件	セイコー電子工業 1件	
	不安定ノイズ対策		東芝 1件							積水化学 1件	
防止遮断	通信遮断防止	ピッツ研究所 1件	ソニー 1件			日立国際電気 1件		東芝 1件 東芝ケイア 1件	東芝 1件 日本電信電話 1件		
互換性	有線LANとの互換性確保						日立国際電気 1件				
その他	その他	東芝 1件 キヤノン 1件 富士通 1件 シャープ 1件 オムロン 1件	日本電気 1件 日本電信電話 1件 シャープ 1件						富士通 1件 個人 1件		コナミ 1件

表1.4-2 移動端末ローミングの技術課題と解決手段

解決手段 課題	基地局選択、更新			通信エリア変更処理			処理制御の改善				その他			その他
	基地局での移動局データ登録、更新	ハンドオーバ時に他の基地局選択	移動局の位置取得、通知	通信エリアの現在通信エリアの変更処理	送受信電波を制御	サーバ側での処理、制御	パケット転送制御	識別子、識別番号による制御	時間、時間間隔変更	セルヘッダ、メッセージ処理	その他
通信スループット応答性の改善	基地局と移動局間でのスループット向上	日立国際電気1件 日本電信電話1件	IBM(US)1件				日本電気1件 日本電信電話2件	NTT1件 フィリップス(NL)1件			日立製作所1件
	通信の応答性改善	三菱電機1件 日立製作所1件	IBM(US)1件	三菱電機1件 ソニー1件	日電エンジニアリング1件 富士通1件	フィリップス(NL)1件 テムソン1件 日立製作所1件	三菱マテリアル1件				松下電器産業1件 ルーセント(US)1件
	回線切断回避				日本電気1件				テレコム(FR)1件			日立製作所1件 松下電器産業1件
高速ローミング	ハンドオーバ簡単化、高速化	東芝1件 日本電信電話1件	ルーセント(US)1件 東芝2件、日本電気1件 YRP移動通信研究所1件 ノキアモービル(FI)1件		ソニー1件 日本電信電話1件、PFU1件 富士通1件 AT&T(US)1件	三星電子(KR)1件 東芝1件					ルーセント(US)1件 日立製作所1件 日立通信システム1件	ルーセント(FR)1件
	通信エリアの円滑変更	松下電工1件 東芝1件	富士通1件 東芝1件	IBM(US)1件	ルーセント(US)1件	日立製作所1件 PFUキャノン1件	東芝1件 三菱マテリアル1件 富士通1件		アルカテル(FR)1件 東芝1件、日本電信電話1件 日立国際電気1件	東芝1件		
	パケットの確実送信、転送	沖電気工業1件	クラリオン1件	三菱マテリアル1件 ソニー1件	ルーセント(US)1件 日本電信電話1件 他1件		東芝1件 富士通1件	三菱電機1件 東芝2件 沖電気工業1件				
	高速ローミングの実現	日立国際電気1件 日本電信電話1件			電子航法研究所1件 クラリオン1件 個人2件	TI(US)1件			日立国際電気1件 日本電信電話1件			日立国際電気1件
	メッセージの確実転送、送信				ハイニックスセミコン(KR)				住友電気工業1件		ルーセント(US)1件	
移動局側処理改善	移動局の高精度位置把握	NTTデータ1件 三菱電機1件 日立国際電気1件		日本電気1件 ソニー1件(DE)1件 NTTドコモ1件 松下電器産業1件	豊田自動織機1件	松下電器産業1件	NTTデータ1件					
	移動局の電力低減		富士通1件		東芝1件							
	移動局への必要情報提供	NTTデータ2件 シャープ1件 他2件		日立国際電気1件 デンソー1件 東芝1件	日本電気1件	日立国際電気1件	住友電気工業1件 個人1件 ソニー1件 NTT1件	日本電信電話1件 NTTアドバンス1件	日立国際電気1件 日本電信電話1件			日立国際電気1件
その他	ユーザへのサービス提供向上			テレフォン(SE)1件		アルカテル(FR)1件 ソニー1件 NTTドコモ1件				日立テレコム1件 NTTアドバンス1件 日本電信電話1件		ルーセント(US)1件
	その他			ゼロックス(US)1件 富士通テン1件	日本電気2件 日立通信システム1件							日本電気1件 日立製作所1件 ルーセント(US)1件 IBM(US)1件 シャープ1件

注．USは米国、FRはフランス、DEはドイツ、NLはオランダ、SEはスウェーデン、FIはフィンランド、KRは韓国を表す。

表 1.4-3 占有制御の技術課題と解決手段

課題＼解決手段		信号処理				最適伝搬レート				システム管理情報		構成（アンテナ、ケーブル、装置配置）	その他
		送信タイミング制御	ポーリング方式	周波数選択制御	CSMA/CA方式	チャネル選択制御	中継器利用	スペクトラム拡散方式	TDM/FDM方式	識別情報	管理テーブル		
通信性能	通信効率	日本電気 5件 日本電信電話3件 東芝 2件 ソニー 2件 NTTドコモ2件 キヤノン 1件 松下電器産業1件 富士通 1件 他 8件	日本電気 2件 NECモバイリング 2件 東芝 1件 松下電器産業1件 三菱電機 1件 三星電子(KR) 1件 富士通テン 1件 東芝コミュニケーションテクノロジー 1件	キヤノン 2件 富士通 1件 富士ゼロックス 1件 TI(US) 1件 プレッシーセミコンダクターズ(GB) 1件 アドテック 1件	富士ゼロックス 1件	日本電気 2件 日本電信電話 1件 三菱電機 1件 TRW(US) 1件 ソニーINTERNヨーロッパ(DE) 1件 三菱電機システムエルエスアイデザイン 1件	キヤノン 1件 日立製作所 1件 エルジーテレコム(KR) 1件	キヤノン 1件 リコー 1件 アルプス電気1件		ルーセント(US) 2件 ソニー 1件 日立製作所 1件 NTTドコモ1件 三菱重工業 1件 日立コンピュータエンイニアリング 1件 日電エンジニアリング 1件	日本電信電話 1件	日本電気 1件 日立国際電気1件	キヤノン 1件 東芝 1件 日本電信電話1件 富士通 1件 ソニー 1件 日立国際電気1件 フィリップス(NL) 1件 アルカテル(FR) 1件 他 6件
	通信速度	東芝 1件 ソニー 1件 松下電工 1件	日本電信電話2件 NTTドコモ2件 キヤノン 1件	日本電気 1件 沖電気工業 1件 竹中工務店 1件	日本電気 1件	松下電器産業 2件 日本電気 1件 NTTドコモ 1件	ソフィヤ 1件	デンソー 1件		日本電気 1件 ノキア(FI) 1件	日本電気 1件		日本電気 1件 松下電器産業1件
	高速通信	松下電器産業1件 住友電気工業1件 国土交通省 1件	日本電信電話1件 富士通テン 1件 NTTドコモ1件		東芝 1件	ダイキン工業 1件 テコテック(US) 1件	東芝 1件	富士通 1件 東京計器 1件		東芝 1件 オムロン 1件		ルーセント(US) 2件 アルカテル(NL) 1件	沖電気工業 1件 郵政省研究所1件 フィリップス(NL) 1件
通信障害	衝突防止	日本電信電話2件 キヤノン 1件 東芝 1件 富士通 1件 ルーセント(US) 1件 日立製作所 1件 他 10件	キヤノン 1件 オーティーシーワイヤレス(US) 1件	コンパックコンピュータ(US) 1件	日本電気 1件 IBM(US) 1件 ノキアマトカ(FI) 1件 エルテル 1件 YRP 1件 昭和電線 1件 ITTキヤノン 1件	日本電気 1件 ソニー 1件		東芝テック 1件		松下電器産業1件		富士通 1件 ルーセント(US) 1件 IBM(US) 1件	富士通 2件 キヤノン 1件 日本ビクター1件 NTTデータ1件 AT&T(US) 1件 東洋電機 1件
	通信不能障害防止	三菱電機 2件 日本電気 1件 キヤノン 1件 日本電信電話1件 富士通ゼネラル 1件	日本電気 1件 松下電器産業1件 三菱電機 1件 リコー 1件 他 3件	キヤノン 2件 日立製作所 1件 日立インフォメーションテクノロジー 1件	東芝 1件	日本電気 1件 沖電気工業 1件 HP(US) 1件 個人 1件	デンソー 1件 ソフィヤ 1件			富士通 1件 フィリップス(NL) 1件 日本無線 1件 明電舎 1件			日立製作所 2件 日本電気 1件 ルーセント(US) 1件 日立国際電気1件 他 5件
	干渉防止	キヤノン 1件 NTTドコモ1件 アルカテル(FR) 1件 ATR 1件		日立製作所 1件 IBM(US) 1件 日立エルエスアイシステムズ 1件		リコー 2件 NTTドコモ 1件		日立製作所 1件 日立マイコンシステム 1件		双葉電子工業1件		富士通 1件	アルカテル(FR) 2件 日立国際電気1件
システム構成	設備の簡略化	日本電気 2件 日本信号 1件 川崎製鉄 1件	富士通 2件 ソニー 1件	日本電気 1件 日立製作所 1件 アルカテルビジネスシステムズ(FR) 1件		アルカテルビジネスシステムズ(FR) 1件 富士ゼロックス 1件	松下電器産業1件 三菱電機 1件 AT&T(US) 1件 グローバルスター(US) 1件	独立行政法人電子航法研究所 1件 クラリオン 1件 個人 2件	松下電器産業1件 リコー 1件	イシダ 1件	IBM(US) 1件 リコー 1件 個人 1件	日本電気 1件 東芝 1件 日立製作所 1件 三菱電機 1件 他 2件	キヤノン 1件 IBM(US) 1件 日本ビクター1件 松下電工 1件 他 7件
	省電力	松下電器産業2件 日立国際電気1件 IBM(US) 1件 シャープ 1件 HP(US) 1件 GE(US) 1件		シャープ 1件		リコー 2件 ジェネラルエレクトリック(US) 2件			東芝 1件	ジェネラルエレクトリック(US) 1件			キヤノン 2件 日立国際電気1件 デンソー 1件 HP(US) 1件
	作業性		リコー 1件 クラリオン 1件				ソフィヤ 2件 リコー 1件 三洋電機 1件 愛知電子 1件	日立製作所 1件		東芝 1件 静岡日本電気1件		日本電気 1件 大東エンジニアリング 1件	日本電気 1件 三菱電機 1件
通信の品質	信頼性向上	日本電気 1件 日立国際電気1件 積水化学 1件	日本電気 1件 NECモバイリング 1件 富士電機 1件 エフエフシー1件	キヤノン 1件 ルーセント(US) 1件 IBM(US) 1件	富士通 1件	AT&T(US) 1件			東芝 1件	日立製作所 1件 日本電信電話1件 NECモバイリング 1件	オムロン 1件	ブラザー工業1件	キヤノン 1件 東芝 1件 日本電信電話1件 ソニー 1件 他 3件
	機密性	リコー 2件 キヤノン 1件 IBM(US) 1件 シャープ 1件		松下電器産業1件 フィリップス(NL) 1件		東芝 1件 富士通 1件 リコー 1件 個人 1件				東芝 1件		日本電気 1件 日本電信電話1件 エヌティティエレクトロニクステクノロジー 1件	日本電気 1件 NTTドコモ1件
その他						日本電気 1件							東芝 1件

注１．出願人名に関し、郵政省通信総合研究所長→郵政省研究所、国土交通省土木研究所長→国土交通省、ノキアマトカピュヘリメット→ノキアマトカ、エイティアール環境適応通信研究所(株)→ＡＴＲ、昭和電線電纜→昭和電線、ワイアールピー移動通信基盤技術研究所(株)→ＹＲＰ　と記載した。　注２．USは米国、FRはフランス、GBはイギリス、DEはドイツ、NLはオランダ、FIはフィンランド、KRは韓国を表す。

表 1.4-4 端局間の接続手順の技術課題と解決手段

解決手段	システム管理情報		最適伝送経路			システム構成			信号処理			その他
課題	識別情報	管理テーブル	中継機能	チャネル選択制御	サーバ	検知器	ボーリング	周波数制御	タイミング制御	その他
通信障害	衝突対策	AT&Tワイヤレス(US)1件 デンソー1件 キヤノン1件 松下電器産業1件 日立国際電気1件 他 3件	日立製作所1件	ルーセント(US)1件 IBM(US)1件 シャープ1件	NTTドコモ1件 ルーセント(US)1件 アンリツ対ル(FR)1件	松下電器産業1件	キヤノン1件		キヤノン1件 ルーセント(US)1件 日本電信電話1件	松下電器産業1件 IBM(US)1件 他 3件	
	障害対策	シャープ1件 松下電器産業1件 富士通1件 フィリップス(NL)1件	大井電気1件 シャープ1件 フィリップス(NL)1件	スペクトラリンクス(US)1件 フィリップス(NL)1件 日本電信電話1件 セイコーエプソン1件 防衛庁1件 他 3件			日本電気1件 東芝1件 日本無線1件 オムロン1件			松下電器産業2件 個人1件	富士通信話1件 日本通信話1件 リコー1件 東芝テック1件
	通信経路確保	東芝2件 日本電気1件	日立製作所1件	オムロン2件 富士通1件 長野日本無線1件 松下電工1件	東芝1件	日本電信電話1件					
通信性能	通信効率化	日本電信電話4件 アルパインテクノロジー1件 日本電気1件、ドワンゴ1件 リコー1件、ソニー1件 松下電器産業1件、HP(US)1件 他 13件	日本電信電話5件 東芝2件 ソニー1件 カシオ計算機1件 シャープエプソンリリア1件 松下電器産業1件 他 4件	横河化学工業2件 日立製作所1件 シャープ1件 ソニー1件 他 11件	日本電気4件 キヤノン1件 シャープ1件 富士通1件 日本電信電話1件 他 6件	日立製作所2件 キヤノン1件 三菱エレクトロニクス(US)1件 日本電信電話1件 他 8件	日本電気1件 東芝2件 京セラ1件 松下電器産業1件 キヤノン1件		日本電気2件 ソニー1件 クラリオン1件 ルーセント(US)1件 沖電気工業1件 他 4件	東芝4件、日本電信電話1件 オムロン1件、ソニー1件 アルカテル(FR)1件 ルーセント(US)1件 松下電器産業1件 他 2件	松下電器産業2件 三菱電機2件、キヤノン2件 富士通1件 東芝電信電話1件 東芝1件、日立製作所1件 他 13件
	ネットワーク間接続	フィリップス(NL)2件 1件 サンマイクロシステム(US)1件 日本電気1件、キヤノン1件 日立製作所1件	日本電信電話1件 松下電器産業1件 富士通1件 日本電信電話1件	ライオー1件、明電舎1件 日本バイレンドエクス(US)1件 フィリップス(NL)1件 シンボルテクノロジーズ(US)1件 ニレコム1件、トモ(DE)1件 モトローラ(US)1件	IBM(US)1件	ブラザー工業1件				日本電信電話1件 松下電工1件 沖電気工業1件 東芝1件 セクタ1件 河村電器産業1件
	アクセス簡略化	キヤノン2件、東芝1件 NTTドコモ1件、ソニー1件 日本電気1件 ソニー1件、AT&T(US)1件 他 4件	シャープ1件 松下電器産業1件 NTTデータ1件 日本電信電話1件	ルーセント(US)1件 シャープ1件、ソニー1件 NTTドコモ1件、トム1件 他 2件	シーメンス1件	松下電器産業2件 ソニー1件、明電舎(US)1件 フィリップス(NL)1件 ミラン1件、ソニー(DE)1件 モメア(FI)1件、トム1件 富士写真1件			日本電信電話1件	日立国際電気1件 東芝1件 デンソー1件	日本電信電話1件 NTT(US)1件 沖電気工業1件 東芝電気工業1件 セクタ1件
通信品質	信頼性向上	キヤノン2件 NTTドコモ1件、日本電信電話1件 ソニー1件、AT&T(US)1件 他 9件	ブラザー工業1件 東芝1件、日本電信電話1件 ニューヨーク(DE)1件 アルカテル(FR)1件 日本電信電話1件	ルーセント(US)2件 シャープ1件、東芝1件 ソニー1件、IBM(US)1件 他 4件	三菱マテリアル1件	東芝1件 富士ゼロックス1件 ルーセント(US)1件 日本電信電話1件 他 2件	日立製作所1件 三菱マテリアル1件 ムゲキップ1件 シャープ1件		サムソリテサーチ (ZA)1件	富士通2件、ソニー1件 日立製作所1件 シャープ1件、IBM(US)1件 ビッツ研究所1件 他 4件	富士通2件 IBM(US)2件、ソニー1件 東芝電気工業2件、キヤノン1件 他 11件
	時間削減	NTTデータ1件 ソニー1件、日本電気1件 松下電器産業1件 他 2件	個人1件	セイコーエプソン1件 シャープ1件 日本電信電話1件 三菱電機1件		セイコーエプソン1件 ソニー1件 ソニーコンピュータ1件 日本ビルシステム1件		大阪瓦斯1件 松下電器産業1件		富士通1件 東京瓦斯1件 NECドリンゲリ1件 他 2件	東田工業1件
システム構成	無線化	IBM(US)1件									
	設備簡略化	オムロン1件 シャープ1件 ルーセントEX1件 フィリップス(NL)1件	リベラテレニカ(GB)1件 シャープ1件 三菱電機1件 日本電信電話1件 他 5件	ルーセント1件、IBM(US)1件 日立製作所1件 日本電信電話1件	ソニー1件 ディーワールドアプリケーション1件、三菱電機1件 日本ビルシステム1件	シャープ1件 日立電子サービス1 ソニー1件			キヤノン2件 東芝1件	三菱電機2件 東芝2件、京セラ1件	NTTドコモ1件
	新規機器設定登録											キヤノン1件
その他		松下電器産業3件 ソニー2件、富士通1件 日立製作所1件、IBM(US)1件 他 9件	東芝2件 松下電器産業1件 キヤノン1件、ソニー1件 他 19件	NTTドコモ1件 ソニー1件、IBM、IBM(US)1件 松下電器産業1件	東洋通信機1件			ブラザー工業1件 日本電気1件	三洋電機1件	松下電器産業12件 東芝1件、キヤノン1件 ソニー6件、三菱電機4件 他 82件

注. US は米国、FR はフランス、GB はイギリス、DE はドイツ、NL はオランダ、SE はスウェーデン、FI はフィンランド、ZA は南アフリカを表す。

29

表1.4-5 プロトコル関連の技術課題と解決手段

解決手段／課題	伝送制御 TCP, TCP/IP方式	HDLC方式	PPP, PPTP方式	その他	伝送方式 多重方式	ATM方式	CSMA/CD, CA方式	その他	システム構成 機器装置	システム	通信経路 識別情報	その他
通信性能 通信効率	日本電信電話 2件, 松下電器産業 1件, シャープ 1件, 東芝テック 1件	松下電器産業 2件, 日本電気 1件, 三菱電機 1件, オムロン 1件, エリクソン(SE) 1件	NTTドコモ 1件	キヤノン 1件	ソニー 2件, キヤノン 1件, ルーセント(US) 1件	日本電気 1件, 松下電器産業 1件, ソニー 1件, キヤノン 1件, 日立製作所 1件		オープンウェーブ 3件	松下電器産業 2件, ソニー 1件, NTTドコモ 1件, 日電ソフトウェア 1件, デンソー 1件, 森長電子 1件	日本電気 1件, ノキア(FI) 1件		
通信速度		キヤノン 1件			松下電器産業 1件, 東洋通信機 1件			松下電器産業 1件, NTTドコモ 1件	ライフマイ 1件	松下電器産業 1件	三菱電機 1件	
高速通信	ルーセント(US) 1件	東芝 2件		松下電器産業 2件					東芝 1件	松下電器産業 1件, 日本電信電話 1件		
機能性	東芝 1件, 松下電器産業 1件, ソニー 1件, IBM(US) 1件, NTTドコモ 1件, 日本ビクター 1件, ノキア(FI) 1件, 他 6件	東芝 1件, ディーディーアイ 1件, 日立国際電気 1件, 日通工 1件	日立国際電気 1件	HP(US) 1件	東芝 1件, ルーセント(US) 1件, IBM(US) 1件, ノキアテレコミュニカシオン(FI) 1件	東芝 1件, オリンパス光学 1件		サンスイ 1件	ソニー 1件, 日本エンタープライズ 1件	松下電器産業 1件, 日本電信電話 1件, キヤノン 1件, 富士通 1件, カシオ計算機 1件, 米沢日本電気 1件, 三井物産 1件, 他 2件		ローベルトボッシュ(DE) 1件
信頼性向上	松下電器産業 1件, ルーセント(US) 1件, 沖電気工業 1件, 東芝デック 1件, 住友電気工業 1件	シャープ 1件, NECパソリンク 1件, 東洋通信機 1件		ルーセント(US) 1件, 東芝リブラリン 1件	松下電器産業 1件, キヤノン 1件, ノキア(NL) 1件		日本鋼管 1件					
情報収集性	富士通 1件				個人 1件							
設備の簡略化	日立製作所 2件, ソニー 1件, 三菱電機 1件, 日本ビクター 1件, ノキア(FI) 1件	東芝 1件, 松下電信電話 1件, 富士通 1件	バンダイ 1件		東芝 1件, 松下電工 1件, 東洋通信機 2件, ヒッタ研究所 1件	松下電器産業 1件, 日立国際電気 1件	キヤノン 1件, AT&T(US) 1件, セイコーエプソン 1件		松下電器産業 1件, ソニー 1件, リコー 1件, 三星電子(KR) 1件, 日本電力 1件	三菱電機 1件, カシオ計算機 1件, 日本ビクター 1件, 洋北電力 1件, 中国電力 1件, アマノ 1件, 他 2件	オムロン 1件	
作業性	キヤノン 1件, 日電通信システム 1件	三洋電機 1件										
省電力										日本電気 1件		
通信路確保	日立製作所 2件, IBM(US) 2件	積水化学 4件, 小電力高速通信研究所 1件	ルーセント(US) 1件, NTTドコモ 1件, 日通工 1件	東芝 1件		AMD(US) 1件, フランステレコム(FR) 1件			IBM(US) 1件, カシオ計算機 1件, ノキア(FI) 1件		松下電器産業 1件, NTTドコモ 1件, カシオ計算機 1件, AT&Tワイヤレスサービス(US) 1件	
通信不能・障害防止	松下電器産業 1件	IBM(US) 3件		日本無線 1件					キヤノン 1件			シャープ 1件
衝突防止		積水化学 1件, 日電通信システム 1件		富士通 1件						日本電気 1件	日電エンジニアリング 1件	
その他	日通工 1件	デンソー 1件				アルカテル(FR) 1件	ソニー 1件, NTTデータ 1件, 日本ビクター 1件			富士通 1件		

注. USは米国、FRはフランス、DEはドイツ、NLはオランダ、SEはスウェーデン、FIはフィンランド、KRは韓国を表す。

表1.4-6 誤り制御の技術課題と解決手段

注. USは米国、FRはフランス、DEはドイツ、SEはスウェーデン、KRは韓国を表す。

表1.4-7 トラフィック制御の技術課題と解決手段

注．USは米国，FRはフランス，DEはドイツ，NLはオランダ，FIはフィンランド，KRは韓国を表す。

表1.4-8 同期の技術課題と解決手段

課題 \ 解決手段		パケット制御	フレーム処理 スロット制御	ヘッダ情報制御	帯域制御	周波数処理 パルス制御	キャピング制御	ポーリング制御	ビット・符号処理 直交符号制御	トラフィック量分析	システム処理 管理情報	機器構成など	その他
通信性能	通信効率の向上	ルーセント(US) 2件 日本電気 1件 東芝 1件 ソニー 1件 キヤノン 1件 日立国際電気 1件 シャープ 1件 フィリップス(NL) 1件 日電エンジニアリング(FR) 1件 横河電子機器 1件	ソニー 5件 日本電気 4件 松下電器産業 1件 日本電信電話 1件 三菱電機 1件 日立国際電気 1件 オムロン 1件 フィリップス(NL) 1件 アルカテル(FR) 1件 ジーメンス(DE) 1件	日本電気 1件 日本電信電話 1件 ソニー 1件 東芝テック 1件 シンギュラテクノロジーズ(US) 1件	東芝 1件 ソニー 1件 東芝テック 1件 モトローラ(US) 1件	富士通 1件 IBM(US) 1件 個人 1件	日立製作所 1件	ソニー 2件 三菱電機 1件			ソニー 2件 日立国際電気 1件 日本電信電話 1件 オープンテープ 1件 日通工 1件 西日本電信電話 1件	東芝 2件	富士通 2件 キヤノン 1件 IBM(US) 1件
	信頼性の向上	日本電気 1件 松下電器産業 1件 ソニー 1件 ルーセント(US) 1件		日本電信電話 1件 日本電気 1件 アドテック 1件	日本国際電気 1件 東芝 1件 松下電器産業 1件 オムロン 1件 東芝通信システムエンジニアリング 1件		IBM(US) 2件		松下電器産業 1件		日本電気 1件		三菱電機 1件 日立国際電気 1件 IBM(US) 1件 アルカテル(FR) 1件 ジオン゛計 1件 他 2件
	高速通信	ソニー 1件	東芝 1件 東芝情報システム 1件		東芝 1件 アドテック 1件 エスワン(KR) 1件							日本電気 1件		日本電気 1件 ソニー 1件
通信障害	通信不能・干渉防止	シャープ 1件 NTTドコモ 1件 日本無線 1件	日本電気 2件 ソニー 1件 沖電気工業 1件 オムロン 1件	モトローラ(US) 1件 ピーエフユー 1件		キヤノン 1件	日立製作所 1件 日立コンピュータエンジニアリング 1件	松下電器産業 1件 大阪瓦斯 1件			東芝 1件 キヤノン 1件 アルカテル(NL) 1件	三菱電機 2件	
	衝突防止	日本電信電話 1件				東芝 1件	日立製作所 1件			日本電信電話 1件	松下電工 1件	キヤノン 1件	
システム構成	省電力	日本電気 1件 シンギュラテクノロジーズ(US) 1件	東芝 1件 日立製作所 1件 日立国際電気 1件				東芝テック 1件				松下電器産業 1件 ルーセント(US) 1件 シャープ 1件	ソニー 1件	日本電気 1件 ソニー 1件 シャープ 1件
	構成の簡略化	沖電気工業 1件			ソニー 1件	エリクソン(SE) 1件	東芝テック 1件	クラリオン 1件			日本電気 1件 クラリオン 1件		日本電気 1件 日立国際電気 1件 沖計算機 1件
	操作性・作業性の改善	日立製作所 1件		キヤノン 1件								IBM(US) 1件 コーラス 1件	日本電気 1件 松下電器産業 1件 キヤノン 1件 沖電気工業 1件 オムロン 1件 古河電工 1件 他 2件
時刻・位置管理	時刻・時間の同期										ソニー 2件 日本電信電話 1件 日立製作所 1件 IBM(US) 1件 シャープ 1件 フィリップス(NL) 1件 他 2件		日本電信電話 1件 日立国際電気 1件
	現在位置の管理										富士電機 1件 GE(US) 1件		

注. USは米国、FRはフランス、DEはドイツ、NLはオランダ、SEはスウェーデン、KRは韓国を表す。

表 1.4-9 優先制御の技術課題と解決手段

課題		解決手段	伝送経路での対応		経路の管理・監視	中継局による対応	伝送信号の制御		信号の送受信管理		装置への信号の優先度を付与	その他
			経路の迂回や選択	電波到達判定及び管理			制御信号付与	パケット管理	チャネルやスロットの割当	時間制御による処理		
通信の	経路の選択、伝送効率の向上		クボタ 2件 オムロン 2件 アドバンスサイドインダストリーズ(GB) 1件 日立画像情報システム 1件	クボタ 2件 オムロン 1件	クボタ 1件 東芝 1件	日立製作所 1件 オムロン 1件	日立製作所 1件	日本電信電話 2件 松下電器産業 1件 ノキアテレコミュニケーションズ(FI) 1件	東芝 1件 明電舎 1件	富士通 1件	ルーセント(US) 1件	
	品質の確保			NECモバイリング 1件 住友金属工業 1件	日本電気 1件 松下電器産業 1件		日本電信電話 1件	日本電信電話 2件 東芝 1件	日本電信電話 1件 ソニー 1件	三菱電機 1件	キヤノン 1件	豊田自動織機 1件
	障害への対応		クボタ 5件	クボタ 1件	リコー 1件		トヨタ自動車 1件	東芝 1件				
	局や端末の選択		松下電器産業 1件 シャープ 1件 東京デンック 1件				日本電信電話 1件		日本電気 1件		リコー 1件	
優先順位の制御	順位の決定、衝突の防止						キヤノン 1件	三星電子(KR) 1件	日立製作所 1件 日本国際電気 1件 プロミットトラッキングシステムズ(US) 1件	三菱電機 1件 リコー 1件 ブラザー工業 1件	東芝 1件	
	順位通りの処理						松下電器産業 1件 ルーセント(US) 1件 ノキア(FI) 1件		日本電気 1件	キヤノン 1件		
	順位の変更									日本電気 1件	ソニー 1件 シャープ 1件	
資源の確保	チャネル確保、周波数対応						三菱電機 1件	日立製作所 1件	日本電信電話 1件 三菱電機 1件 日立製作所 1件 双葉電子工業 1件 日立エンジニアリング 1件 個人 1件	日本電信電話 1件		
	省電力化		クボタ 1件							富士通 1件	三菱マテリアル 1件	
種別対応	データ種別対応		ルーセント(US) 1件	松下電工 2件			松下電器産業 3件 ソニー 2件 アルカテル(FR) 1件	フィリップス(NL) 1件	ルーセント(US) 1件	日本電気 1件	ソニー 1件 ソニーフランスシステム(FR) 1件	
アドレス配置							ソニー INTERN ヨーロッパ(DE) 1件		キヤノン 1件	ウェルキャットアイコム 1件	キヤノン 1件	キヤノン 1件
その他			NECモバイリング 1件 シンポルテクノロジーズ(US) 1件									日本電気 1件 フィリップス(NL) 1件

注．USは米国、FRはフランス、GBはイギリス、DEはドイツ、NLはオランダ、FIはフィンランド、KRは韓国を表す。

表1.4-10 機密保護の技術課題と解決手段

課題	解決手段	認証				暗号化			システム構成		端末の位置情報の利用	その他
		認証一般	サーバでの認証	カードによる認証	識別情報に特徴	暗号化一般	暗号化方式切換	鍵の生成・更新	処理方式に特徴	通信路に特徴		
不正アクセス・盗聴の防止	端末への不正アクセス防止	日本電気 1件 松下電器産業 1件 日本電信電話 1件 オムロン 1件	東芝 2件 NTTドコモ 1件	東芝 2件 日本電信電話 1件 東洋通信機 1件 エヌイーシーソフトウェア 1件	松下電器産業 1件						東芝 1件 ミノルタカメラ 1件	IBM(US) 1件
	無線傍受防止					京セラ 2件 三菱電機 1件 松下電工 1件 ミツミ電機 1件 個人 1件	東芝 2件		日本電気 1件 ソニー 1件	シャープ 1件 日本無線 1件		
	ケーブル単位での秘匿	ソニー 1件							ソニー 1件			
							日本電信電話 1件	高度移動通信セキュリティ 3件 日本電気 1件 日立国際電気 1件 ドコモシステムズ 1件				
接続・認証処理	安全・確実な認証	富士通 1件 IBM(US) 1件	オープンウェーブ 2件 日本電気 1件 松下電工 1件 三菱マテリアル 1件 TI(US) 1件 他 2件	キヤノン 1件	クラリオン 1件 伊勢インピューターサービス 1件	IBM(US) 1件 三菱重工業 1件	日本電信電話 2件 東芝 1件 日立国際電気 1件		オープンウェーブ 1件	アルファ 1件		東芝 2件
	処理の簡素化	ソニー 1件 三菱電機 1件 シャープ 1件 個人 1件							日本電信電話 1件 アルファシステムズ(FR) 1件	東芝 1件		シャープ 1件
	登録・抹消処理		ルーセント(US) 1件						東芝 1件 アルファ電気 1件			
	端末の紛失・盗難防止	松下電器産業 1件			住友電気工業 1件 住友電装 1件 ルネサス総合技術研究所 1件						シャープ 1件	日本電信電話 1件 東洋スナッター 1件
情報の保護	加入者情報の保護	ソニー 2件	オープンウェーブ 1件						NTTドコモ 1件			オープンウェーブ 1件 アルカテル(FR) 1件
	鍵情報の保護							日本電気 1件 IBM(US) 1件 アドラック 1件				
	データの保護		NTTデータ 1件							ソニー 1件		ゼロックス(US) 1件

注．USは米国、FRはフランスを表す。

注）表1.4-1～表1.4-10における企業名の記載について

　表中への企業名記載において、出願件数上位51社については下記表1.4-11の通りとした。また、52社以降の企業名については省略があった場合は、表1.4-1～表1.4-10のそれぞれの下段にその旨記載した。

表1.4-11 企業名記載

企業名	表記載に用いた名称
ルーセント　テクノロジーズ	ルーセント
日立国際電気、国際電気、日立電子、八木アンテナ	日立国際電気
ＮＴＴドコモ、ＮＴＴ移動通信網	ＮＴＴドコモ
東芝テック、テック、東京電気	東芝テック
クボタ、久保田鉄工所	クボタ
フォンドット　コムジャパン、オープンウェーブシステムズ	オープンウェーブ
オムロン、立石電機	オムロン
フィリップス　エレクトロニクス、コニン．フィリップス　エレクトロニクス	フィリップス
ＮＴＴデータ、ＮＴＴデータ通信	ＮＴＴデータ
アルカテル　シト	アルカテル
ＮＥＣモバイリング、日本電気移動通信	ＮＥＣモバイリング
日本電気エンジニアリング	日電エンジニアリング
デンソー、日本電装	デンソー
ノキア　モービル　フォーンズ	ノキア
三菱マテリアル、三菱金属	三菱マテリアル
テレフォン　ＡＢ　エル　エム　エリクソン	エリクソン
ヒューレット　パッカード	ＨＰ
テキサス　インスツルメンツ	ＴＩ
豊田自動織機製作所	豊田自動織機

2．主要企業等の特許活動

2.1 主要企業 20 社
2.2 日本電気
2.3 東芝
2.4 松下電器産業
2.5 日本電信電話
2.6 ソニー
2.7 キヤノン
2.8 日立製作所
2.9 富士通
2.10 ルーセント　テクノロジーズ
2.11 三菱電機
2.12 日立国際電気
2.13 IBM
2.14 シャープ
2.15 NTT ドコモ
2.16 東芝テック
2.17 沖電気工業
2.18 リコー
2.19 日本ビクター
2.20 クボタ
2.21 オープンウェーブシステムズ

> 特許流通
> 支援チャート
>
> # 2．主要企業等の特許活動
>
> 主要企業20社について企業ごとに、企業概要、主要製品／技術、
> 保有特許の概要などを分析して纏めた。

　主要企業20社について企業ごとに、企業の概要、主要製品・技術、技術課題対応保有特許の概要、技術開発拠点および研究開発者の各項目に関し、企業情報、特許公報などをもとに各種の分析を行った。

　技術課題対応保有特許の概要の項目では、1.4節の技術開発の課題と解決手段の項目で作成した技術要素ごとの対応表をもとに、各特許に関する概要を記載したが、これはあくまで特許公報から抽出した発明の概要であり、特許権利の範囲を規定するものでないことを注意されたい。また、概要の欄に（図）と記載している特許に関しては、各対応表の最終に図面を添付した。図の選定は、無線LAN技術に特徴ある発明、特許登録されている発明を中心に行った。
　なお、本章で掲載した特許（出願）は、各々、各企業から出願されたものであり、各企業の事業戦略などによっては、ライセンスされるとは限りません。

2.1 主要企業 20 社

1.2.3項で示した検索式に従って抽出した無線LAN技術に関する特許(以下、一般的に特許と表現した場合は実用新案も含むものとする。)について、出願人および技術要素ごとの件数を把握し、主要企業20社を選定する。

表2.1-1に、無線LAN全体での出願件数の多い上位51社を示すとともに、これら51社の出願件数の技術要素ごとの内訳を示す。各技術要素のそれぞれにおいて、出願件数の多い上位5社を網掛けで示す。

表2.1-1より、主要企業20社として、無線LAN全体の出願件数順の上位18社に、全体の順位は下位であるが技術要素で上位5社に入っている2社を加えて、主要企業20社とすることにした。これら20社は、表2.1-1において出願人名を網掛けで示してある。

表2.1-1 出願件数の上位51社

	出願人	全体(件)	技術要素1(件)	技術要素2(件)	技術要素3(件)	技術要素4(件)	技術要素5(件)	技術要素6(件)	技術要素7(件)	技術要素8(件)	技術要素9(件)	技術要素10(件)
1	日本電気	258	10	16	96	83	17	40	54	31	14	9
2	東芝	214	14	19	49	69	12	30	47	17	7	13
3	松下電器産業	176	0	5	45	73	28	26	30	12	9	4
4	日本電信電話	162	7	11	46	58	9	28	38	14	11	11
5	ソニー	123	3	3	30	52	10	22	14	22	7	6
6	キヤノン	120	5	1	57	50	12	33	19	8	6	2
7	日立製作所	106	4	11	28	27	9	20	14	12	7	2
8	富士通	94	4	5	40	29	6	21	16	10	3	1
9	ルーセント テクノロジーズ(米国)	88	3	11	30	37	11	13	28	5	6	2
10	三菱電機	77	2	5	24	23	6	12	13	5	8	3
11	日立国際電気	73	12	8	21	28	3	6	11	12	2	3
12	IBM(米国)	63	0	5	21	23	8	16	10	9	3	4
13	シャープ	55	4	1	8	29	3	8	4	7	3	4
14	NTTドコモ	52	1	2	13	20	7	6	12	1	0	1
15	東芝テック	47	4	0	13	13	4	13	8	8	3	0
16	沖電気工業	39	0	5	10	10	2	8	10	3	1	0
17	リコー	38	2	0	18	11	2	9	2	2	1	0
18	日本ビクター	38	2	0	16	16	6	2	11	3	1	3
19	オムロン	36	4	0	15	11	2	8	8	4	4	1
20	松下電工	34	3	1	8	7	1	7	2	2	2	3
21	フィリップス エレクトロニクス(オランダ)	33	0	3	8	11	2	2	9	4	2	2
22	NTTデータ	29	4	4	7	11	4	2	3	3	0	4
23	アルカテル シト(フランス)	25	0	1	9	11	1	1	2	3	1	2
24	NECモバイリング	23	0	0	12	7	2	6	2	1	3	0
25	富士電機	23	0	0	9	8	0	7	5	1	1	0
26	カシオ計算機	22	0	0	2	10	4	2	5	1	0	2
27	積水化学	21	2	0	2	4	5	7	5	1	1	1
28	モトローラ(米国)	19	1	0	12	4	1	5	4	5	0	0
29	クボタ	19	0	0	2	12	0	6	3	1	13	0
30	日本電気エンジニアリング	18	0	1	7	7	3	3	1	2	0	0
31	デンソー	18	0	2	4	8	2	4	0	0	1	0
32	ノキア モービルフォーンズ(フィンランド)	16	0	10	3	6	4	1	5	0	1	0
33	三洋電機	15	0	0	2	8	1	2	3	0	1	0
34	オープンウェーブシステムズ	15	0	0	0	9	5	1	2	1	0	5
35	日本無線	14	2	0	5	1	3	5	0	2	0	2
36	AT&T(米国)	13	2	1	4	4	1	2	1	0	0	0
37	三菱マテリアル	12	0	3	0	5	0	1	2	0	1	1
38	富士ゼロックス	12	0	0	7	5	0	2	1	0	0	1
39	クラリオン	11	0	2	7	5	1	3	2	2	2	2
40	テレフォン AB エル エム エリクソン(スウェーデン)	10	0	1	0	4	1	4	0	1	0	1
41	ヒューレット パッカード(米国)	10	0	0	5	3	2	2	0	0	0	0
42	京セラ	10	1	0	1	7	0	1	1	0	0	2
43	三星電子(韓国)	10	0	2	2	5	1	1	0	0	1	0
44	シンボル テクノロジーズ(米国)	9	0	0	5	4	0	4	3	3	1	0
45	テキサス インスツルメンツ(米国)	9	1	1	3	1	0	3	0	0	0	1
46	トヨタ自動車	9	2	0	2	3	0	0	0	1	2	0
47	ミツミ電機	9	0	0	2	5	0	0	0	0	0	1
48	大阪瓦斯	9	0	0	1	5	0	3	1	1	0	0
49	富士通ゼネラル	9	0	0	1	7	0	1	0	0	0	0
50	住友電気工業	8	1	2	1	2	1	1	0	0	0	1
51	豊田自動織機	8	0	2	0	1	0	3	1	0	1	0
	全件数(52位以下を含む)	2,859	125	145	829	1,050	240	492	473	242	152	127

注．11 日立国際電気には国際電気、日立電子、八木アンテナを含む。14 NTTドコモにはNTT移動通信網を含む。15 東芝テックには東京電気、テックを含む。19 オムロンには立石電機を含む。22 NTTデータにはNTTデータ通信を含む。24 NECモバイリングには日本電気移動通信を含む。29 クボタには久保田鉄工所を含む。31 デンソーには日本電装を含む。34 オープンウェーブシステムズにはフォンドット コムジャパンを含む。37 三菱マテリアルには三菱金属を含む。

2.2 日本電気

　日本電気は、1991年以降に公開された、権利存続中あるいは係属中の特許についてみた場合、10の技術要素の全てにおいて出願している。特に出願件数が多いのは、端局間の接続手順、トラフィック制御に関する技術要素である。
　出願件数は共同出願も含め180件有るが、このうち半数以上の100件が特許登録されている。
　なお、1998年に出願件数、発明者数のピークが見られる。

2.2.1 企業の概要

表2.2.1-1に日本電気の企業の概要を示す。

表2.2.1-1 日本電気の企業の概要

1)	商号	日本電気株式会社
2)	設立年月	1899年7月
3)	資本金	2,447億2,000万円
4)	従業員	34,878名(2001年9月現在)
5)	事業内容	パソコン、通信機器、電子デバイス、ソフトウェアなどの開発・製造・販売・サービス
6)	技術・資本提携関係	−
7)	事業所	本社/東京、支社/名古屋、福岡　工場/三田、玉川、府中、相模原、横浜他
8)	関連会社	NECシステム建設、日本航空電子工業
9)	業績推移	4兆7,594億1,200万円（1999.3）　4兆9,914億4,700万円（2000.3）　5兆4,097億3,600万円（2001.3）
10)	主要製品	パソコン、周辺機器、携帯電話、ファクシミリ、スーパーコンピュータ、サーバ、ソフトウェア、半導体
11)	主な取引先	−
12)	技術移転窓口	−

2.2.2 無線LAN技術に関する製品・技術

表2.2.2-1に無線LAN技術に関する日本電気の製品を示す。

表2.2.2-1 日本電気の無線LAN関連製品

製品	製品名	発売時期	出典
アクセスポイント、PCカード	Radio8300	1999年1月	http://www.smx.co.jp/keymansnet/product/r8100.htm
アクセスポイント、PCカード	Radio8150	2000年1月	NEC プレスリリース 1999.11.25
アクセスポイント、PCカード	Radio8500	2000年9月	NEC プレスリリース 2000.8.3
アクセスポイント、PCカード	CMZ-RT	2000年6月	NEC プレスリリース 2000.5.25
赤外線モデム	SM10/T	−	NEC LAN製品総合カタログ 1999 VOL.3
赤外線IF	PK-UP007	1999年2月	NEC プレスリリース 1999.1.28

2.2.3 技術開発課題対応保有特許の概要

表2.2.3-1に日本電気の保有特許を、図2.2.3-1に代表図面を示す。

表2.2.3-1 日本電気の保有特許(1/4)

	技術要素		特許番号	特許分類	課題	概　　要
1	電波障害対策	伝搬障害対策	特許第3045090号	H04B 7/26	相互干渉低減	干渉しない2つ以上の電波群を持ち壁等の通信可能エリアの端で別の電波群にて通信
		環境確保	特許第2867980号	H04Q 7/38	伝搬環境確保	2台の端末をテストモードで動作させ電界強度データを収集し最適な端末を親機とする
			特許第3036466号	H04B 7/15	伝搬環境確保	天井に設ける電波吸収体を特定の数式で直径が規定された円板形状となるように形成(図)
			特開2001-43123	G06F 12/00 546	伝搬環境確保	圏内／圏外判定部を有し圏外の場合はキャッシュに格納されたホームページを検索
		遮断防止	特開2000-13393	H04L 12/28	通信遮断防止	電波および赤外線方式の伝送路組み合せによる多重化システムの構成
		その他	特開平11-154121	G06F 13/00 351	その他	受信端末は電界強度が不安定な時は受信を中断し強度が安定した時に受信再開する
2	移動端末ローミング	通信応答性、スループットの改善	特許第2728044号	H04L 12/28	基地局と移動局間でのスループット向上	受信したフレームで交換手順処理の次のフレームを構成し、サーバと通信するフレームの送受信／変復調を制御
			特開2000-78190	H04L 12/56	通信の応答性改善	移動端末のパケット通信状態に応じ、移動端末の位置する無線ゾーン基地局から終端装置に至るパス設定を制御
			特許第3183224号	H04L 12/28	回線切断回避	基幹ネットが形成されてれば新たなアドホック識別子を設定し、されてなければアドホックネットワークに接続
			特開平11-88371	H04L 12/28	回線切断回避	第1、第3の装置が多数再送した時、第1、第3のアンテナから第2、第4のアンテナに切替える
		高速ローミング	特開2000-78165	H04L 12/28	ハンドオーバ簡単化、高速化	ハンドオフ要求を送出しスイッチングノードでこれを評価して新たな基地局をカバーするか否かを判断する方法
			特開2000-341339	H04L 12/66	ハンドオーバ簡単化、高速化	スイッチノードのアドレステーブル更新で移動パケット端末が存圏するインターワーキング装置にアドレス設定
			特許第2838998号	H04L 12/28	通信エリアの円滑変更	サブネットワークに位置情報を報知し他移動局が報知位置を受信し送信先が固定か移動か検出データ形式変換
		移動局側処理改善	特許第2748871号	H04L 12/46	移動局の高精度位置把握	移動局は、移動完了通知と位置番号を有し、基地局1から基地局2に移動時、基地局2は位置番号を割当て移動完了で開放(図)
			特開2001-168879	H04L 12/28	移動局の電力低減	CPUがサスペンド中は、電源供給でローミング手段の動作を保ちローミング処理を行う
			特開2001-53881	H04M 3/42	移動局への必要情報提供	サービスエリアに属する移動局にスケジュール機能を備え、スケジュール情報を移動通信網を介して送信
		その他	特許第3098492号	H04L 12/28	その他	無線端末の登録交換機を特定し、在圏交換機の情報取得して登録交換機から無線端末運用データを書込む
			特許第3191788号	H04L 12/28	その他	GCID間対応格納のテーブルを備えバッファへの読書き時にテーブルを参照してGCIDでハンドオフ管理
			特開2001-7815	H04L 12/28	その他	移動局はネットワーク端末が変更になった事を検出してネットワークに変更を認識させる
3	占有制御	通信性能	特許第2861653号	H04L 12/28	通信効率	パケット長検出部、スロットタイミング検出部、予約要求部、送信バッファ、予約確認部、予約受付部とネットワーク制御回路を備える
			特公平7-38612	H04B 7/212	通信効率	送信パケットを持つ局のみチャネル容量を割当てパケット待ち行列の大きさで容量を調節
			特許第2500437号	H04L 12/28	通信効率	集中局から端末へは無線信号、集中局へは複数端末の端末から個別に空間光信号を用いる
			特許第2867922号	H04Q 9/00 301	通信効率	親局装置は子局のそれぞれに対し、ポーリングを行う最大回数を定めた基準値と、子局の優先度数と、リトライカウンタの設定により、リトライ時間が低減できる情報伝送方式
			特許第2861874号	H04L 12/28	通信効率	送信要求が発生した順番に送信権を付与することができる無線通信システム
			特許第2705677号	H04L 12/28	通信効率	呼量の少ないときはシステム応答性のよい方式を、また子局の送信予定データ量が少ないときは子局への送信機会を均等に分け与えシステム全体での効率低下を防止
			特許第2803640号	H04Q 7/36	通信効率	端末と無線基地局間のチャネルの割当を同報チャネルと通信チャネルを一組として行う
			特許第3123440号	H04Q 7/36	通信効率	各無線局が用いるチャネルをそれぞれの局が確立したい無線リンクの形態により選択
			特開平11-55266	H04L 12/28	通信効率	キャリア無しの検出からバックオフタイムの経過後にホストからのデータを送出する
			特許第2682491号	H04L 12/56	通信速度	設定時間を超えたパケット信号のスイッチの経路を予約し早期に出力装置へ送出
			特許第2705686号	H04L 12/28	通信速度	無線データ通信装置のバッファに蓄積されるパケット量に応じて送信の優先度を高めることによりバッファ溢れ及び伝送速度の低下を回避
			特許第2897728号	H04L 12/28	通信速度	無線ノードからの要求に応じリソースをダイナミックに割当可変伝送速度に対応(図)
			特開2000-165410	H04L 12/28	通信速度	エントリ処理が集中した場合にも短い待機時間でエントリ処理を完了
			特開2000-174767	H04L 12/28	通信速度	通信量の少ないときにはランダムアクセスデータ送信用帯域を多く割り当てることで遅延を低く抑え、多い場合はデータ送信用帯域を割り当てず予約システムのみ用いる
			特開2001-53711	H04J 3/16	通信速度	算出されたスケジューリング処理開始時刻と終了時刻の間に要求受付手段で受け付けられた処理要求をスケジューリングする
		通信障害	特許第2705611号	H04L 12/28	衝突防止	拡散変調部、復調部、復号検出回路、キャリア検出回路、制御部を備える
			特開平11-145974	H04L 12/28	衝突防止	異なる端末局からほぼ等しいレベルの送信信号を混在受信でき衝突を容易に検出する
			特許第3204242号	H04J 3/06	通信不能・障害防止	障害復旧後でも関係のある子局のみを簡易な方法で、かつ迅速に位相調整を行うこと
			特開2000-269980	H04L 12/28	通信不能・障害防止	マスタの無線装置とスレーブの無線装置間に回線障害が発生しても保守端末が接続されるスレーブの無線装置へのリモートログインを可能にする支援系監視システム
			特開2001-16653	H04Q 7/38	通信不能・障害防止	接続状態監視手段と、監視内容に応じた動作を基地局に対して行う制御手段を含む
			特開2001-136166	H04L 12/28	通信不能・障害防止	スレーブ局にて重大な障害が発生した際に障害情報信号をマスタ局に瞬時に通報
		システム構成	特公平7-79303	H04B 7/155	設備の簡略化	送信可信号送出、送信データ選択、変調、キャリヤ検出信号送出、復調手段を備える
			特許第2526788号	H04L 12/28	設備の簡略化	一つの送信、変調、信号選択、複数のアクセス制御手段、データインタフェースを備える
			特許第2536424号	H04Q 7/38	設備の簡略化	データ、識別番号、乱数による送出待ち時間の算出及び待ち時間内の同一データ受信有無による送出決定
			特許第2715938号	H04L 12/28	設備の簡略化	無線モデムと有線用ネットワークコントローラと制御手段とを有する
			特許第3005937号	H04L 12/28	作業性	端末局のアンテナの方向を容易に調整することができる構内通信装置(図)
			特開2001-95049	H04Q 7/38	作業性	データに含まれる所定の通知コードが検出されたとき、予め設定されている報知の種類を指定する着信モード情報にしたがってデータの受信の終了を報知する
		通信の品質	特許第3003406号	H04L 12/28	信頼性向上	中央局が一つの端局によるパケットデータ中継終了時、他のすべての端局にパケットデータ送出権を与える
			特許第2897711号	H04L 12/28	信頼性向上	一対多通信によるデータ伝送において効率よく送達確認を行う伝送制御システム
			特許第2600602号	H04B 1/40	機能性	非直線素子を用い、通倍回路、変調発振回路、送信用ミキサを備える
			特許第3185761号	H04L 12/46	機能性	ネットワークに未接続の場合でも、予め固定IPアドレスを付与することなく通信を可能にする移動端末接続システム
		その他	特開2001-177556	H04L 12/46	その他	周波数管理部は周波数プールから通信に必要な空き周波数帯を取得し回線に割当

表2.2.3-1 日本電気の保有特許(2/4)

	技術要素		特許番号	特許分類	課題	概要
4	端局間の接続手順	通信障害	特許第3173427号	H04L 12/28	障害対策	接続のためのフレーム送受信をやり取りしフレーム送受信を受信した他の端末は送信を抑制する
			特開2000-156689	H04L 12/28	障害対策	LAN監視手段によって障害を検出し、無線アクセスポイントを介して無線端末との接続を切断する
			特開2000-349787	H04L 12/28	障害対策	アクセスポイントに主装置、障害検出部、及びクライアント端末切離制御部を含める
			特開2001-136120	H04B 7/26	障害対策	複数の送信周波数の送信機を使用するゾーンラップ方式を用いて送信切替を自動的に行う
			特開2001-119428	H04L 12/56	通信経路確保	第1・第2通信局間で二重化データリンク回線通信を行うシステムにおいて、第1の局には複数の移動局との間で1対1の論理回線を確立する手段と、確立した論理回線のアドレスと移動局の識別情報とを第2の局に通知する手段を持ち、第2の局には該通知に基づき論理回線アドレスと識別情報を関連付けて管理するアドレス管理手段を持ち、関連付が重複時には最新側を採用する
		通信性能	特公平7-38613	H04B 7/212	通信効率化	中心局は要求信号をパケットデータ信号として受信する手段と搬送波割り当て通知信号をパケットデータで送信する手段を備える
			特許第2616727号	H04L 12/28	通信効率化	通信状態が良好なときは受信確認のための送受信を省略する
			特許第2830914号	H04B 7/26	通信効率化	音声バーストを出さない状態になることを確認するとそのチャネルに割り込みでパケットデータを送信する
			特許第3006504号	H04L 12/28	通信効率化	自サーバであれば直接認証を行い自サーバでなければ認証要求を送信して認証を依頼する
			特許第3141820号	H04L 12/46	通信効率化	宛先アドレス、データリンク層アドレス、通信媒体識別子を含むテーブルを持つ
			特許第3180726号	H04L 12/56	通信効率化	接続する移動端末情報を提供する場合にそのアドホックNWに接続している時間が最も短い端末からおこなう
			特許第3180753号	H04L 12/66	通信効率化	直接参加マルチキャストグループ管理手段と間接参加マルチキャストグループ管理手段との2種類のグループ管理手段をそなえる
			特開2000-101627	H04L 12/46	通信効率化	基地局が探索信号に応答して管理情報を中継に送出し、移動体通信端末に転送する
			特許第3206739号	H04L 12/28 307	通信効率化	チャネル検索時に制御パケットを送受することで検索を行い宛先無線局が用いているチャネルを知る
			特許第3082686号	H04L 12/28	通信効率化	パケットのMACアドレス情報とサーバーから通知したMACアドレス情報を比較して無線区間に送出するパケットのフィルタリングを行う
			特許第3045161号	H04B 7/26	通信効率化	Bチャネルパケット信号を各加入局共用のパケットチャネル使用して伝送する
			特開2000-188610	H04L 12/56	通信効率化	既存の音声信号伝送装置にEar&Mouth制御信号処理部分を追加する
			特許第3165125号	H04L 12/28	通信効率化	衝突に関与している複数の無線局が送信遅延処理中は別の無線局のアクセスが制限される(図)
			特開2000-269935	H04J 13/06	通信効率化	周波数ホッピングインデックスから識別した周波数を残滞留時間だけモデムに設定する
			特開2001-119342	H04B 7/26 102	通信効率化	各複数の基地局と移動局を含むセルラシステムにおいて、基地局側に受信信号品質比較手段を持ち、各移動局から送信された受信信号品質を目標品質と比較し、と制御局では比較結果に基づき各基地局への送信電力増加分を決定し、該増加分を各移動局から送信された制御命令に基づき各基地局の送信電力に加算し、加算後の送信電力似基づき各移動局の送信電力を制御する第1の制御命令を送信する
			特許第2692633号	H04L 12/28	ネットワーク間接続	無線LANの端末が一定時間他のネットワークのIDを蓄積し空いているIDを自ら設定する
			特許第2692634号	H04L 12/28	ネットワーク間接続	一時的な親が、端末から送られたネットワークIDのテーブルを検索し、ネットワークIDを決定する
			特許第3097581号	H04L 12/28	ネットワーク間接続	アドホックLAN内のマルチキャストグループからのデータを受信するとカプセル化ヘッダを除去してネットワーク層にわたす
			特許第3164302号	H04L 12/28	ネットワーク間接続	赤外線信号送受信制御部及び非認識通信要求部を備えた移動無線装置
			特許第2591467号	H04L 12/28	アクセス簡略化	受信が完了してから一定時間内に手順の応答があるかを検出して応答がない場合受信データを中継する
		通信品質	特許第2924828号	H04B 7/24	信頼性向上	アドホックネットワークの親機について電池の残量が所定以上で転送レートが最も高い親機を選択する
			特許第3097078号	H04Q 7/36	信頼性向上	受信電力のレベル判定のための第一の閾値を減衰指数に基づいて変更可能とする
			特許第3149928号	H04L 12/28	信頼性向上	第一の通信品質を第一の閾値と比較し第二の通信品質を第二の閾値と比較するとき第二の閾値を第一の閾値より低くする
			特開2000-349759	H04L 12/26	信頼性向上	試験端末、無線基地局、基地局制御装置、移動通信交換局、及びTESTコンソールを備えたシステムを提供する
			特開2001-175433	G06F 3/12	信頼性向上	情報出力先の機器の候補を示すインデックステーブルと機器からの情報を送信する情報伝送手段を備える
			特許第3134992号	H04M 3/42 101	時間削減	情報提供者と契約している移動機に同一の情報グループ番号を付与し移動網はその番号で一斉呼び出しを行い非確認型通信により送信する
			特許第3204235号	H04L 12/66	時間削減	無線回線の予測切断時間情報を発信し、回線が切断されている間に処理した通信を記憶装置に蓄える(図)
		システム構成	特開2000-358036	H04L 12/28	無線化	メッシュ型無線アクセスシステムにより無線伝送システムを構築する
			特許第2853672号	H04L 13/16	設備簡略化	ウェイト演算を2つのカウントを用いて行い比較回路は最上位ビットのみを比較し送信データを反転するかどうかを判断する
			特許第2581410号	H04L 12/46	新規機器設定登録	ルーティング情報記憶装置を設け被呼端末のルーティング情報検索を行い呼設定要求データを送信して設定する
			特許第2858558号	H04L 12/28	新規機器設定登録	通信回線に接続した親機と無線型LANシステムにおいてアドレス情報とダイヤル情報を交信する
		その他	特許第3183338号	H04L 12/54	その他	ホストコンピュータにメール着信監視手段、着信通知手段を備え、データ端末に受信手段を備える
			特開2000-181933	G06F 17/30	その他	各要素間の親子関係テーブルを参照して階層構造表示テーブルを作成する
			特許第3180790号	H04L 12/28	その他	赤外線非接続型オブジェクト交換通信を行う前に装置発見操作を動作を一時停止する
			特開2000-201384	H04Q 9/00 301	その他	同一周波数のリモコン信号で制御する
			特開2000-224628	H04Q 7/06	その他	出席者に携帯端末を渡し、氏名と端末番号をサーバに記憶する
			特開2000-308139	H04Q 7/38	その他	上位加入者交換機、基地局、宅内無線局及び基地局制御装置を備えたWLLシステム
			特開2001-163403	B65F 3/00	その他	ごみ重量測定、残積載量演算を行い、GPSによる位置情報と収集量をセンター装置に通知する
			特開2001-211476	H04Q 7/38	その他	行先表示の設定・変更をPHS・携帯電話等の携帯端末により行う
5	プロトコル関連	通信性能	特許第3175759号	H04L 12/28	通信効率	無線非同期転送モードネットワークインターフェースカードのためのキュー管理方法(図)
			特開2001-54173	H04Q 7/38	通信効率	移動網端末、公衆網端末、プロトコル変換部を備え、交換局は占有無線リソースを開放する
			特開2001-203710	H04L 12/28	通信効率	現在設定されている送信レート中最小レート以下で最大で各局実装レートで送信する
		通信品質	特開2000-316014	H04L 12/28	機能性	コントロール・インタフェース、移動管理、セキュリティ管理、サービス制御手段を備える
			特開2001-177859	H04Q 7/22	機能性	基地局制御装置に加入者データ記憶部を設ける
		システム構成	特開2000-269894	H04B 101/05	省電力	相手情報登録部を有し、接続相手から相手情報を受け取ることなく通信できる

表2.2.3-1 日本電気の保有特許(3/4)

	技術要素		特許番号	特許分類	課題	概　要
6	誤り制御	伝送効率の向上	特許第2661551号	H04L 12/28	回線品質変動への対応	LAN上のエラーレイトに応じて、データに送達確認信号を付加して送信
			特許第3003580号	H04L 12/28	回線品質変動への対応	回線アクセス制御部の特性に応じて論理リンク制御部のウィンドウサイズを可変にする
			特開平11-196088	H04L 12/56 260	回線品質変動への対応	受信状態の悪い端末を検出し同報通信のメンバからはずす
			特開平11-275110	H04L 12/28	再送の効率向上	データの先頭に制御データを挿入し、送信済みデータの最後からデータ送信を再開する
			特開2000-349782	H04L 12/28	衝突・混信の回避	通信相手からの応答に応じて赤外線送信出力を変化させる
		信頼性の向上	特許第2707973号	H04B 1/38	データの信頼性	ACKを含む受信回数とNAKを含む受信回数との差に対応して送信出力を増減する
			特開2000-4241	H04L 12/28	システムの信頼性	表示部で誤り状態を表示させ、その表示内容が消えるポイントにアンテナビームを設定
			特開2000-278309	H04L 12/46	システムの信頼性	応答メッセージの授受で、端点局は経路情報通知を発行、その他の局はテーブルを更新
		その他	特許第3072644号	G06F 1/26	その他	無停電電源装置が無線通信部を持ち、無線端末を用いて遠隔操作する
			特許第3132471号	H04Q 7/34	その他	プログラムのバージョンチェック処理を制御装置ではなく、各基地局で行う
7	トラフィック制御	トラフィック低減、スループット向上	特許第2531367号	H04L 12/28	無駄なトラフィック発生を抑制	子局は他の子局から同一内容信号を2回受信時、送信信号に子局間フラグを立てた子局と直接通信する
			特許第2871504号	H04J 3/00	無駄なトラフィック発生を抑制	片方の方路の伝送速度を多方向方路より遅い伝送速度とする変換を行い多方向方路とは異なる伝送路とする
			特許第2871503号	H04J 3/16	無駄なトラフィック発生を抑制	所定方路の伝送速度を多方向方路より遅い伝送速度で行い、所定方路は最大タイムスロットを超えて配分しない
			特許第3114695号	H04L 12/28	無駄なトラフィック発生を抑制	ネットワーク側で無線端末の電池容量不足、電界強度状況把握し、OK時に送信する(図)
			特開2001-111552	H04L 12/24	無駄なトラフィック発生を抑制	障害情報編集装置は障害発生時、PHSに発呼要求し障害情報を送信、PHSは監視局に障害情報を通知する
			特開平11-145972	H04L 12/28	無駄なトラフィック発生を抑制	パケットデータ有る時のみサービス回路をハントし、ない場合にはサービス回路を開放する
			特開2001-127803	H04L 12/66	無駄なトラフィック発生を抑制	交換機は、輻輳APに発呼が有れば、ゲートウエイサーバからの他AP指示で他APに切換える
			特開2001-196979	H04B 3/46	無駄なトラフィック発生を抑制	基地局に対し下位方向、上位方向にメタリックケーブルでタンデム接続
			特開平11-331234	H04L 12/46	トラフィック変動抑止、分散	基地局、移動局測定の電界強度を基地局からゲートウエイサーバに送信し送信パケットの最適パケット長を決定
			特許第2995986号	H04L 12/56	スループットの向上	端局はパケット送信後所定時間内に受信応答得られない時に端末局毎の最大再送間隔で乱数発生しこの値で再送
			特許第2746183号	H04L 12/28	スループットの向上	通信トラフィックに応じて、衝突の起こりえる場合と起こり得ない場合で多重アクセス方式を使い分ける
			特許第3061122号	H04L 12/28	スループットの向上	バックオフ状態になっても無線基地局からのポーリングを受信した時は速やかに送信する
			特開2000-299705	H04L 12/56	スループットの向上	スループットが閾値以下の時に、パケット通信チャネルテーブルから次に電界強度の高いチャネル選定し切換え
			特開2000-324164	H04L 12/56	スループットの向上	TCPのユーザデータ発生状態に依存して下位レイヤの転送状態の設定を変更可能とする
			特開2001-24706	H04L 12/56	通信フレームの破棄率減少	端末からの転送データが過多で所定データ量を超えた時に、端末に新たな別の専用チャネルを割当てる
		通信回線の利用率向上	特許第2531380号	H04L 12/28	通信回線の利用率向上	無線TDDフレームのタイムスロットの上りと下りのデューティ比を、上りと下りの伝送トラフィック量に応じて変化させる
			特開2000-124918	H04L 12/56 260	通信回線の利用率向上	ヘッダ情報で受信セルが同報対象でない場合、自局登録コネクションを比較し、一致で受信、不一致で破棄
			特開2001-127767	H04L 12/28	通信システムの伝送率向上	CPUによりTAGのキュー操作を行うことで共有メモリへのアクセス時間を減少させる
			特開2001-45045	H04L 12/54	メッセージ利用で円滑通信実現	入力された識別子を含む送信要求信号を送信しこれに応じて仲介装置が送信したメッセージ受信手段を備える
			特開2001-217931	H04M 3/00	ネットワーク異常の検出、回避	障害前のレイヤ情報出力し加入者端末に送信、基地局も交換機に障害前のレイヤ情報出力し設定部で回線切換え
			特許第3024751号	H04J 13/00	ネットワーク異常の検出、回避	オフ値の偏りを検出し、所定量以上では通話中の全ての呼についてのフレームオフセット値を平準化する
		チャネル割当適正化、処理時間短縮	特許第2828006号	H04L 12/46	チャネル割当要求の回数低減	受信されたセグメント以外に移動ホストが接続されているか調べ、接続されている場合は他接続情報をテーブル保持し後に破棄
			特許第3065023号	H04Q 7/38	チャネル割当要求の回数低減	無線端末は通信路の状況を統計的に学習し条件が整った時に自動発呼する
			特開2000-112905	G06F 15/16 620	チャネル割当要求の回数低減	ノード情報部、計算処理部及び移動エージェントの移動に先立って移動経路を作成する経路計画部を持つ
			特開2001-156732	H04J 3/00	チャネル割当要求の回数低減	基準局は端末からのタイムスロット割当要求で空きが無い時待ち行列記憶し端末に通知、空き出来た時行列で割当
			特許第2526510号	H04B 1/707	通信速度、周波数、チャネル等の適正化	ビットに対応するスペクトラム拡散符号から選択出力した情報変調器出力を拡散符号でスペクトラム拡散する
			特開2000-22712	H04L 12/28	通信速度、周波数、チャネル等の適正化	自無線、他無線システムのチャネル状況を調査しこの結果で自無線システムのチャネルを選択
			特開2000-174770	H04L 12/28	通信速度、周波数、チャネル等の適正化	回線状態を監視して得られた監視情報でデータパスを切換えて回線選択する
			特許第2967730号	H04B 7/204	呼びから応答までの処理時間短縮	検知手段が他の子局から親局への応答を検知した時に応答信号を親局に送信する送信手段を子局に備える
			特許第3107041号	H04L 12/28	呼びから応答までの処理時間短縮	クライアント／サーバ送受信で、データ送受信を短縮出来るサーバに繋ぎかえる
		その他	特開2000-307575	H04L 12/18	サービス、通信品質向上及び消費電力低減	議長局に発言認められた参加局は映像、音声を伝送する1チャネルを交代まで占有し議長局と会話送受信する
			特許第2690287号	H04L 12/28	サービス、通信品質向上及び消費電力低減	システム全体で同時に送信許可を与えるデータ数を予め指定された最大許可数以下に制限する
			特開2000-32007	H04L 12/28	その他	基地局がマッピング使用でIPマルチキャストグループの一つに加入する新たな移動体にVC番号を付与する

表 2.2.3-1 日本電気の保有特許(4/4)

	技術要素	特許番号	特許分類	課題	概要
8	同期	特許第2882062号	H04L 12/28	通信効率の向上	子局は親局からのポーリングフレームに対して所定時間の間隔以上を離してポーリング要求又は上りデータフレームを送信する
	通信性能	特許第3156643号	H04L 12/66	通信効率の向上	位置登録要求パケット受信数と予め設定した値を比較し、その結果に応じてパケットの送信周期を変更する
		特許第2803430号	H04B 72/12	通信効率の向上	スロットアロハ方式において、長さの異なるタイムスロットを組み合わせて用いる
		特許第2621776号	H04B 72/12	通信効率の向上	スロットアロハ方式の衛星通信において同期を変更することなくスロットを効率的に利用する
		特許第3031290号	H04L 12/44	通信効率の向上	加入者用スロットをセンタ側装置と光加入者装置との設置間距離の値のよって分割して使用する
		特許第2894342号	H04B 17/07	通信効率の向上	スロット平均計算処理における記憶容量を削減する
		特許第2555908号	H04B 71/55	通信効率の向上	バースト信号のプリアンブル部の送信レベルのみをデータ部のレベルより大きくする
		特許第3063747号	H04L 12/28	信頼性の向上	下り無線フレームを分割し、分割フレームからＡＴＭセル（下り）を再生し、その受信タイミングを基準としてＡＴＭセル（上り）を生成する
		特許第2605639号	H04B 17/07	信頼性の向上	受信した無変調キャリアをレベル検出器及びレベル比較器により検出する
		特許第3019064号	G08G 1/09	信頼性の向上	データ列からフレーム構成を検出してフレーム同期確立動作を行う
		特許第2930078号	G07B 15/00 510	信頼性の向上	レベル検出信号のレベルが所定値を越えた時点でカウント手段の計数を停止し識別番号とする
		特開2000-349735	H04J 11/00	高速通信	遅延回路を持たない同期回路出力をＦＦＴに送り、その出力に接続された伝搬路歪推定回路で搬送波周波数のずれを補償する
		特開2000-349736	H04J 11/00	高速通信	準同期検波器、搬送波周波数推定回路、シンボルタイミング推定回路、シンボル同期処理回路，ＦＦＴ及びサブキャリア復調器より構成される
	通信障害	特公平 8- 31858	H04L 12/28	通信不能・干渉防止	タイミング制御部は各親機の送信スロット及び受信スロットを同期させるタイミング制御信号を出力する
		特公平 8- 21932	H04L 12/28	通信不能・干渉防止	ビットスプレッドアロハ方式において、1つの疑似ランダム系列を位相シフトして得た複数の疑似ランダム系列を拡散符号として用いる
		特開2000-261449	H04L 12/28	通信不能・干渉防止	干渉検出時には、全ての無線端末が、乱数基数に基づいて切替え先を決定し、同時にチャネルを切替える
		特開2000-115059	H04B 7/26	通信不能・干渉防止	ハンドオフ発生時でも切替前後の通信コネクションのセルフローの同期確立を可能とする
	システム構成	特許第2713197号	H04L 12/28	省電力	パケットデータの送信及び受信の待ち受け時の消費電流を低減する
		特許第2700000号	H04L 12/28	省電力	受信待機モードのときには無線部及び受信レベル判定部のみを動作させる
		特許第2708028号	H04L 12/40	省電力	同期タイマ部のタイマの値から一定間隔でビーコンを生成する
		特許第3003568号	H04L 12/44	構成の簡略化	既設光ネットワークユニットと新設光ネットワークユニットが同一クロック速度で動作可能とする
		特許第2836563号	H04L 12/28	構成の簡略化	親局は子局が動作するための基準タイミングを子局に送る（図）
		特開2000-194623	G06F 13/00 351	操作性・作業性の改善	基地局の制御電波を受信できないときはプロキシサーバとして機能し、受信できる時はサーバとの間で情報の同期をとる無線部
9	優先制御	通信の確保	特許第3045147号	H04B 7/26	品質の確保	格納された呼処理信号よりも保守監視信号を優先的に上位装置へ送信する処理手段の具備（図）
	優先順位の制御	特許第2718235号	H04B 7/24	順位通り処理	基地局は優先通信の判断手段を有し優先通信の場合は優先通信チャンネルを選択
		特開2000-175250	H04Q 7/34	順位の変更	サーバから配信される情報に関してその種類に応じて配信の時間的優先度決定手段の具備
		特開2001-103531	H04Q 7/22	局や端末の選択	切え優先度の高い基地局情報順に移動先の基地局との通信周波数を選択
	データ種別対応	特開2000-349808	H04L 12/54	データ種別対応	受信手段は受信状態を監視しその検出信号に基づきデータ並べ替えを送信手段に送出
	アドレス・配置	特許第2746220号	H04L 12/28	アドレス・配置	再送信優先順位番号カウント中にキャリア未検出の場合番号の空きをつめて再送信する
	その他	特開2000-316006	H04L 12/28	その他	バスマネージャはメインバスマネージャが稼働していない時はサブバスマネージャとして機能
10	機密保護	不正アクセス・盗聴の防止	特開平11-346214	H04L 12/22	グループ単位での秘匿	同報配信グループ固有の暗号鍵を用いる
		特開2000-358059	H04L 12/46	端末への不正アクセス防止	アクセスポイントの認証情報を記憶するフィルタリングテーブルで受信フレームを認証する
		特開2001- 36539	H04L 12/28	無線傍受防止	同時に複数の無線接続を行う
	接続・認証処理	特開2000-201186	H04L 12/66	安全・確実な認証	接続状況に応じて使用者の認証方式を変化させる
		特開2001-111544	H04L 9/32	安全・確実な認証	サーバが端末局のＭＡＣアドレスに基づき認証し、アクセスポイントは暗号化認証を行う
	情報の保護	特開2001-111543	H04L 9/16	鍵情報の保護	鍵管理サーバを有し、暗号化無線通信に使用する暗号鍵を1組とし一元管理する

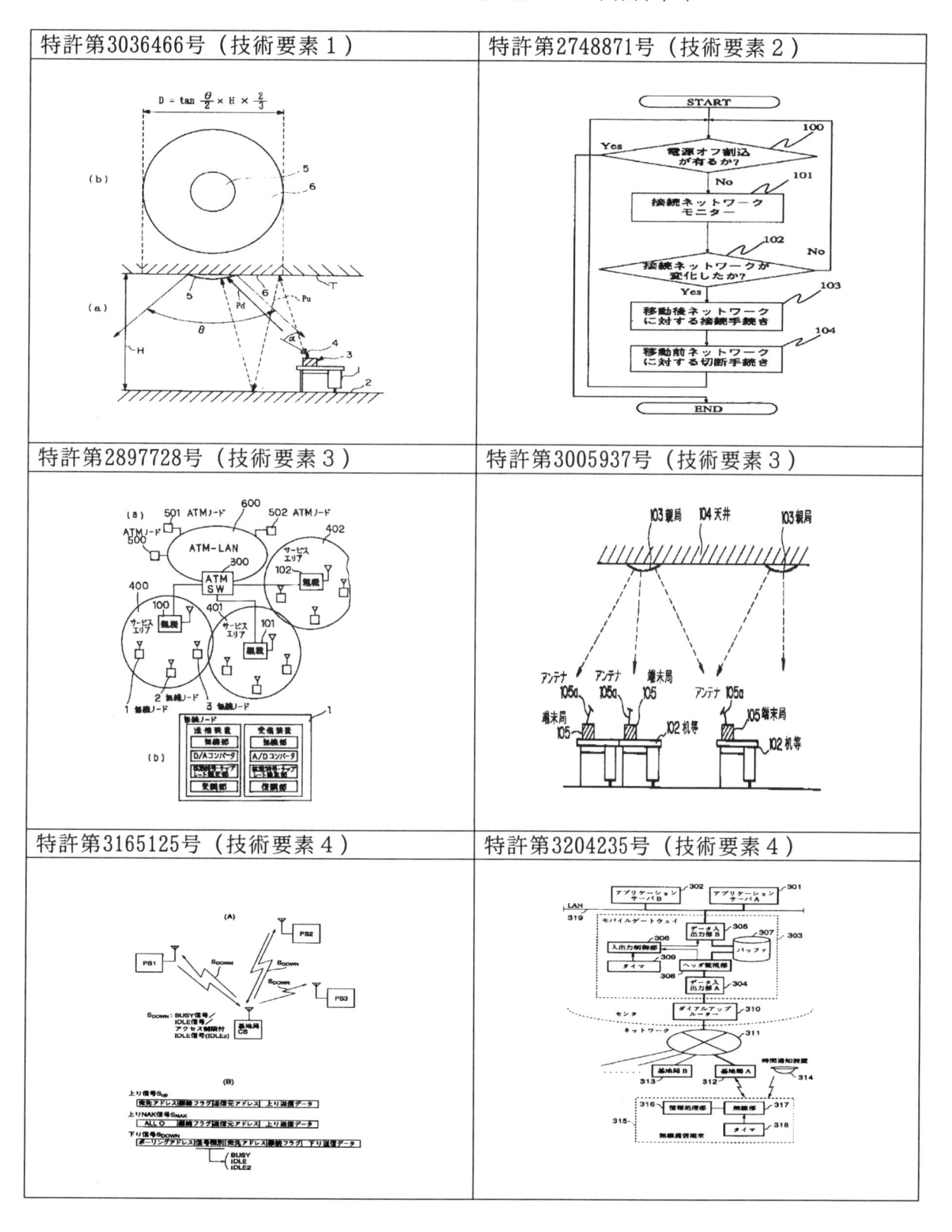

図2.2.3-1 日本電気保有特許の代表図面(1/2)

図2.2.3-1 日本電気保有特許の代表図面(2/2)

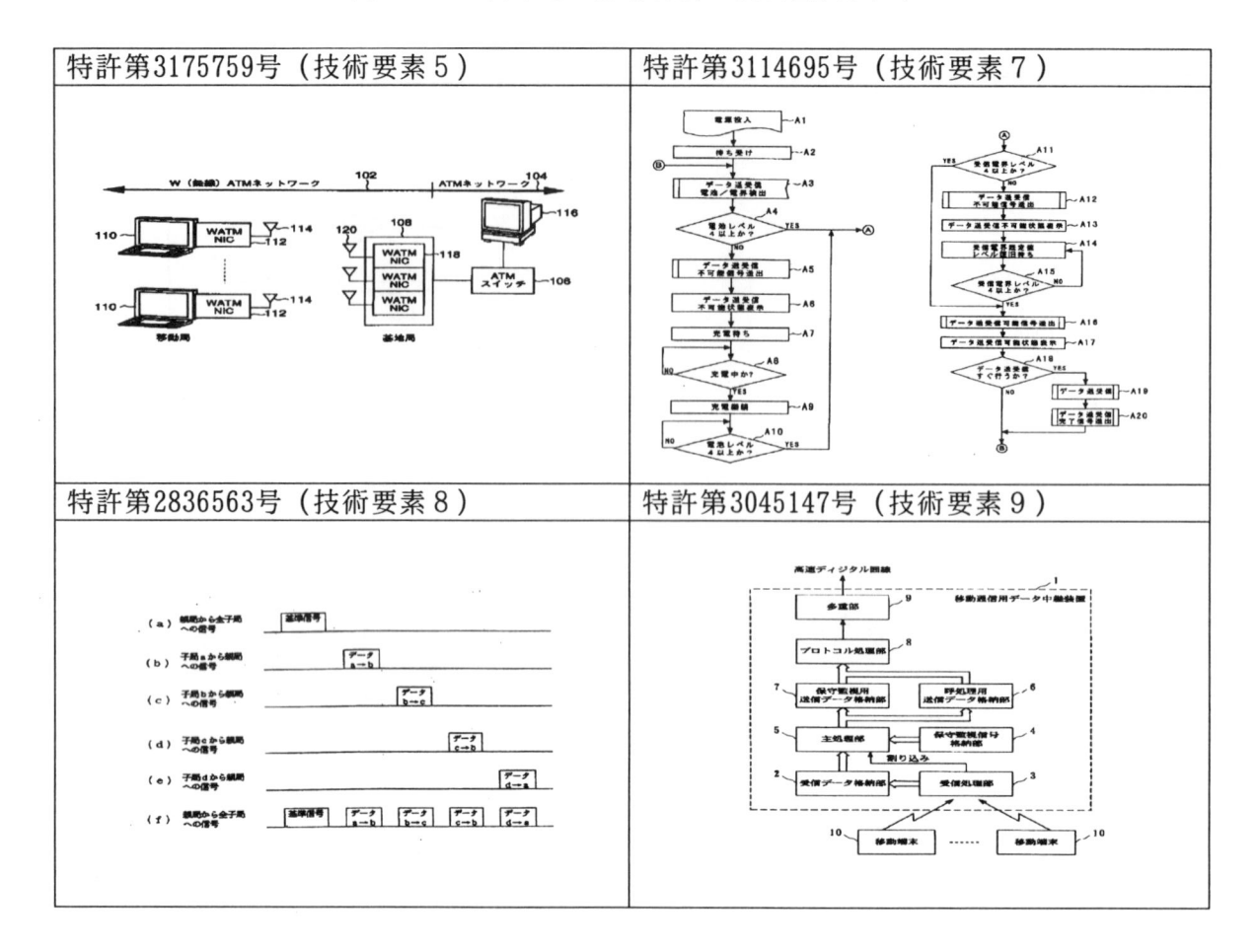

2.2.4 技術開発拠点

表2.2.4-1に日本電気の技術開発拠点を示す。

表2.2.4-1 日本電気の技術開発拠点

東京都	本社
神奈川県	日本電気テレコムシステム
米国	－(＊)

(＊)特許公報に事業所名の記載なし。

2.2.5 研究開発者

図2.2.5-1に出願年に対する発明者数と出願件数の推移を示す。1997年に発明者数、出願件数の減少が見られるが、98年までは発明者数、出願件数は増加傾向にある。99年は98年比べ若干の減少が見られる。

図2.2.5-2に発明者数に対する出願件数の推移を示す。1996年から97年にかけて、発明者数、出願件数が共に減少しているが、97年から98年にかけては増加しており発展期を呈している。

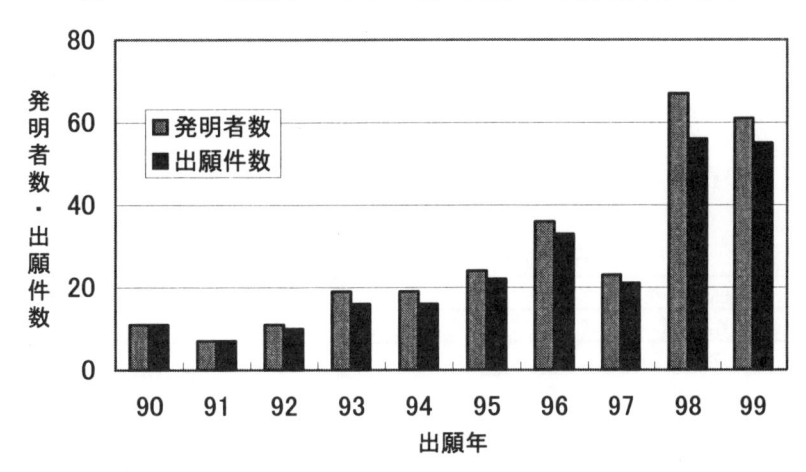

図2.2.5-1 出願年に対する発明者数と出願件数の推移

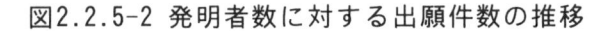

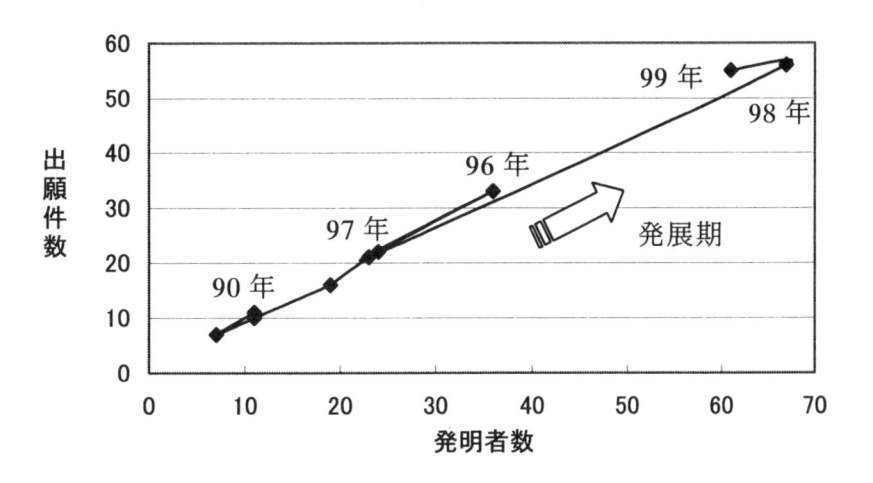

図2.2.5-2 発明者数に対する出願件数の推移

2.3 東芝

　東芝は、1991年以降に公開された、権利存続中あるいは係属中の特許についてみた場合、10の技術要素の全てにおいて出願している。特に出願件数が多いのは、端局間の接続手順、トラフィック制御に関する技術要素である。
　出願件数は共同出願も含め175件有るが、このうち、現在、6件が特許登録されている。
なお、1998年に出願件数、発明者数のピークが見られる。

2.3.1 企業の概要

表2.3.1-1に東芝の企業の概要を示す。

表2.3.1-1　東芝の企業の概要

1)	商号	株式会社 東芝
2)	設立年月	1904年6月
3)	資本金	2,749億2,200万円
4)	従業員	51,340名(2001年9月現在)
5)	事業内容	パソコン、AV機器、電子デバイス、電化製品、電力システムなどの開発・製造・販売・サービス
6)	技術・資本提携関係	－
7)	事業所	本社/東京　工場/府中、青梅、大分、那須他
8)	関連会社	東芝プラント建設,東芝テック
9)	業績推移	5兆3,009億200万円 (1999.3)　5兆7,493億7,200万円 (2000.3)　5兆9,513億5,700万円 (2001.3)
10)	主要製品	パソコン、周辺機器、携帯電話、モバイル機器、AV機器、電力システム、医用機器、半導体
11)	主な取引先	－
12)	技術移転窓口	知的財産部　企画担当　TEL 03-3457-2501

2.3.2 無線LAN技術に関する製品・技術

表2.3.2-1に無線LAN技術に関する東芝の製品を示す。

表2.3.2-1　東芝の無線LAN関連製品

製品	製品名	発売時期	出典
コンパクトルータ	AR700WL	1999年8月	東芝 プレスリリース 1999.6.1

2.3.3 技術開発課題対応保有特許の概要

表2.3.3-1に東芝の保有特許の概要を、図2.3.3-1に代表図面を示す。

表2.3.3-1 東芝の保有特許(1/4)

技術要素			特許番号	特許分類	課 題	概 要
1	電波障害対策	伝搬障害対策	特開2000-101585	H04L 12/28	相互干渉低減	制御下からの孤立状態の検出に従った自無線装置の送信動作の停止
			特開平 8-251117	H04B 15/00	フェージング	変調信号を拡散し並列データに変換しさらに逆フーリエ変換した信号を生成し送信
			特開平 8- 18486	H04B 17/13	マルチパス	直接波と遅延波が分離できるよう送信信号の搬送波周波数を変化させ信号を送出
		環境確保	特開平 9-233218	H04M 11/00 302	伝搬環境確保	送信不可能な状態であれば処理を中断し可能状態になったときに送信処理を再開
		ノイズ対策	特開平11-266252	H04L 12/28	不特定ノイズ対策	信号の非送受信時に背景光ノイズ信号を記憶手段に蓄積し受信時にノイズ成分の除去に用いる
			特開2000-101620	H04L 12/437	不特定ノイズ対策	対向するノード装置間に一方向の無線ルートを確立してリング内通信を行う
		遮断防止	特開2000-165408	H04L 12/28	通信遮断防止	ベースノード装置に近い装置間ほど回線マージンが大きくなるようリング内にノードを配置
		互換性	特許第3157199号	H04L 12/28	有線LANとの互換性確保	異なるキャリア周波数にて1次変調を施し更にスペクトル拡散方式による2次変調を実施(図)
			特許第3157200号	H04L 12/28	有線LANとの互換性確保	1次変調手段の出力に対しスペクトル拡散方式による2次変調の実施
		その他	特開平11-261530	H04J 13/04	その他	誤りのないメッセージを選択し出力するID比較・判定メッセージ選択部の具備
2	移動端末ローミング	通信応答性、スループットの改善	特開平 7-222245	H04Q 7/38	基地局と移動局間でのスループット向上	無線端末のサービスエリア選択手段で、所属すべくエリアを複数の中から択一的に選択する
			特開平11- 55317	H04L 12/56	回線切断回避	アドレス変換/開放要求でネットワーク層アドレス割当/開放、位置管理、アドレス管理手段を連携制御する
			特開平10-200536	H04L 12/28	ハンドオーバ簡単化、高速化	移動端末がハンドオフ時に移行先での収容ノード、基地局などをリーフとしてコネクションにツリー追加要求
			特開平11-266278	H04L 12/46	ハンドオーバ簡単化、高速化	位置情報の更新を検出して転送先を更新し、データグラムの転送先を決定してデータグラムを転送する
			特開平11-275171	H04L 29/08	ハンドオーバ簡単化、高速化	送受信時に要求される伝送レートと、移行する無線システムで割り当て可能な伝送レートとの差を小さくする
			特開2000-333233	H04Q 7/22	ハンドオーバ簡単化、高速化	基地局からの信号品質を検出し、記憶手段のハンドオーバ条件と比較して条件を満たす時にハンドオーバ要求
		高速ローミング	特開平10-308763	H04L 12/46	通信エリアの円滑変更	クライアントは、ネットアドレス必要時にサーバから受け取り不要時にはネットアドレスとネットマスクを開放
			特開平11-313372	H04Q 7/38	通信エリアの円滑変更	基地局切替条件手段を有し移動装置と基地局間で条件成立時に初期発信手順による接続でコネクションを開設
			特開2000- 59418	H04L 12/46	通信エリアの円滑変更	第1、第2で受信した識別子を格納し、第2の識別子を第1に送り、第1、第2の夫々の端末間で通信を行う
			特開2000- 92562	H04Q 7/36	通信エリアの円滑変更	サブネット内基地局から通知される端末メッセージでルータメッセージを同時送信する間隔を一定時間短くする
			特開平11- 55326	H04L 12/66	パケットの確実送信、転送	端末のアドレス及び端末管理サーバのアドレスを与え、端末管理サーバがパケットのアドレス変換を行って転送
			特開2000-308121	H04Q 7/36	パケットの確実送信、転送	通信装置から切替要求あった場合、装置の数に基づいてチャネル切替を判断する判断手段と制御手段を備える
			特開2000- 4255	H04L 12/56	パケットの確実送信、転送	モバイル端末の位置アドレスでモバイル端末のホームアドレス宛に転送されたパケットを受信カプセル化転送
		移動局側処理改善	特開2001- 60910	H04B 7/26	移動局の電力低減	無線端末がサービスエリア内外を認識し、エリア内では受信部電源入れ、以外では電源切る
			特開2000-187667	G06F 17/30	移動局への必要情報提供	移動局から送信された利用者現状に関する情報を含む情報検索要求を受けてこの情報を基に検索範囲を決定する
			特開2000-276425	G06F 13/00 354	移動局への必要情報提供	移動局からの接続位置情報で近隣のキャッシュサーバを選択し、所定のWWW情報をキャッシュ制御する
3	占有制御	通信性能	特開平 6- 37763	H04L 12/28	通信効率	任意の情報が自己の群内で通信されるべき情報か否かを判定する
			特開平10-224353	H04L 12/28	通信効率	無線送受信を行うべき機器を1台に限定することによりデータの重複流れを防止
			特開平11-74829	H04B 7/24	通信効率	移動局は、受信したポーリング信号中の応答要否情報に基づき自局の応答順番を決定し、該順番に従って応答信号を送信する
			特開2001-103566	H04Q 7/38	通信効率	電波による通信状態に基づきスクリプトの実行又は外部との移動の少なくとも一方の状態を管理するための手段を設けた
			特開2000-113127	G06K 17/00	通信速度	ある時間レスポンスがない時には、無線タグに次のスロット番号を呼ぶコマンドを送信
			特許第3181317号	H04L 12/40	高速通信	所定の帯域を用いて通信データを転送する無線通信ネットワークにおける情報処理端末(図)
			特開平 8- 79269	H04L 12/28	高速通信	無線を介して通信可能な機器を特定すると共に、通信相手特定、通信情報格納、通信制御手段を有する
			特開平 8-186580	H04L 12/28	高速通信	無線端末と有線通信網、この間の情報伝送の中継無線基地、無線管理制御装置を備える
		通信障害	特開平 9- 64884	H04L 12/28	衝突防止	衝突検出処理系において信号を送信中に信号を受信し、受信信号中に存在する自身の送信信号を除去し、衝突判定部により他端末からの信号の有無を判定
			特開平 4-373341	H04L 12/28	通信不能・障害防止	通信データ送出に先立つ、テスト信号受信有無による衝突判定方式
		システム構成	特開2000-138699	H04L 12/46	設備の簡略化	屋外装置により基地局との無線アクセスを行うと共に加入者屋内装置と有線信号を集結
			特開2001-103570	H04Q 7/38	省電力化	第一の機器より電力消費が小さい第二の機器でネットワークを構成
			特開平11-275106	H04L 12/28	作業性	ビーコン送受信による自律的なネットワーク管理を通信グループ単位で行うことにより、装置数の増加に柔軟に対処することができる通信ッシステム
		通信の品質	特開2001- 45068	H04L 12/56	信頼性向上	複数のパケットが交換機に送出された場合、一つのパケットのみが宛先に応じた交換機に送出されるので同一エリア内に複数のポートを存在させることができ信頼性が向上する
			特開2001-103060	H04L 12/28	信頼性向上	受信パケットのシンボルを構成するサブキャリアの一部のみを用いて再生要求信号を生成することにより要求信号の誤検出確率や検出見逃し確率を低減する
			特許第3017925号	H04L 12/28	機能性	通信端末識別情報送信手段、同受信手段、通信可能識別手段、グループ設定手段、情報送信手段を有する
			特開2001- 61186	H04Q 7/38	機能性	ダウンロードチャネルに関する情報を取得後、該情報に基づきアクセスしソフトを入手
		その他	特開2000- 11218	G07B 11/00 501	その他	無線カードに対してデータの読み出し及び書き込みを行う通信制御と並行して、カードに対してシステムの案内情報を送信する

表2.3.3-1 東芝の保有特許(2/4)

技術要素			特許番号	特許分類	課題	概要
4	端局間の接続手順	通信障害	特開平10- 93616	H04L 12/46	障害対策	無線LANと有線LANの間でフレーム中継を行うアクセスポイントの設置
			特開2000-196654	H04L 12/46	通信経路確保	入力受付け時、単方向と双方向いずれの赤外線インタフェースを使用するかを選択する
			特開2000-224216	H04L 12/46	通信経路確保	FANPパケットが特定のイーサタイプを持ち、送信先IPアドレス、同期チャネル番号、帯域情報を含む
		通信性能	特開平 9-139747	H04L 12/28	通信効率化	複数端末個別の一意の識別子の設定で指定端末へ情報送信を行える通信制御
			特開平 9-152920	G06F 1/32	通信効率化	装置本体の傾き状態を検出対応させ不要作動の停止と節電。アンテナ切替の簡素化と画面表示による利便化
			特開平 9-162927	H04L 12/56	通信効率化	受信データをパケット順序情報に基づき整列確定することと未確定受信情報を一定時間ごとに順序情報とする
			特開平11- 88433	H04L 12/56	通信効率化	位置/アドレス管理部具備により無線端末へ情報を直接転送する
			特開2000- 22708	H04L 12/28	通信効率化	移動IP処理部を設け、IPプロトコルの処理を行うIP処理部の下位に移動IP処理部を配置する
			特開2000-115173	H04L 12/28	通信効率化	無線端末にインターフェース手段と無線ノード情報受信手段と開示手段を備える
			特開2000-196673	H04L 12/28	通信効率化	情報をパケット化しアドレスを付加しユーザ情報はサーバへ直接伝送する
			特開2000-196970	H04N 5/445	通信効率化	蓄積した操作履歴情報から出力環境を判定・設定する
			特開2000-216790	H04L 12/28	通信効率化	応答を返信し動作を停止した後、所定時間、起動動作を禁止する装置を備える
			特開2000-307586	H04L 12/28	通信効率化	基地局装置が所定のスケジューリングメカニズムに従って端末装置に通信許可信号を送信する
			特開2000-338265	G01W 1/02	通信効率化	日照判定手段、観測データ入力回路、電源装置、及び動作制御手段を具備する遠方監視装置
			特開2000-341292	H04L 12/28	通信効率化	連続送信パケット許可数決定手段、連続送信パケット決定数決定手段、及び上り制御手段を設ける
			特開2001-144781	H04L 12/28	通信効率化	メッセージ到達範囲の設定手段で設定された範囲に応じてメッセージを送信する
			特開2001-197073	H04L 12/28	通信効率化	受信信号強度示度値を出力させ、これに基づき表示灯の点滅周期を変化させて受信感度の良否を知らせる
			特開2000-101506	H04B 7/26	ネットワーク間接続	赤外線リンク探索・確立手段、呼制御信号と音声信号の制御手段などを備えた移動通信端末
			特開平 8-274776	H04L 12/28	アクセス簡略化	無線チャネルで異なるアドレスを使用するアドレスを管理する
			特開平 9- 83536	H04L 12/28	アクセス簡略化	送信アドレス演算部およびアドレス管理テーブルを含むパケット送受信部を有した送受信装置で管理制御する
			特開平11- 88331	H04L 12/28	アクセス簡略化	構内通信と公衆網を介したデータ通信を区別して端末に通信する
			特開平11-313374	H04Q 7/38	アクセス簡略化	基地局切替を検出し再接続時のパスワード入力をなくす
			特開2000-101624	H04L 12/46	アクセス簡略化	ネットワーク層アドレスの対応関係情報を記憶し、予め定められた時間後に削除する
			特開2000-286889	H04L 12/56	アクセス簡略化	一意の機器識別子を自動的かつ効率的に設定・管理する
			特開2001-217846	H04L 12/28	アクセス簡略化	他の情報交換装置との間で情報交換を行う経路とは別の経路を介して識別情報の交換を行う
		通信品質	特開平 8- 70305	H04L 12/28	信頼性向上	距離情報を演算し、演算した距離から通信機器の位置空間を決定する
			特開平 8- 79247	H04L 12/28	信頼性向上	入力されたIDに関する接続の可否あるいは接続形態を判定する
			特開2000- 69557	H04Q 7/38	信頼性向上	回線予測手段により回線断を検出し、拘束送信制御手段により送信速度及び送信電力を増大させる
			特開2001- 69553	H04Q 7/34	信頼性向上	移動局が登録した制御局を介して交信する移動無線システムで、移動局の位置情報を取得する移動局位置取得手段と、他の移動局位置情報を記憶する記憶手段と、ある移動局が現登録中の制御局との距離(第1距離)と他局との距離(第2距離)情報を移動局位置取得手段と記憶手段から得て比較する手段と結果に基づき最短の制御局に切換える手段を持つ
			特開2001-168881	H04L 12/28	信頼性向上	応答情報を返送した複数の無線機器の属性情報を無線ネットワークごとに分類して表示する
			特開2001-188980	G08C 15/00	信頼性向上	監視装置にデータ欠落検出と欠落データ要求手段を、観測装置にデータ記憶と欠落データ送信手段を備える
		システム構成	特開平 9-247180	H04L 12/28	無線化	伝送コントロールモジュールに伝送ケーブルまたは無線式の伝送装置を接続するためのコネクタを備える
			特開平10- 41970	H04L 12/46	無線化	差し替えや再設定を必要としない無線通信による情報共有環境を実現
			特開平11-234233	H04J 3/00	設備簡略化	時分割多重化光伝送と電気信号の時分割/周波数分割変換を行う
		その他	特許第2931659号	G07B 15/00 501	その他	送受信可能であるとき第1の表示形態で表示を行い無線データの送受信が開始されたとき第2の表示形態で表示を行う(図)
			特開2000-196494	H04B 1/40	その他	ある通信システム着呼時は他システムに話中信号を送った後、着呼のあったシステム用ソフトウェアをロードする
			特開2000-196652	H04L 12/46	その他	中継装置と集線装置をケーブルで接続し、中継装置と情報端末を光通信無線回線で接続する
			特開2000-231691	G08G 1/00	その他	配車管理情報伝送用の狭域無線通信手段と運行情報伝送用の広域無線通信手段とを設ける
			特開2000-244522	H04L 12/28	その他	直接通信可能な機器を介して間接通信する
			特開2000-330940	G06F 15/00 310	その他	1つの表示画面を複数の領域に分割して個々の情報を分割した領域の各々に割当てる
			特開2001- 53675	H04B 7/26 101	その他	接続要求を受ける受信手段と、要求した無線端末に未使用のアクセス制御識別子を割当てる手段とその結果の送信手段と、複数の端末に受信させたい情報の識別子にアクセス制御識別子を割当てる手段とこの結果を対応する端末に送信する手段を持つ
			特開2001- 76075	G06F 19/00	その他	無線端末を使う、この端末はそれぞれ所定のID番号(投票者識別用)と、賛否入力用の操作ボタンと無線送信手段を持ち、ID番号と操作結果情報データを集計側に送信する一方、集計側には該データの受信手段と集計手段と集計結果の表示手段を持つ
			特開2001- 84315	G06F 19/00	その他	IDカードつき無線端末を使う、この端末はICカードが挿・抜可能なスロットと読取り/書込み手段、メモリとメモリの読出し手段と無線受信手段と操作スイッチを含み、ICカード情報と操作情報に基づくデータを集計側に送信する
			特開2001-103568	H04Q 7/38	その他	無線で公衆回線に接続する携帯型移動通信端末と、これとは別の交信可能な情報処理装置からなり、前者には後者側のソフトウェアの起動を指示する第1のソフトウェア、後者には応動して表示用データを送付する第2のソフトウェアを持つ
			特開2001-134508	G06F 13/00 351	その他	ユーザが携帯するメッセージ処理装置を、その時々で異なるネットワークに接続して使用できるようにする
			特開2001-147965	G06F 17/60	その他	顧客情報の記憶機能及び外部通信機能を有する顧客ナビゲーション端末を顧客に携帯させる
			特開2001-216449	G06F 19/00	その他	無線LANを介して携帯端末のIDの通知を要求し、サーバー装置で電子クーポン送付対象であるかを調査する

表2.3.3-1 東芝の保有特許(3/4)

	技術要素		特許番号	特許分類	課題	概　要
5	プロトコル関連	通信性能	特開2001-103092	H04L 12/56	高速通信	DNSのツリーが複数ある場合でも、望ましい応答を高速に得るDNS問合せ方法
			特開2001-186149	H04L 12/28	高速通信	データパケットを第1論理チャネルを用い制御パケットを第2論理チャネルを用い交換する
			特開2001-186166	H04L 12/46	高速通信	無線端末間でAV制御プロトコル情報を含むパケットであることを識別子に基づき判断する
		通信品質	特開2000- 22691	H04L 12/28	機能性	有線ネットワーク上の無線基地局から、通信可能な無線端末の位置登録情報を収集管理する
			特開2001-156683	H04L 12/28	信頼性向上	第1、第2のインタフェース、認識及び構成情報開示手段とを具備する
			特開2000-196618	H04L 12/28	機能性	パケット変換処理、パケット対応記憶、宛先ノード識別手段を具備する通信ノード
			特開2001-211205	H04L 12/56	機能性	同報通信アドレス受信しリンク層同報通信アドレス又はリンク層フレームを受信するよう設定
			特開2001- 77853	H04L 12/56	機能性	送信装置及び受信装置にフォーマット変換部を備える
		システム構成	特開2000-286866	H04L 12/28	設備簡略化	第2の端末を介して第1の端末はパケットを受信する
			特開2001- 25000	H04N 7/18	設備簡略化	被監視エリア及び状態表示エリア対応の情報伝達手段を設け、追加監視情報を既設利用し伝送する
		通信障害	特開平11- 55743	H04Q 7/38	通信路確保	プロトコル変換手段が使用できない基地局に代わって他の基地局がプロトコル変換を行う
6	誤り制御	伝送効率の向上	特許第3198182号	H04L 12/28 307	衝突・混信の回避	各端末が自動的に自分自身が隠れ端末であるか否かを判断し、隠れ端末の場合、自律的に通信を停止する(図)
			特開平 9-233075	H04L 12/28	データ種別に応じた対応	第1の無線受信部と第2の無線受信部からの情報を選択・合成する
			特開平11-262054	H04Q 7/36	回線品質変動への対応	加入者側が受信可能である旨を制御局に通知し制御局からのデータ転送を加入者側が制御
			特開2000-101596	H04L 12/28	回線品質変動への対応	各アクセスポイントでの受信品質情報と端末での受信品質情報からAPを切換える
			特開平11-341034	H04L 12/44	回線品質変動への対応	回線品質劣化を検出した場合、単独アンテナを多セクタアンテナに切り換える
			特開平10-327155	H04L 12/28	衝突・混信の回避	上り通信チャネルに複数のタイムスロットを設定し、識別情報に応じて応答装置をスロットに割当てる
			特開2001- 16264	H04L 12/56	衝突・混信の回避	補助メッセージパケットを送信し、応答が返ってきたときに通信経路が確立したと見なす
		信頼性の向上	特開2000-286862	H04L 12/28	システムの信頼性	中継端末が中継終了する際、これまで中継していた端末に、中継端末の変更指示をする
			特開平 9-261227	H04L 12/28	システムの信頼性	通信不可能な状況が検出された際に、識別情報管理部から当該装置の識別情報を削除する
		その他	特開平 8-275237	H04Q 7/38	その他	端末が低速な第2通信網から情報を要求し高速な第1通信網を介してその情報を受信する
			特開平11-331178	H04L 12/28	その他	電話機能と付加機能の連動モードを選択的に設定する
			特開平11-249702	G05B 9/02	その他	端末が所定領域に位置するか否かにより、端末からの機器操作を有効／無効とする
			特開2001-144698	H04B 17/00	その他	マスタ狭域ギャップフィラーがグループ内の各狭域ギャップフィラーの正常／異常を報知する
			特開2000-196619	H04L 12/28	その他	第1の制御情報が到着すべきタイミングで、通信を継続させるために第2の制御情報を与える
7	トラフィック制御	トラフィック低減、スループット向上	特開平 9-224031	H04L 12/28	無駄なトラフィック発生を抑制	複数ゾーン構成の位置登録エリアを割当、エリアに属する移動局へのメッセージは割当された送受信機から送信
			特開平11- 98186	H04L 12/56	トラフィック変動抑止、分散	他の端末を識別するIDと通信可能な端末を示すIDとを関連付けた環境情報を他の端末に送信
			特開2000-196668	H04L 12/56	スループットの向上	無線端末からハイブリッドルータ方向では狭帯域無線チャネルを、逆方向では広帯域無線チャネルを使用
			特開2000-278320	H04L 12/56	スループットの向上	ネット構成要素中に動作形態変更制御が有る時に、制御関連の情報を含むメッセージを制御対象のネットに送信
			特開2000- 92542	H04Q 7/22	送信フレームの破棄率減少	複数分割パケット伝送中にハンドオーバ必要になった時、末伝送分割パケット伝送終了までハンドオーバを待つ
			特開平11-266257	H04L 12/28	パケット集中送信、転送の回避	資源管理セルを受信した時、共通の伝送媒体上で提供すべきセル転送速度を求め帯域確保が可能なら帯域を割当
			特開2000-174818	H04L 12/56	パケット集中送信、転送の回避	複数のパケットを束ねてアグリゲートフローとしてのトラフィック特性規定を判断しパケット転送
			特開2001-197065	H04L 12/28	パケット集中送信、転送の回避	基地局が管理する移動局毎に移動局の送信タイミングを予めずらして割当て
		通信回線の利用率向上	特開平 8-274806	H04L 12/54	通信回線の利用率向上	端末に対して情報を効率的に送信できるDBを選択し、このDBに情報を送信するよう端末に要求する
			特開平11- 88365	H04L 12/28	通信回線の利用率向上	第1受信手段の受信情報を赤外で送信し赤外受信した受信情報を第1の送信手段に送信する
			特開平 8-274782	H04L 12/28	通信システムの伝送率向上	親機と子機間でのトラフィック監視を行い、親と子機の帰属関係変更指示がなされ、この指示で親機帰属を変更
			特開平11-163947	H04L 12/66	通信システムの伝送率向上	無線網と有線網の通信用トランスポート層プロトコル接続の2分割で設定するか、設定せずに通過させるか決定
			特開平11-266320	H04M 11/00 302	通信システムの伝送率向上	PHSデータ通信装置から子機間直接通信モードのデータを外部装置に記憶させ基準量時に公衆モードで伝送
			特開平11-331187	H04L 12/28	通信システムの伝送率向上	セル内の移動局に割当てるチャネル数上限を所定時間帯毎に定め基地局に設定し移動局のチャネル割当てを制限
			特開平11-313108	H04L 12/56	ネットワーク異常の検出、回避	パケットデータ非伝送時間を計測し接続開設されてない時、移動局のルーチング情報をテーブルから削除(図)
		チャネル割当適正化、処理時間短縮	特開平 9-214543	H04L 12/46	チャネル割当要求の回数低減	移動していると判断された時には、移動している計算機の通信相手に第2の識別子を送信する
			特開平11- 88342	H04L 12/28	チャネル割当要求の回数低減	通信不可能な場合には、送信処理を中断し、送信状態が可能な状態になった時に送信処理を再開するプログラム
			特開平11-331943	H04Q 7/38	チャネル割当要求の回数低減	移動通信網の割り当てチャネル数の状況を、ユーザ側の移動局に報知する
			特開平11-175437	G06F 13/00 353	通信速度、周波数、チャネル等の適正化	受信データをバッファに格納し、このデータをDMAコントローラでコンピュータシステムに転送する
			特開2000-295179	H04B 10/105	通信速度、周波数、チャネル等の適正化	相手端末発見まで赤外線送信強度を上げ、発見時の強度を基準に固定する
			特開平 9-186741	H04L 29/08	呼びから応答までの処理時間短縮	受信側からの受信バッファ容量を含む確認応答を受け送信側でのバッファ容量を更新する
			特開平11-266321	H04M 11/00 302	呼びから応答までの処理時間短縮	データに新規か継続かのフラグを付加し、データ切断後にフラグ判別してチャネル再接続
		その他	特開平11-313370	H04Q 7/38	サービス、通信品質向上及び消費電力低減	データ通信装置と移動端末の間にコネクションが開設された状態でコネクション使用パケットの非伝送時間計測
			特開平11-331038	H04B 1/707	サービス、通信品質向上及び消費電力低減	タイミング信号を生成し積分ダンプフィルタに与え所定の周波数指示でタイミング信号の周波数を変化
			特開平11-331944	H04Q 7/38	サービス、通信品質向上及び消費電力低減	使用不能リバーストラフィックチャネル数が所定以上の時、移動局に通知情報の短期間伝送を行う
			特開2000- 23246	H04Q 7/36	サービス、通信品質向上及び消費電力低減	基地局間を光ファイバで接続し復調器でベースバンド信号を取り出す
			特開2001-103067	H04L 12/28	サービス、通信品質向上及び消費電力低減	無線ゲートウエイはプレイコマンドを端末内のVTRサブユニットに転送しAVデータ転送を開始する
			特開2001-103557	H04Q 7/38	サービス、通信品質向上及び消費電力低減	基地局はNAK受信を他基地局に転送しシーケンス番号をマルチキャスト通信の宛先となる全無線基地局に通知
			特開2001-168875	H04L 12/28	サービス、通信品質向上及び消費電力低減	移動局は自局の位置するエリアを認識し、この認識に基づいて配布情報を受信するかしないかを決定する
			特開2001-177596	H04L 29/06	その他	複数通信メディアの通信路回線品質を観測して性能、属性情報を取得し、通信タスクの割当てを制御する
			特開2001-216450	G06F 19/00	その他	出入口の無線基地局から携帯端末に電子クーポンを送付しこれをレジの無線基地局で回収する

53

表2.3.3-1 東芝の保有特許(4/4)

	技術要素		特許番号	特許分類	課題	概要
8	同期	通信性能	特開平 8-251171	H04L 12/28	通信効率の向上	複数の関門局からのエリア番号通知パケットを受信し適切なエリアを選択する
			特開平 8-331153	H04L 12/28	通信効率の向上	アップリンク回線に比べてダウンリンク回線の伝送速度を高速にする
			特開平 9-261107	H04B 1/40	高速通信	無線電話機とデータ処理装置を接続し、適切にデータ通信を行う
			特開平11-284622	H04L 12/28	信頼性の向上	複数のキャリア毎のフレーム同期信号を比較し、最も遅延時間の多いものを選択する
			特開2000-134144	H04B 7/26	通信効率の向上	末端は動作タイミング記憶部を具備し、サーバはタイミング決定部を具備する
			特開2000-148934	G06K 17/00	高速通信	任意に変更可能なタイムスロット数を含むマルチコマンドを送受信する
			特開2001- 16365	H04M 11/06	通信効率の向上	対面通話状況の検出結果を重畳して送信し、対面通話であることを通知する
			特開2001-197072	H04L 12/28	通信効率の向上	各端末の応答信号に時間差を持たせて送信できるようにする
		通信障害	特開平10-262053	H04L 12/28	衝突防止	1ビットの時間幅の約0.001%以下のパルス幅で信号を伝送
			特開2000-134679	H04Q 9/00 311	通信不能・干渉防止	各端末にサーバの通信タイミングを記憶し、端末がサーバへの発信タイミングを決定する
		システム構成	特開平11-274978	H04B 17/07	省電力	待ち受け中において受信動作を行う期間を短縮し、節電制御の効率を向上する
9	優先制御	通信の確保	特開2000- 31968	H04L 12/28	経路の選択、伝送効率の向上	トラフィック量に応じたアクセス制御確率を基地局から端末へ報知することによるパケット衝突の減少(図)
			特開2001- 86262	H04M 11/00 303	経路の選択、伝送効率の向上	アクティブ状態では音声着信を拒否しスタンバイ状態で網よりの音声着信を受付
			特開平 9-214507	H04L 12/28	品質の確保	異常無線パケットに含まれる廃棄に関する優先度の低い情報を除いたパケットを再送
			特開2000-115253	H04L 12/66	障害への対応	携帯端末がパケット通信の性質に応じ優先度を設けた別の計算機との連携を選択
		優先順位の制御	特開2001-186213	H04L 29/08	順位の決定、衝突の防止	各装置が転送権等の優先度を有し優先度の高い装置の所望による制御が優先される
10	機密保護	不正アクセス・盗聴の防止	特開平10-150453	H04L 12/28	無線傍受防止	携帯端末に位置検出手段を設けて、暗号化か非暗号化を切替える
			特開平10-161935	G06F 12/14 320	無線傍受防止	暗号モード設定手段と非暗号モード設定手段を設ける
			特開平11- 85687	G06F 15/00 310	端末への不正アクセス防止	ユーザ情報などを外部記憶装置に格納し、ユーザ認証に成功した場合のみ読込み可能とする
			特開平11-313377	H04Q 7/38	端末への不正アクセス防止	コネクションの解放の際に移動端末の接続状態を確認する
			特開2000-151677	H04L 12/46	端末への不正アクセス防止	アクセス認証サーバにユーザ認証をさせ認証情報データベースに保存し、定期的に照合する
			特開2001- 45070	H04L 12/66	端末への不正アクセス防止	中継サーバが、モバイルコードがアクセス可能なサーバに関する情報を取得、管理する
			特開2001-189722	H04L 9/10	端末への不正アクセス防止	基地局と端末の間で認証カードを受け渡す
		接続・認証処理	特開平 9-261265	H04L 12/46	登録・抹消処理	アドレス情報に対応して有効期限を管理し、期限が過ぎたアドレス情報を無効化する
			特開平11- 88403	H04L 12/46	安全・確実な認証	通過拒否を行ったパケット中継装置の位置を求め、折衝メッセージコードを付加する
			特開平11-296455	G06F 13/00 353	安全・確実な認証	端末の処理能力に応じて暗号化のレベルを変更
			特開2000-115183	H04L 12/28	安全・確実な認証	活性化後に正常に受信した最初の送信先アドレスを自身のアドレスとする
			特開2001-177599	H04L 29/08	簡素化	USB接続による

図2.3.3-1 東芝保有特許の代表図面

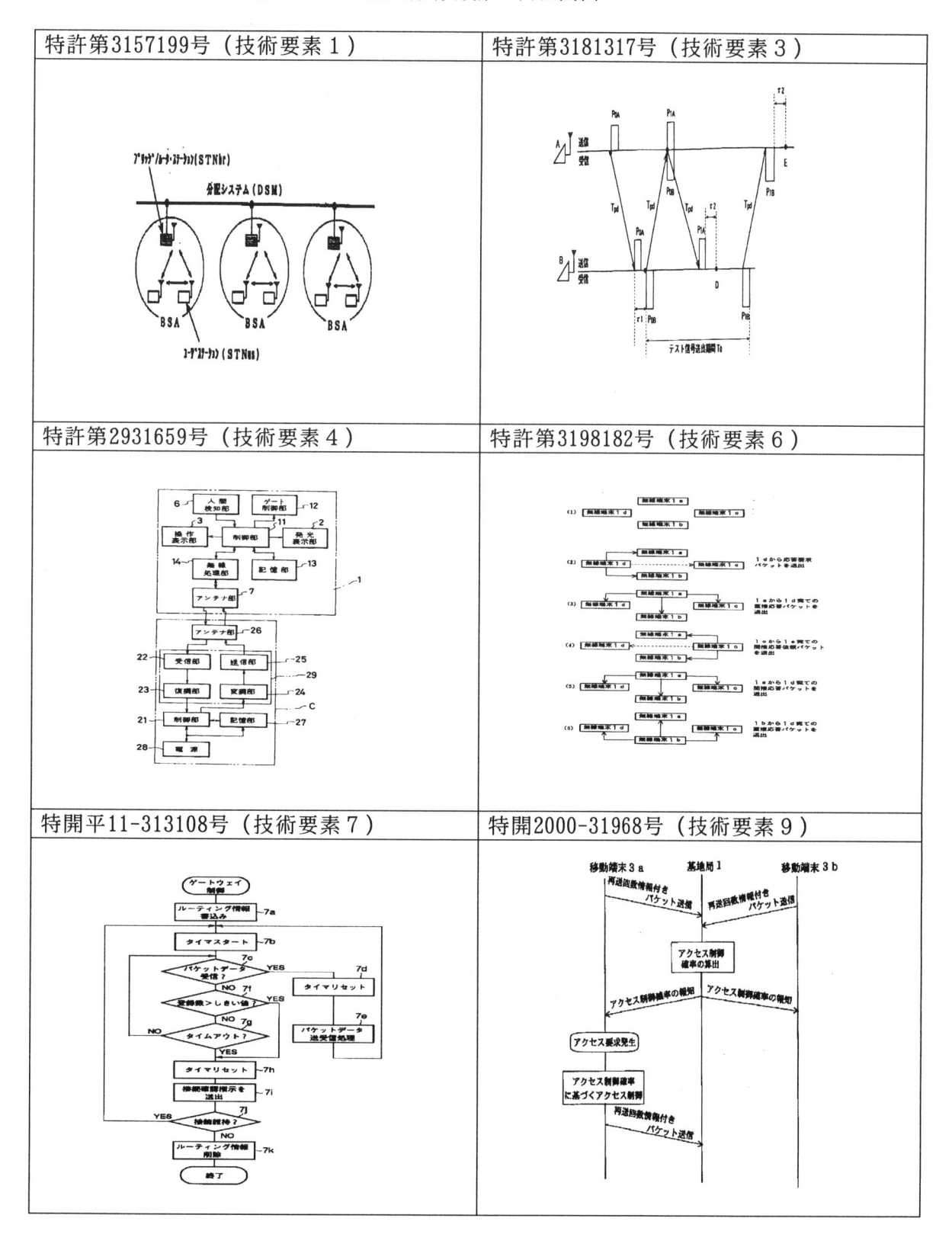

特許第3157199号（技術要素1）	特許第3181317号（技術要素3）
特許第2931659号（技術要素4）	特許第3198182号（技術要素6）
特開平11-313108号（技術要素7）	特開2000-31968号（技術要素9）

2.3.4 技術開発拠点

表2.3.4-1に東芝の技術開発拠点を示す。

表2.3.4-1 東芝の技術開発拠点

東京都	本社
東京都	日野工場
東京都	青梅工場
東京都	府中工場
東京都	東芝エー・ブイ・イー
東京都	東芝コミュニケーションテクノロジー
神奈川県	総合研究所
神奈川県	住空間システム技術研究所
神奈川県	研究開発センター
神奈川県	横浜事業所
神奈川県	柳町工場
神奈川県	小向工場
神奈川県	東芝ソシオエンジニアリング
大阪府	関西支社
兵庫県	関西研究所

2.3.5 研究開発者

図2.3.5-1に出願年に対する発明者数と出願件数の推移を示す。1996年に発明者数、出願件数の減少が見られるが、98年までは発明者数、出願件数は増加傾向に有る。99年は98年比べ若干の減少が見られる。

図2.3.5-2に発明者数に対する出願件数の推移を示す。1997年から98年にかけて出願件数が増加しており発展期を呈している。

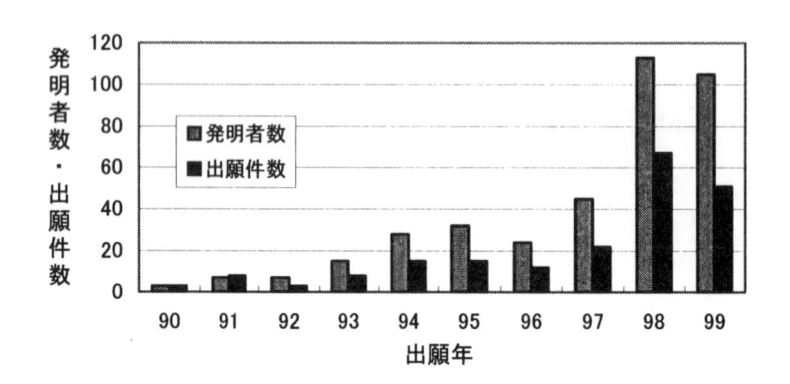

図2.3.5-1 出願年に対する発明者数と出願件数の推移

図2.3.5-2 発明者数に対する出願件数の推移

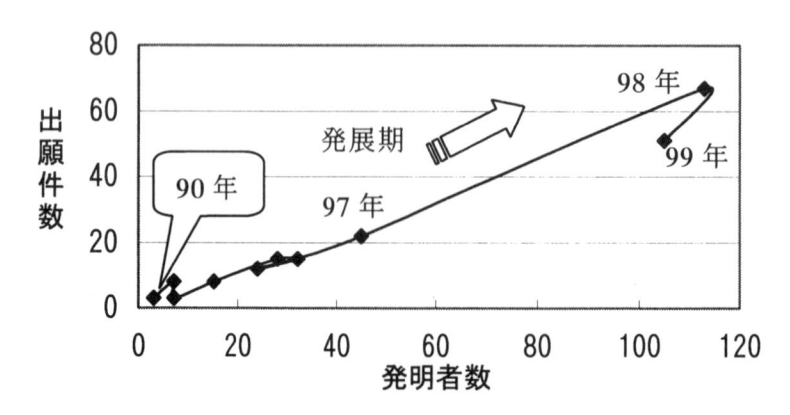

2.4 松下電器産業

　松下電器産業は、1991年以降に公開された、権利存続中あるいは係属中の特許についてみた場合、技術要素1を除いて全ての技術要素において出願している。特に出願件数が多いのは、端局間の接続手順に関する技術要素である。
　出願件数は共同出願も含め141件有るが、このうち、現在、11件が特許登録されている。なお、1999年に出願件数、発明者数のピークが見られる。

2.4.1 企業の概要

表2.4.1-1に松下電器産業の企業の概要を示す。

表2.4.1-1 松下電器産業の企業の概要

1)	商号	松下電器産業株式会社
2)	設立年月	1935年12月
3)	資本金	2,110億円
4)	従業員	57,585名(2001年9月現在)
5)	事業内容	AV機器、電化製品、電子デバイス、電池などの開発・製造・販売・サービス
6)	技術・資本提携関係	—
7)	事業所	本社/大阪　支店/東京　生産拠点/門真、豊中、茨木、草津他
8)	関連会社	日本ビクター、九州松下電器
9)	業績推移	7兆6,401億1,900万円(1999.3)　7兆2,993億8,700万円(2000.3)　7兆6,815億6,100万円 (2001.3)
10)	主要製品	AV機器、電化製品、半導体、電池、システムソリューション
11)	主な取引先	—
12)	技術移転窓口	IPRオペレーションカンパニー　ライセンスセンター　TEL 06-6949-4525

2.4.2 無線LAN技術に関する製品・技術

表2.4.2-1に無線LANに関する松下電器産業の製品を示す。

表2.4.2-1 松下電器産業の無線LAN関連製品

製品	製品名	発売時期	出典
PHS-LAN接続アダプタ	KX-PH470-M-S	—	http://www.pcc.panasonic.co.jp/p3/products/network/lanstation/kxph470/index.html
PHS一体型データ通信カード	KX-PH420/TD	—	http://www.kme.mei.co.jp/cdsfw/PH420-TD/pccd_2_3.htm

2.4.3 技術開発課題対応保有特許の概要

表2.4.3-1に松下電器産業の保有特許を、図2.3.4-1に代表図面を示す。

表2.4.3-1 松下電器産業の保有特許(1/4)

	技術要素		特許番号	特許分類	課題	概　要
2	移動端末ローミング	通信応答性、スループットの改善	特開2000-115190	H04L 12/28	通信の応答性改善	固定指向性の通信手段1と可変指向性の通信手段2を備え、通信条件によって通信を割り当てる
			特開2001- 61172	H04Q 7/22	回線切断回避	電波断発生時の基地局が周辺基地局に電波断退避タイムスロット確保を要求し、周辺基地局はこれを確保する
		移動局処理改善	特開2001-218249	H04Q 7/34	移動局の高精度位置把握	電車内の基地局で位置情報検知し、移動局へ通知し移動局で位置情報を上書きし着信時に上書きデータを送信
			特開平10- 51844	H04Q 7/34	移動局の高精度位置把握	情報提供する提供装置と、受信情報のエネルギを制御する制御部検出装置を道路上に配し移動体は表示部を持つ
3	占有制御	通信性能	特開2001- 16271	H04L 12/56	通信効率	帯域の予約に必要となる時間を削減して帯域を効率的に利用できる通信システム
			特開2001-160813	H04L 12/28	通信効率	制御局は非競合通信期間内に新たに時間窓を設け、この間に同期通信を行う送受信通信局間に直接通信させるように制御
			特開平 9-307567	H04L 12/28	通信速度	情報識別手段が特定の情報を識別し、制御チャネル設定手段に対しチャネル設定を要求
			特開平10-150460	H04L 12/46	通信速度	無線局は共用ファイルから指示に対応した映像情報を読み出し端末局に送信する
			特開2000- 22703	H04L 12/28	通信速度	基地局から高速下り回線を介して情報伝送することで、サーバ端末からの高速上り回線とクライアント端末への高速下り回線を介して情報伝送のスループットを向上させる(図)
			特開平10- 70756	H04Q 7/34	高速通信	連続したn個の第1データ通信フレーム毎に1個の第2データ通信フレームを配置することで第2データの伝送時間と第1データの一巡周期が共に高速化できる
		通信障害	特開2001-196990	H04B 7/15	衝突防止	再送要求を送信したとしても、他のデータリンクでの送信と衝突して伝送ができなくなるようなことがなく、また中継動作が破綻することのない中継伝送方法
			特開2001- 95057	H04Q 7/38	通信不能・障害防止	第一の子機または第二の子機が送信権を解放したとき、第一、第二の子機から送信権の要求が無いか否かを検索するためポーリングする構成を備える
		システム構成	特開平11-340898	H04B 7/26	設備の簡略化	分離したハンドセット装置で通信を可能とし、2個必要だった回路を1個にできる
			特開2000-332679	H04B 7/26	設備の簡略化	自動車側通信局と固定通信局の双方に無線データ送受信装置を備えてデータを無線伝送する構成とし中継局の設置という投資を回避する
			特開平 8-204604	H04B 1/40	省電力	第1、第2受信可能時期情報記憶、送信時期決定、送信、受信、受信状態切替手段を備える
			特開2000-134212	H04L 12/28	省電力	該当するタイムスロット内でのみ通信回線が占有できるようにし、これにより常時受信待機しなくても、同期をとりながら送受信休止ができ待機電力が削減できる
		通信の品質	特開平 8-163146	H04L 12/28	機能性	アップコンバータ、ダウンコンバータ、コントロール部、接続ケーブルを備える
4	端局間の接続手順	通信障害	特許第3144129号	H04L 1/16	衝突対策	ワイヤレス信号衝突時にタイマー生成手段によりタイムラグを設けくりかえしてワイヤレス信号の再送を行う(図)
			特開2001- 36554	H04L 12/40	衝突対策	要素1 - n中から1つを選択する場合、周期n以上の系列を1時間ごとにnt時点以上発生させ、得た値中からn個を選び、これをM1 - nとして大きさの順に並べ、必要時にはその中からk番目のものを選ぶ
			特開2001- 69151	H04L 12/28	衝突対策	基地局装置における識別子管理装置に、ネットワーク識別子の割り当てを要求する識別子要求手段と、識別子管理装置から割り当てられたネットワーク識別子を自局のネットワーク識別子として設定する識別子設定手段とを設ける、識別子管理装置には現用中途未使用のネットワーク識別子を管理しており、要求されるとあき分から発行する
			特開平 9- 64876	H04L 12/28	障害対策	複数配列のアレイアンテナのビームパターン制御回路を持つLAN装置およびLANネットワークとする
			特開平11-261572	H04L 12/28	障害対策	複数のグループの通信が重ならない様に親局に通信時間を割当る
		通信性能	特開平 7-307977	H04Q 7/38	通信効率化	ビジトンチャネルとデータチャネルを使用する
			特開平11-341013	H04L 12/28	通信効率化	音声符号化部を屋外に置き屋内とを音声とデータの二線で結ぶ
			特開2000-194470	G06F 3/00 654	通信効率化	ユーザの特性情報をトランスポンダに記録し、情報端末に近づくと所望の情報のみを出力する
			特開2000-324045	H04B 7/26	通信効率化	自局ID、受信局IDを指定する際に冗長性を持たせる
			特開2001- 16534	H04N 5/765	通信効率化	放送番組の開始/終了時間情報を放送に重畳されて送られるEPGから取得するEPG処理手段と、放送番組の帯域幅情報取得手段と、必要な帯域幅と時間を資源予約管理表に予約する制御部とを持ち、予約要求があったとき許諾可否の判断をする
			特開2001-119751	H04Q 7/38	通信効率化	親局から複数の子局にユーザデータを送信する同時データ配信方式において、ユーザデータを再送する回数を制御する再送制御手段と、再送データを一時的に保存する手段と、再送制御手段の制御に基づいてデータを再送する再送手段を持つ
			特開2001-156823	H04L 12/44	通信効率化	複数の加入者局と主局の間に加入者局グルーピング局を設置し、主局には1つの加入者局として登録を行う
			特開2001-156844	H04L 12/56	通信効率化	無線区間ではDMFを送信しないことにより、無線処理に伴う遅延時間に対するマージンを確保する

表2.4.3-1 松下電器産業の保有特許(2/4)

	技術要素		特許番号	特許分類	課題	概要
4	端局間の接続手順	通信性能	特開2001-203716	H04L 12/28	通信効率化	データフレームの信号伝送のためのキャリアが存在しないことを検出して伝送路の空きを確認する
			特許第2943478号	G06F 13/00 351	ネットワーク間接続	無線サーバーの無線アドレスを保持するサーバー無線アドレス保持テーブルをもつ(図)
			特開平11-136292	H04L 12/66	ネットワーク間接続	LAN間接続で複数のシリアルポートをノードに対応させる
			特開2000-23261	H04Q 7/38	ネットワーク間接続	PS-IDの認証によりCSがPPP起動要求を行い、PSが発呼及び接続を起動させる
			特開2001-45042	H04L 12/46	ネットワーク間接続	光合成器と光分岐器を持ち、合成器でアンテナ局の上りリンクと下りリンク用に対応する第1と第2の光信号を合成して伝送し、局側での利用時には分岐器で分離する
			特開2001-136206	H04L 12/56	ネットワーク間接続	通信装置をトランシーバーと無線通信手段とコーデックとインターネット接続手段をもつ無線中継器で構成する
			特開平7-30544	H04L 12/28	アクセス簡略化	移動しても変化しないホームアドレスを持つ移動ノードに設けた移動管理装置の設置
			特開平10-117207	H04L 12/46	アクセス簡略化	移動しても変わらない仮想的アドレスを移動する携帯型端末に付与する
			特開2000-354048	H04L 12/28	アクセス簡略化	周辺の基地局のNET-IDを調査し、その結果に基づいて自局のNET-IDを割当てる
		通信品質	特許第2512208号	H04Q 9/00 311	信頼性向上	自装置の情報と自装置よりも監視センタに遠い装置から送信された情報を付加して自装置より監視センタに近い2つの装置に同じに送信する
			特開2000-49798	H04L 12/28	信頼性向上	指向性制御判定回路、選択回路、重み係数乗算回路を有する通信装置
			特開2000-209299	H04L 29/08	時間削減	接続信号を繰返す毎に部分識別符号の抽出部分を変更する
			特許第2685665号	H04L 12/28	時間削減	親局は定めた時間内に第1子局からの応答がないときは回線を切断し次の第2子局にポーリングを行う
		その他	特開平9-8932	H04M 11/00 301	その他	自動検針システムのダミー保存手段電文を無信号送信に切り替える
			特開平9-27000	G06F 17/60	その他	ネットワーク上の複数端末のスケジュール管理および調整ができる制御部を有するシステムと付随チケット予約
			特開平9-93356	H04M 11/00 301	その他	家屋内外の各種設備と各種センサの状態表示を無線手段で統合化する
			特開平9-326741	H04B 7/24	その他	販売量等のデータをPHS端末とセンター収集システムで行う
			特開平10-173789	H04M 11/00 301	その他	複数のデータ生成機器に設けられたPHS端末とデータを収集・分析するセンター装置とを構築
			特開平11-261714	H04M 11/00 301	その他	機器と無線通信で結ばれた住宅表示盤と管理センターを回線で結ぶ
			特開平11-304159	F24C 7/02 301	その他	ネットワークアダプタにより電子レンジに調理情報を配信する
			特開2000-13526	H04M 11/00 303	その他	メール接続検出、読み出し、実行のコマンドを予め設定することにより通信処理を行う
			特開2000-134215	H04L 12/28	その他	一方向識別制御データ通信により受信側は無線チャネルの自動ロック、リリースを行う
			特開2000-269985	H04L 12/28	その他	通信可能範囲に存在する特定の無線端末を中継器に指定する
			特開2001-25065	H04Q 7/38	その他	音声用か画像用のワイヤレス端末と情報通信網の間に設けられ、端末ペアを記憶するペア設定メモリと、音声と画像情報を合成するパケット合成手段を含む制御装置をもち、呼に応じ動作する
			特開2001-102989	H04B 7/24	その他	情報収集装置から有線通信網を介して収集した情報を基地局装置を介して無線伝送する情報伝達装置と、収集された情報を情報伝達網・無線通信網経由で受信する携帯情報端末を含むシステムで情報伝達装置は、携帯情報端末宛に収集情報を自動送信
			特開2001-109993	G08G 1/09	その他	道路カーブ直前に設置したDSRCシステムで、道路機に速度閾値情報の保持・記憶手段と、車載機からの車速情報受信手段と車速判定手段と車速が閾値を越える場合警告を発する手段を持つ
			特開2001-117829	G06F 13/00 351	その他	パソコンモード時にはパソコン画像および音声信号を中継し、シアターモード時にはパソコンからのNTSC画像・音声信号を中継する中継制御装置をもつ情報伝送システムにおいて、中継制御装置に両音声信号を混合する音声混合回路を持たせる
			特開2001-136452	H04N 5/445	その他	文字受信の番組情報から電子メールを作成インターネット等で送信する
			特開2001-168754	H04B 1/38	その他	高周波デジタル信号を受信し、受信信号を表示し、この表示データを加工して活用する
			特開2001-175723	G06F 17/60	その他	商品情報と店舗情報の中から商品と店舗を選択し、インターネットを通じて注文する
			特開2001-177663	H04M 11/00 303	その他	ダイヤルアップ接続要求を通知し、着呼側IPアドレスを通知されたゲートキーパーが発呼側にこれを転送する
5	プロトコル関連	通信性能	特許第2985683号	H04L 1228	通信効率	無線中継装置にMACアドレス管理部とMACアドレス更新部を持ち、移動局の移動に対して直ちに中継先判定情報の登録・更新を行う(図)
			特許第3050694号	H04L 1228	通信効率	集中制御装置のIPアドレス管理手段は、登録されたIPアドレスを通信制御情報と関連付けて管理情報として管理する
			特開平9-214398	H04B 17/07	高速通信	符号列を伝送速度が速くなるように変換して送信し、受信側にて元の符号列に変換する
			特開平11-113061	H04Q 7/38	高速通信	データの種類に応じて最適なプロトコルを選択し、そのプロトコルで通信を行う
			特開平11-331183	H04L 12/28	通信効率	基地局内に、プロトコルによる通信、チェック、獲得、接続、切断、検出する手段を備える
			特開2000-59383	H04L 12/28	通信効率	受信、信号転送、信号中継装置選定、信号形態変更手段を備える
			特開2000-174824	H04L 12/66	通信速度	ゲートウェイ切換指示を情報通知手段により無線情報端末へ通知する
			特開2000-201153	H04L 12/28	通信効率	LANアクセスを伴うアダプタ接続要求がされている場合は新たな無線接続を許可しない
			特開2000-305959	G06F 17/50	高速通信	A/D変換、圧縮、通信制御、演算、記録及び記憶手段を1つのシリコン基板上に形成する
			特開2001-69141	H04L 12/02	通信速度	無線モデムはデジタルデータを転送、プロトコル変換部は変換後パソコンに転送
			特開2001-144829	H04L 29/08	通信速度	データ受信、記憶、出力、再送要求受付、転送手段を備える
			特開2001-189730	H04L 12/28	通信効率	SSCOPプロトコル処理手段とバッファへの送信可否判断、送信レート制御手段を具備する

表2.4.3-1 松下電器産業の保有特許(3/4)

	技術要素		特許番号	特許分類	課題	概要
5	プロトコル関連	通信品質	特開平10-40353	G06M 7/00	情報収集性	移動体の接近により変化する物理量を検出し、検出結果に識別情報を付加して送信する
			特開平10-41883	H04B 7/26	情報収集性	複数モジュール各々が信号を受送信することにより情報を道路に沿って伝送
			特開平10-42351	H04Q 7/34	情報収集性	移動体は、複数のモジュールの被検出源のエネルギーの検出情報から所定情報を得る
			特開平11-275084	H04L 12/28	信頼性向上	基地局、端末共高速、低速両システムに対応したプロトコルに基づく制御部等を備える
			特開平11-338587	G06F 3/00	信頼性向上	シリアル信号を光信号に変換、送受信後電気信号に変換し、シリアル信号に再生する
			特開2000-138902	H04N 7/00	機能性	インターネット、モバイルインタフェース、プロトコル処理、画像情報編集、蓄積装置制御手段を備える
			特開2000-252993	H04L 12/28	機能性	登録ポート、MACアドレス管理表、同登録手段、データ用ポート、判定手段、割当手段を備える
		システム構成	特開平10-126435	H04L 12/46	設備の簡略化	高速通信網と低速通信網を接続し、宅内デジタル情報統合システムを構築する
			特開2000-295674	H04Q 9/00 301	設備の簡略化	第1被遠隔制御装置との第2パケット通信の基づき、第2被遠距離制御装置を制御する
			特開2001-156790	H04L 12/28	設備の簡略化	終端装置からプロトコル終端手段と無線伝送、プロトコル変換、通信品質保証手段を有する基地局
		通信障害	特開平9-130391	H04L 12/28	通信路確保	端末毎に物理アドレスと論理アドレスをアドレス記憶部に登録更新する
			特開平10-224407	H04L 12/66	通信路確保	中継ノードがHTTPヘッダ解析部で使用すべき無線インターフェースを判定する
			特開2001-45011	H04L 12/28	通信不能・障害防止	監視制御手段と機能実行手段をイーサネットで接続し、取り扱い可能に信号を変換する手段を設ける
6	誤り制御	伝送効率の向上	特許第3207670号	H04L 12/28 303	衝突・混信の回避	基地局からの同報通信に対して、乱数に基づいた時間経過後、応答を送信する
			特開平11-242642	G06F 13/00 354	衝突・混信の回避	応答区間のアドレス重複だけでなく、起動局と各応答局間のアドレス重複も判断する
			特開2000-165405	H04L 12/28	再送の効率向上	周期的なポーリングを受信できなかった場合、自己が計数するタイミングでデータを送信する
			特開2000-312383	H04Q 7/38	衝突・混信の回避	認識端末からのACKパケットに、通信端末のアドレスとスロット番号を含める
			特開平11-119332	H04B 7/24	再送の効率向上	親局が受信電力に基づいて再送要求の有無を判断する
			特開2001-119746	H04Q 7/38	データ種別に応じた対応	データ通信呼確立時、エラーフリ伝送とリアルタイム伝送のいずれかを選択する
			特開2001-217837	H04L 12/28	その他	付加情報を付加せず伝送し、データ復元時にフレーム長の異常を検出
			特開2001-217858	H04L 12/46	回線品質変動への対応	無線通信方式検索をマルチコード無線通信制御局で行い、この応答を受け最適方式を選択
		信頼性の向上	特開平5-227161	H04L 12/28	システムの信頼性	移動前後のアドレスの対応を受信し、保持し、移動後アドレス宛へのパケットに変換する
			特開平6-149689	G06F 13/00 351	システムの信頼性	ホーム移動ホストの情報は失われない形で、ビジタ移動ホストの情報はキャッシュとして保持
		その他	特開平9-008933	H04M 11/00 301	その他	無線親機又は無線子機が報知先識別番号及びセンタとの間で通信可能な識別子を持つ
			特開平9-307569	H04L 12/28	その他	データの送受信が不要なとき低消費電力モードに切替える
			特開平11-274972	H04B 1/44	その他	送信電力検出を受信経路で行い、低雑音増幅器の使用で検出レベルが増加する
7	トラフィック制御	トラフィック低減、スループット向上	特開平7-177160	H04L 12/28	無駄なトラフィック発生を抑制	LANとAV機器を接続するクラスタ手段を介してデータをネットI/FからAV機器に送信する
			特開2001-45027	H04L 12/28	無駄なトラフィック発生を抑制	直接通信が可能な端末はアクセスポイント経由せずに直接通信させる
			特開平11-298492	H04L 12/28	無駄なトラフィック発生を抑制	無線I/Fが回線品質を監視し基準値以下でエラー情報をセル発生部に送信し後方RFセルを発生
			特開2000-278327	H04L 13/08	パケット集中送信、転送の回避	記憶パケットを一方のメモリから伝送路に読出した時に読出されたと同一のパケットを他方のメモリから削除
			特許第2830926号	H04L 12/28	通信、データの衝突回避	送信手段に各情報ビット間で子局間での送受信の空き時間が生じるよう光送信時間を規制する手段を設ける
			特開平11-340994	H04L 12/28	通信、データの衝突回避	通常通信時はデータチャネルで、子局Kの発呼時には制御チャネルを使って交信する
		通信回線の利用率向上	特開2000-151637	H04L 12/28	通信回線の利用率向上	センタ装置と端末間の信号をデジタルとし通信情報の発生頻度に合わせて信号伝送速度を変化させる
			特開2000-196674	H04L 12/56	通信回線の利用率向上	アドレス対応管理手段から構内電話番号を獲得し無線機の現在位置を問い合わせ無線機との呼びを確立する
			特許第3138703号	H04L 12/28	通信回線の利用率向上	複数のデータ通信装置のうち既に1つのデータ通信装置で電話通信されてる時は他の装置の電話回線網を禁止
			特開平9-322235	H04Q 7/36	通信システムの伝送効率向上	移動機から基地局受信の信頼度の低いフレームは基地局で破棄し交換センタに送らない
			特開平11-234749	H04Q 7/38	ネットワーク異常の検出、回避	別の子機間直接通話用キャリアを使用し、子機間直接通話を2つの通話路で独立して同時に行う
			特開2000-174899	H04M 3/00	ネットワーク異常の検出、回避	LAN障害発生を検出し無線可能な無線電話子機に対してショートメッセージを送り一斉通知する
		チャネル割当適正化、処理時間短縮	特開2000-41043	H04L 12/28	チャネル割当要求の回数低減	ホストに格納の端末固有情報、端末位置情報で中継器と各端末を最適制御する
			特開2000-253097	H04L 29/08	チャネル割当要求の回数低減	無線設備設置の周辺環境の履歴情報を保持し、前回までのDBから最適な周波数チャネル、データ量を決定
			特開平9-98153	H04J 13/04	通信速度、周波数、チャネル等の適正化	N個の拡散符号の中から選択する拡散符号の種類と拡散符号間の極性一致、不一致の状態を対応させる
			特開2000-101578	H04L 12/28	通信速度、周波数、チャネル等の適正化	制御通信装置と外部通信部とのトラフィックと無線リモコンのトラフィックが異なる時、リモコンとは異なる周波数
			特開平9-27951	H04N 7/173	呼びから応答までの処理時間短縮	映像情報種類、送信方法、位置登録要求等の制御情報を無線局、ネットを介してビデオサーバ送信し映像要求
			特開平11-331204	H04L 12/28	呼びから応答までの処理時間短縮	無線通信区間内に送信データ保持手段を備え、情報処理装置の通信手段で保持されたデータを他に送信する
			特開2000-183971	H04L 12/56	呼びから応答までの処理時間短縮	無線端末が位置登録している接続装置で特定アドレスを割当て、固定端末からのパケットを無線端末に転送
		その他	特開2001-127691	H04B 7/26	サービス、通信品質向上及び消費電力低減	映像モード時にカメラが露出し、音声モード時スピーカ露出
			特開2001-156788	H04L 12/28	サービス、通信品質向上及び消費電力低減	端末との通信が所定時間無い時は受信レベル検出部のみに電力供給
			特開2000-138966	H04Q 7/38	その他	利用者A、Bに制御情報としてユーザチャネルスロット位置通知
			特開2000-341326	H04L 12/56	その他	送信メッセージと受信メッセージを組合わせて作成し1つのメッセージとして一括送信
			特開2001-111575	H04L 12/28	その他	周波数帯域A、Bを使用するチャネルX、Yを送受信しチャネルX信号をYに変換しチャネルY信号をXに送信
			特開2001-203742	H04L 12/46	その他	子機回線要求を受信し許可と通信終了で回線開放を送信する親機と回線要求せずに許可受信で送信禁止する子機

表2.4.3-1 松下電器産業の保有特許(4/4)

	技術要素		特許番号	特許分類	課題	概　要
8	同期	通信性能	特許第3187304号	H04J 13/04	信頼性の向上	受信信号と逆拡散同期タイミング検出用の直交符号との相関を取る相関手段から最小値が出力される時点を逆拡散同期タイミングとして検出する
			特開平11-261544	H04L 5/16	通信効率の向上	情報量に応じて上下回線のタイムスロットの割当てを変化させる
			特開平11-288472	G07B 15/00 510	信頼性の向上	路側機の信号処理と同期したタイミングで電波到来方向を検出する
			特開2001-103063	H04L 12/28	信頼性の向上	パケット監視を開始後の計数値と監視時間が一致するまでのパケット受信の有無を判別する
		通信障害	特許第2732962号	H04L 12/28	通信不能・干渉防止	タイマ計時による一定時間経過時に通信アダプタを初期化する(図)
		システム構成	特開平 9- 64878	H04L 12/28	省電力	主装置から送信した同期信号に対する応答信号の状態により端末の状態を監視する
			特開2000-224088	H04B 7/15	操作性・作業性の改善	端末局に中継機能を付加し、中継依頼を受けた複数の端末局が一斉に中継データを送出する
9	優先制御	通信の確保	特開2001-119331	H04B 7/15	経路の選択、伝送効率の向上	中継パケットに優先順位を付与し要緊急パケットほど高優先度にて中継
			特開2001-136173	H04L 12/28	品質の確保	通信路品質を測定し品質に応じ機器間の通信方式を選択しソフトウェア転送により実現
			特開平11-298969	H04Q 7/38	局や端末の選択	他局からの状態記憶手段の出力に従い移動局よりも固定局を優先的に選択(図)
		優先順位の制御	特開2000-115194	H04L 12/28	順位通り処理	データユニット全体に対しヘッダを付与するフレーム再編成を行い一種類の信号でデータ通信
		データ種別対応	特開平10- 41882	H04B 7/26	データ種別対応	複数のモジュールを道路に間隔をおいて設置し、各々が非同期または同期を取り信号を受信、送信し、信号を道路に沿って伝送する
			特開平10- 51378	H04B 7/26	データ種別対応	複数のモジュールの各々が信号を受信、送信することにより、信号を経路に沿って伝送する
			特開平11-150542	H04L 12/28	データ種別対応	入力手段からの入力データに優先度が付与されたデータを他端末へ送信できる情報システム
10	機密保護	不正アクセス・盗聴の防止	特開2000-101569	H04L 9/32	端末への不正アクセス防止	送信カウンタの通信番号を含めて送信する
			特開2001-186044	H04L 1/40	端末への不正アクセス防止	送信データ、受信データの認証データから送信、受信可能とする
		接続・認証処理	特開平11-355852	H04Q 7/38	端末の紛失・盗難対策	無線通信装置を接続する情報処理装置との間で認証ネゴシエーションを行う

図2.4.3-1 松下電器産業保有特許の代表図面

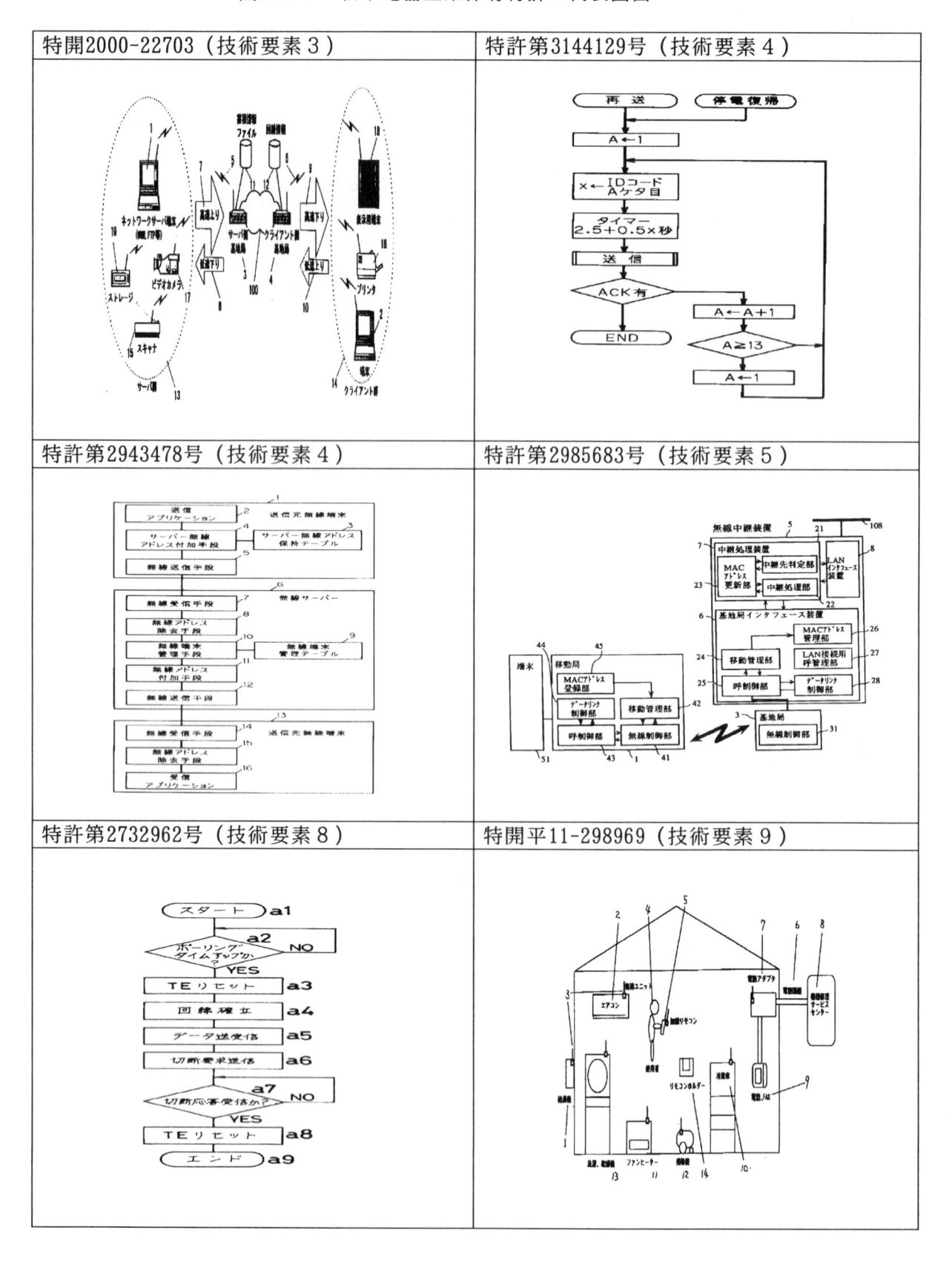

2.4.4 技術開発拠点

表2.4.4-1に松下電器産業の技術開発拠点を示す。

表2.4.4-1 松下電器産業の技術開発拠点

大阪府	本社
神奈川県	－(＊)
神奈川県	松下通信工業
神奈川県	松下技研
愛知県	情報システム名古屋研究所
広島県	情報システム広島研究所
石川県	－(＊)
石川県	松下通信金沢研究所
宮城県	松下通信仙台研究所
香川県	松下寿電子工業
米国	－(＊)

(＊) 特許公報に事業所名の記載なし。

2.4.5 研究開発者

図2.4.5-1に出願年に対する発明者数と出願件数の推移を示す。1997年に発明者数、出願件数の減少が見られるが、99年までは発明者数、出願件数は増加傾向に有る。

図2.4.5-2に発明者数に対する出願件数の推移を示す。1997年から98年にかけて出願件数が増加しており発展期を呈している。

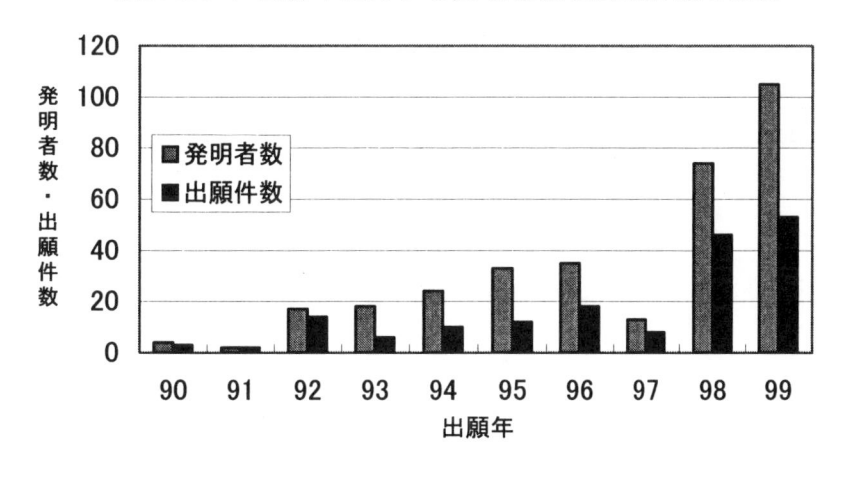

図2.4.5-1 出願年に対する発明者数と出願件数の推移

図2.4.5-2 発明者数に対する出願件数の推移

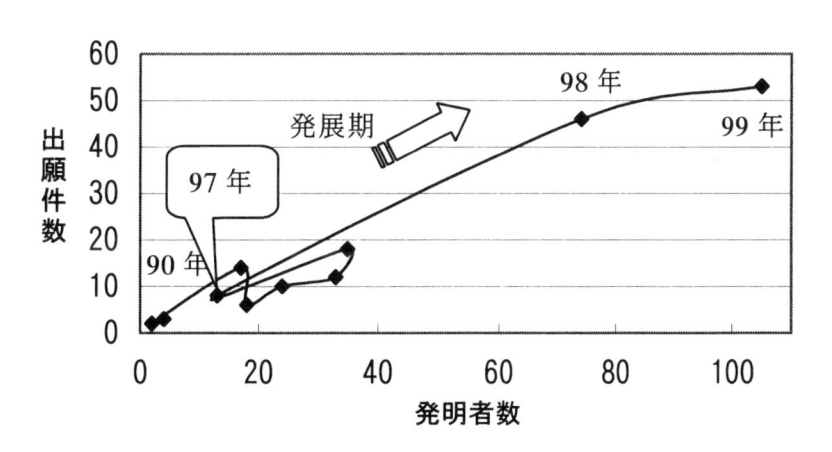

2.5 日本電信電話

　日本電信電話は、1991年以降に公開された、権利存続中あるいは係属中の特許についてみた場合、10の技術要素の全てにおいて出願している。特に出願件数が多いのは、端局間の接続手順、トラフィック制御に関する技術要素である。
　出願件数は共同出願も含め140件有るが、このうち、現在、15件が特許登録されている。なお、1998年に出願件数の、99年に発明者数のピークが見られる。

2.5.1 企業の概要

表2.5.1-1に日本電信電話の企業の概要を示す。

表2.5.1-1　日本電信電話の企業の概要

1)	商号	日本電信電話株式会社
2)	設立年月	1985年4月
3)	資本金	9,379億5,000万円
4)	従業員	3,255名(2001年9月現在)
5)	事業内容	地域通信事業、長距離・国際通信事業、移動通信事業、データ通信事業など
6)	技術・資本提携関係	－
7)	事業所	本社/東京
8)	関連会社	NTT東日本、NTT西日本、NTTコム、NTTドコモ
9)	業績推移	9兆7,296億7,300万円 (1999.3)　10兆4,211億1,300万円 (2000.3)　11兆4,141億8,100万円 (2001.3)
10)	主要製品	－
11)	主な取引先	－
12)	技術移転窓口	－

2.5.2 無線LAN技術に関する製品・技術

表2.5.2-1に無線LANに関する日本電信電話の製品を示す。

表2.5.2-1 日本電信電話の無線LAN関連製品

製品	製品名	発売時期	出典
中心局、端末局	WL-100Ⅱ	1998年10月	NTT ニュースリリース 1998.10.20

2.5.3 技術開発課題対応保有特許の概要

表2.5.3-1に日本電信電話の保有特許を、図2.5.3-1に代表図面を示す。

表2.5.3-1 日本電信電話の保有特許(1/4)

	技術要素		特許番号	特許分類	課題	概要
1	電波障害対策	伝搬障害対策	特開平 9-55691	H04B 7/10	相互干渉低減	アンテナの垂直面内の指向特性の下方又は上方へのチルト
			特開2000-232458	H04L 12/28	マルチパス	親局が子局との通信に用いる指向性アンテナを管理
			特開平11-168422	H04B 7/15	シャドウイング	信号品質の良好な方のアンテナシステムの選択
		環境確保	特開平11-355305	H04L 12/28	伝搬環境確保	セクタアンテナユニットにセクタ数情報部を備えスイッチ制御部がセクタ数情報に基づきスイッチ切替(図)
		ノイズ対策	特開平11-220441	H04B 10/105	不特定ノイズ対策	基地局に複数の電気光変換器を備え光無線端末からの受信レベルが最大となる変換器を選択
		その他	特開2001-136149	H04J 11/00	その他	ショートプリアンブル信号を積分した結果でシンボルタイミングを検出
2	移動端末ローミング	通信応答性、スループットの改善	特開平11-143836	G06F 15/16 370	基地局と移動局間でのスループット向上	ユーザ位置、ネットワーク、サーバの稼動状況で移動先ユーザ端末からのサーバへの状態導出しプログラム移動
			特開平11-355318	H04L 12/28	基地局と移動局間でのスループット向上	親局にアドレス手段、検査手段、削除手段を備え、送信元のアドレスがアドレス手段と一致した時に削除する
			特開2000- 69037	H04L 12/28	基地局と移動局間でのスループット向上	パケット端末の移動速度を検出し、速度に応じたサイズに基づいて無線端末に渡すサイズを変換する
			特開2000-253449	H04Q 7/38	基地局と移動局間でのスループット向上	サーバは各移動体からの情報で同一の情報が必要かを選別し、通信可能なゾーン装置にデータを送信する
		高速ローミング	特開平 9-224277	H04Q 7/22	通信エリアの円滑変更	通信装置が自通信制御の管理範囲内で通信中かを判定し、範囲外時、接続要求信号を出し受入可能な装置と接続
			特開平11-317744	H04L 12/28	高速ローミングの実現	新親局は子局の登録を済ませ、元親局は子局が移動した事を認識して元親局アドレス表からアドレスを削除する
			特開平11-317747	H04L 12/28	高速ローミングの実現	親局が通信相手とする子局の識別子を管理する管理手段を各親局毎に設ける
			特開2000-232455	H04L 12/28	通信エリアの円滑変更	他の親局からの情報受信に基づいて移動端末の識別子を削除する親局と、他の親局に識別子を送信する移動端末
			特許第3001490号	H04L 12/46	パケットの確実送信、転送	サブネットワーク接続検出した時に登録信号送り、この後にパケット転送する
		移動局側処理改善	特開2000-174822	H04L 12/66	移動局への必要情報提供	移動局のIPアドレスに対し、自アドレスを対応付ける信号を各移動局に送出し移動局のデータ転送を行う
3	占有制御	通信性能	特許第2733110号	H04L 12/28	通信効率	受信不可時及びデータ比較が不一致時送信を抑止する
			特許第2728730号	H04Q 7/38	通信効率	共用チャネルの使用状態を知り情報の送出を制御する
			特開平 8-213990	H04L 12/28	通信効率	パケットの衝突時基地局は衝突解決信号を報知し、新規発生上りパケットの送信を禁ずる
			特開平 9- 55768	H04L 12/64	通信効率	新たに回線交換呼が発生した場合の呼損の発生を抑えパケット交換呼を効率よく通信可能とし、回線交換通信とパケット交換形通信の効率よい混在を可能とする
			特開2001- 16149	H04L 7/10	通信効率	指向性を有する複数のアンテナの中から報知信号の受信状態が最良のアンテナを選択
			特開2001-103003	H04B 7/26	通信効率	情報提供者が、必要とする移動体に対しての情報を送信し、表示するように構成
			特許第2914721号	H04B 7/24	通信速度	制御局から応答要求信号を受信時、受信データパケットに応答信号を送出する
			特許第2914722号	H04B 7/24	通信速度	送信権を有する時のみ移動機にポーリングを行う無線パケット交互通信
			特許第2846341号	H04L 12/28	高速通信	チャネルを複数種スロットの周期的繰り返しにより構成
		通信障害	特開平11-239140	H04L 12/28	衝突防止	連続的にパケット送信要求がある場合、最初の待ち時間の平均値より小さく零よりも大きい別の待ち時間を代わりに使用してパケットの送信タイミングを制御
			特開2000-244512	H04L 12/28	衝突防止	伝搬遅延の影響を受けることなく、パケット衝突を極力回避
			特許第3004243号	H04L 12/28	通信不能・障害防止	共用チャネル上において占有して使用できる非衝突領域を他の無線局と競合しつつ周期的に設定して双方向の無線パケット通信を行う複数の無線局による通信のアクセス方法(図)
		通信の品質	特開平10- 41971	H04L 12/46	信頼性向上	端末の動作に影響を与えることなく、全ブリッジに確実に端末のアドレスを学習させる
			特開平10-256980	H04B 7/26	信頼性向上	基地局に固有の識別符号をアクセス用チャネルに挿入し、異常検出されたら通信を中断
			特開平 8-137794	G06F 15/00 310	機能性	携帯型コンピュータ、ホスト用無線装置、ホストコンピュータからなるPDAシステム

表 2.5.3-1 日本電信電話の保有特許(2/4)

	技術要素		特許番号	特許分類	課　題	概　　要
4	端局間の接続手順	通信障害	特許第2950528号	H04B 7/24	障害対策	2つの送受信手段をそなえ高周波信号を送受すると共に電源電力を電磁波に変換し送出し受信して動作する
			特開平11-239176	H04L 12/56	障害対策	中継端末からの信号により先方で正常の中継機を探索する
			特開2001-168906	H04L 12/56	通信経路確保	ボーダゲートウェイ装置を移動体IP網とIP網との境界に設置する
		通信性能	特開平 8-154096	H04L 12/28	通信効率化	応答信号の中のＡＣＫ信号の受信でパケットの送信動作を完了させる
			特開2000- 59432	H04L 12/56	通信効率化	ＩＰパケット転送テーブル作成機能を構成管理装置に行わせるシステム
			特開2000- 69021	H04L 12/28	通信効率化	大容量デジタルデータと小容量デジタルデータを分離して同時に、同一周波数帯で多重伝送する
			特開2000- 69073	H04L 12/46	通信効率化	無線基地局及びＬＡＮ端末のＩＰパケット転送テーブル作成を構成管理装置を介して行う
			特開2000- 69082	H04L 12/56	通信効率化	無線基地局及びＬＡＮ端末のローカル及び広域ＩＰパケット転送テーブル作成を構成管理装置を介して行う
			特開2000- 69085	H04L 12/56	通信効率化	ＬＡＮ端末のローカル及び広域ＩＰパケット転送テーブル作成を構成管理装置を介して行う
			特開2000- 69086	H04L 12/56	通信効率化	無線基地局のローカル及び広域ＩＰパケット転送テーブル作成を構成管理装置を介して行う
			特開2000-101652	H04L 12/66	通信効率化	情報配送装置に回線選択部、回線接続部、送信部を備え、回線選択を可能とした
			特開2001-144815	H04L 12/66	通信効率化	高速及び低速系が接続された通信網を用いると共に無線基地局間の無線通信が可能な移動局を用いる
			特開2001- 16219	H04L 12/28	アクセス簡略化	親局のMPUに表示交信手段を持ち、RAMに記憶されている子局管理テーブルを参照して現在の接続台数を取得し、これを表示装置に出力する
			特開平 8- 37531	H04L 12/28 307	ネットワーク間接続	パケットデータを受信した方向に確認信号を送信し受信したデータを取り込む
			特許第2963424号	H04L 12/28	ネットワーク間接続	ホームネットワークと同じドメインIDを持ち品質が最も優れた無線基地局を選択する(図)
			特開2001-127731	H04J 11/00	ネットワーク間接続	例えば、5GHz帯無線LAN用のOFDM方式の送・受信機で、N個の信号波の正・逆フーリエ変換手段の替りに扱い可能な信号波数可変手段を用い、ローカル発信機の周波数逓倍手段と切替え手段をもち、切り替えによりローカル信号をRFミキサにそのまま入力するか3逓倍して入力するかを切替える
			特開平 8-191311	H04L 12/28	アクセス簡略化	データ処理端末とルータとを結ぶLANの使用
			特開平10-108227	H04Q 3/58 101	アクセス簡略化	無線サービス提供装置と構内交換機の接続を制御する相互接続装置
			特開平10-173665	H04L 12/28	アクセス簡略化	ホームネットワーク側に各LAN端末の認証情報,位置情報を管理するサーバを設置
			特開平11-239167	H04L 12/54	アクセス簡略化	端末要求により遠隔地のボイスメール装置に電子メールを送信する
		通信品質	特開平11-331947	H04Q 7/38	信頼性向上	送信データの有無に応じて自動的にリンク切断と再確立を行う
			特開2000- 69047	H04L 12/28	時間削減	無線基地局に予約テーブルを設け、無線端末からのパケットの受付を管理する
			特許第3010157号	H04L 12/28	時間削減	転送経路上を自局に近づく方向に転送されるパケットをモニタし、転送経路をショートカットして転送する(図)
		システム構成	特開平10-149309	G06F 12/00 545	設備簡略化	ディジタル画像情報を一時蓄積保存し遠隔転送する
		その他	特開平11- 65494	G09F 13/00	その他	無線通信でユーザ希望の広告情報を広告表示部に情報通信する
			特開2000-232459	H04L 12/28	その他	既登録子局で無通信時間が最大のものを登録テーブルから削除し新子局を登録する
			特開2000-339353	G06F 17/40	その他	ＰＨＳ端末から通信サーバへアンケート情報を送信し、サーバで集計または表示する
			特開2001- 4385	G01C 21/00	その他	携帯電話機からの要求に従って地図サーバが、経路案内文と経路案内地図を作成して無線回線経由で送付して表示させる、この送付画面にはアクセスキーを含む
			特開2001- 4386	G01C 21/00	その他	端末からの要求に基づき、情報コンテンツ提供サーバが特定タグを付した情報を含む情報コンテンツを該端末に送信して、端末側で特定タグ部分を選択させる
			特開2001-136285	H04M 3/487	その他	現在位置把握、リクエスト内容記録、突発情報の取込と通知、データベース情報検索・通知手段で構成する
5	プロトコル関連	通信性能	特開2001-144814	H04L 12/66	高速通信	システムに管理センタ、統合網、ノード装置、ゲートウェイを、端末にシステム、ゲートウェイ等を備える
			特開2000-253037	H04L 12/46	通信効率	無線ブリッジはルート及び指定外ポートをＳｕｓｐｅｎｄ状態へ遷移させ、対抗ブリッジに通知、遷移させる
			特開2001-203759	H04L 12/56	通信効率	バックワード回線の応答信号の検出により、正しく受信できなかったユーザ局を認識する
			特開2000- 59856	H04Q 7/38	通信効率	無線基地局、構成管理装置の情報よりＩＰパケット転送テーブルを作成し、転送する
			特開2000-295278	H04L 12/56	通信効率	無線区間を伝送するＴＣＰパケットの状況に応じ、ＴＣＰパケットの送受信を制御する
		通信品質	特開2000-138970	H04Q 7/38	情報収集性	プロトコル変換装置で無線アクセスシステム上の端末信号に変換された状態として転送
			特開2001- 43087	G06F 94/45	機能性	報知チャネルを利用し全ての無線端末に位置登録、チャネル構造、システム情報等を通知
		システム構成	特開2001- 45567	H04Q 7/38	設備の簡略化	移動先ソフトウェアモジュールをサーバから無線端末に転送し、ソフトウェアを書き換える
6	誤り制御	伝送効率の向上	特許第2934279号	H04Q 7/38	その他	移動機あるいは交換局までのパケットの受信が完了するまで、そのパケットを保持する
			特開平11- 46161	H04B 7/24	衝突・混信の回避	同報送信後、ＡＣＫはグループの代表局のみが返し、他局は再送が必要なときNAKを返す
			特開平11- 46217	H04L 12/56	再送の効率向上	上位層の再送パケットの検知又は上位層の再送タイマ値を考慮し、下位層では送信しない
			特開平11-196041	H04B 7/26 101	衝突・混信の回避	各グループの代表局が、同通信の肯定応答を返し、誤受信時はその局が否定応答を返す
			特開平11-215137	H04L 12/28	その他	データセルと無線ヘッダを同じ長さにし、無線ヘッダに誤り訂正符号を収容する
			特開平11-239154	H04L 12/28	回線品質変動への対応	計測した遅延時間と、隣接基地局から得た遅延時間の和によって経路を更新する
			特開平11-355291	H04L 12/28	その他	ＡＣＫ信号とデータの間にポール信号を可変挿入
			特開平11-341107	H04L 29/08	その他	送信許可が得られなかった場合、送信データを圧縮し、許可後、圧縮データを送信する
			特開2001-188609	H04L 12/28	再送の効率向上	誤り訂正能力を可変に設定可能とし、再送には誤り訂正能力を高く設定する
			特開2001- 94574	H04L 12/28	回線品質変動への対応	使用環境でのビット誤り率を測定し、ビット誤り率に応じて連続伝送フレーム数を制御
			特開2001-136209	H04L 12/56	その他	送達確認なし連続送信可能データ量制御のウィンドウサイズをデータ廃棄原因により制御する
		信頼性の向上	特許第3007069号	H04L 12/28	システムの信頼性	直接転送が可能な端末をテーブルに記憶し、テーブル登録の有無により、直接転送/中継転送を選ぶ(図)
			特開2000-115055	H04B 7/26	システムの信頼性	位置管理テーブルを設け、移動体の位置推定、スポット切換を行う
			特開2001-127745	H04L 7/08	データの信頼性	同期語の判定のパターン判定しきい値を受信信号レベルに対応して変化させる

表 2.5.3-1 日本電信電話の保有特許(3/4)

	技術要素		特許番号	特許分類	課題	概　要
7	トラフィック制御	トラフィック低減、スループット向上	特開平11-275143	H04L 12/56	無駄なトラフィック発生を抑制	データ通信量の閾値が異なった時に、データ通信を無線通信回線とデジタル網通信回線に切換える
			特開平11-275153	H04L 12/66	無駄なトラフィック発生を抑制	データ通信量の閾値が異なった時に、デジタル網I/F側のデジタル網パケット回線とデジタル網回線とを切換
			特開平11-355290	H04L 12/28	スループットの向上	親局がRチャネル必要子局に、空きのRチャネルを動的に割当てる
			特開2001- 60955	H04L 12/28	無駄なトラフィック発生を抑制	基地局は子局との送受信データ量を観測しデータ量が所定値を超えた時に一定期間子局との間の通信を許可せず
			特開2000- 69050	H04L 12/28	トラフィック変動抑止、分散	管理サーバは配下の基地局を監視しトラフィックが所定閾値を超えた時、他の基地局に切換え指示を出す
			特許第2947351号	H04L 12/28	スループットの向上	無線基地局間を転送されるパケットが、送信元アドレスと送信局アドレスを持つ(図)
			特開2000- 83005	H04J 1/00	スループットの向上	基地局は復調した上りパケットを観測し、パケット発信規制情報を端末に通知する
			特開2000-236337	H04L 12/28	スループットの向上	センタ局は解放パケットを受信しチャネルを開放すると共に、移動局番号との組合わせをメモリから削除する
			特開2000-252992	H04L 12/28	パケット集中送信、転送の回避	パケットの生存期間の制限として制限中継回数をパケットに付加してパケットをブロードキャスト送信する
			特開2000-244525	H04L 12/28	パケット集中送信、転送の回避	送信元は、中継端末を経由して宛て先端末に送信するルートを検索し更新後ルート情報をパケット付加して送信
			特開2000-341323	H04L 12/56	パケット集中送信、転送の回避	アドホック端末は通信ルート情報を保持し情報に応じた通信ルートを用いてパケット送信、受信、中継する
			特開2001- 86056	H04B 7/26	パケット集中送信、転送の回避	輻輳要因を他を検出し輻輳エリア番号を移動局に送信して移動局を検知しホームロケーションレジスタで規制
		通信回線の利用率向上	特開平 8-154097	H04L 12/28	通信回線の利用率向上	移動局は要求されるサービス品質に応じて複数の予約用チャネル中から1つを選択
			特開2000- 68959	H04J 3/00	通信回線の利用率向上	複数の端末宛てのデータを変調シンボルの異なるビットに割当て階層多重で伝送
			特開2001- 69176	H04L 12/66	通信回線の利用率向上	移動体からのアクセス要求を自身に最近のGW特定情報で特定されるGWに変更して転送
			特開平11-239152	H04L 12/28	通信システムの伝送効率向上	スケジューリング結果でデータチャネルに空き時間が生じても空き時間で再度アクセスを行う
			特開2000- 69040	H04L 12/28	通信システムの伝送効率向上	送信時のアクセス方法を選択する機能を備えバッファ内の送信待ちパケットの蓄積状況でアクセス方法選択
			特開2000-228666	H04L 12/28	ネットワーク異常の検出、回避	子局数が親局に接続可能な最大子局数に達しているかを判定し、定期的に子局に通知する
			特開2000-307595	H04L 12/28	通信システムの伝送効率向上	送信端末は保持している通知情報を送信し、受信端末はこれを受信し保持しない情報を保持してその後破棄
			特開平 9- 55762	H04L 12/46	メッセージ利用で円滑通信実現	ネット管理部は端末通信履歴を管理し、端末移動前履歴で移動後トラフィック予測してサブネット接続可否決定
			特開2001- 54165	H04Q 7/38	メッセージ利用で円滑通信実現	データ通信装置設置の基地局の選択状況が反映された送信レートで報知情報をブロードキャストする
			特開2001-128237	H04Q 7/38	ネットワーク異常の検出、回避	互いに異なる種類の移動体通信サービスを管理センタを設けることで相互利用する(図)
		チャネル割当適正化、処理時間短縮	特開平 9-121223	H04L 12/46	チャネル割当要求の回数低減	ネットワークの評価値が、予め設定してある許容値以内なら接続を許可する
			特開平 9-215050	H04Q 7/36	チャネル割当要求の回数低減	通信要求時にチャネル割当てできない時、一定時間内で一時的に割当て留保し、再度空きチャネルを検索し割当
			特開2001- 53745	H04L 12/28	通信速度、周波数、チャネル等の適正化	送信直前に物理的キャリアセンスを行い、キャリアセンスの結果チャネルがアイドル時にのみ優先データを送信
			特開2000-216813	H04L 12/28	呼びから応答までの処理時間短縮	送信局はパケット遅延時間が所定以上となる時、伝送異常状態として管理し、正常受信パケットを送出
			特開2000-244565	H04L 12/56	呼びから応答までの処理時間短縮	ローカル、グローバル管理装置を設置し処理負荷が重い無線端末、LAN端末情報を収集する
			特開2001- 44914	H04B 7/24	呼びから応答までの処理時間短縮	端末からの送信データの送信間隔でランダムアクセスとポーリングアクセスを切換える
8	同期	通信性能	特許第2965953号	H04L 12/28	通信効率の向上	ヘッダデータ出力完了時間と演算処理に要する時間の差分で定まる待ち時間経過後、送信データ出力開始通知信号を出力する
			特開平 8-107414	H04L 12/28	信頼性の向上	自局のMACアドレスからスクランブルパターンを設定する
			特開2000-069033	H04L 12/28	通信効率の向上	OFDMにより無線パケットを同時に複数の移動端末局にブロードキャスト配信する
			特開2000-115181	H04L 12/28	通信効率の向上	相互干渉の可能性が少ないOFDMにより送信する
			特開2000-232456	H04L 12/28	通信効率の向上	通信フレーム中に許可信号スロットを含め、このスロット番号によりスロットを把握する
			特開2001- 16218	H04L 12/28	通信効率の向上	子局は搬送波毎にスクランブルパターンの初期値を記憶するテーブルを備え、これに基づいて親局をサーチし、親局からの報知信号に基づいてフレーム同期を確立する
		通信障害	特開平11-127158	H04L 12/28	衝突防止	入力情報を一時記憶し、全移動局に共通なタイムスロット同期のタイミングで送信する
			特開2000-299692	H04L 12/28	衝突防止	無線局毎にパケット送信できる時間帯(送信ウインドウ)と送信できない時間帯(停止ウインドウ)を設定し、時間監視を行ってパケットを送信又は保留する
		システム構成	特開2000-232457	H04L 12/28	省電力	制御スロットからデータスロットの区切りでクロック速度を低め、逆の区切りで高める
		時刻・位置管理	特開2000-151649	H04L 12/28	時刻・時間の同期	親局ではシーケンス管理手段がシーケンス番号を順次更新して管理し、これを受信した子局では、子局時刻補正手段で時刻を補正し、親局と同期を図る
			特開2001- 16207	H04L 12/28	時刻・時間の同期	親局が子局へ通信履歴取得終了指示情報を報知し、各々が通信履歴を記憶する
9	優先制御	通信の確保	特開平11- 32080	H04L 12/56	経路の選択、伝送効率の向上	基地局の記録装置内の無線パケットに測定結果及び経路情報を付加し他パケットに優先し送信
			特開平11-234286	H04L 12/28	経路の選択、伝送効率の向上	送信待ちパケットが有れば優先局アクセス時間経過直後に又無ければ直ちに応答パケットを送信
			特開平 8-107417	H04L 12/28 300	品質の確保	パケット化された音声と制御信号とデータ信号とにパケットに対応する優先度と品質クラスを記録
			特開平10- 65709	H04L 12/28	品質の確保	要求される品質に応じてセルを優先度順に分類しその出力を制御する
			特開平11-112412	H04B 7/26	品質の確保	アクセス局が自局宛パケットを優先的に受信する転送領域を設定するパケット中継方法
			特開2000-253017	H04L 12/28	品質の確保	優先制御情報の内容に従い情報を非競合又は競合アクセス制御期間で送信
			特開平10-178429	H04L 12/28	局や端末の選択	通常接続されるネットワーク基地局の識別子を接続番号の先頭に設定し優先接続(図)
		資源の確保	特開2000-244523	H04L 12/28	チャネル確保、周波数対応	ビーコン情報をもとに周波数資源の割り当てを受けた無線局が排他的にチャネルを使用
			特開2001-128231	H04Q 7/36	チャネル確保、周波数対応	経路毎の周波数利用効率および所要転送時間と発信情報の重要度と種類を考慮し電力決定

表 2.5.3-1 日本電信電話の保有特許(4/4)

	技術要素	特許番号	特許分類	課　題	概　　要
10	機密保護	特許第3009876号	H04L 12/28	端末への不正アクセス防止	通信開始時に端末認証を行い、認証に成功した端末はデータを暗号化して送信する
	不正アクセス・盗聴の防止	特開平10-173692	H04L 12/46	グループ単位での秘匿	ブロードキャストドメイン毎に異なるスクランブルパターンを付与
		特開平11-308673	H04Q 7/38	グループ単位での秘匿	所属グループ、暗号化鍵をグループ情報として設定し、信号にグループ情報が含まれる場合に暗号化する
		特開2000-69083	H04L 12/56	端末への不正アクセス防止	IPパケット送信元のIPアドレスを参照して移動ユーザを特定できる
		特開2000-69084	H04L 12/56	端末への不正アクセス防止	携帯カードから認証識別子及び接続情報を読み出し認証する
	接続・認証処理	特開2000-31980	H04L 12/28	安全・確実な認証	暗号化選択手段を設け必要な場合だけ暗号化する
		特開2000-236342	H04L 12/28	処理の簡素化	ミドルウェアを設け接続IDをアプリケーションの通信で利用可能にする
		特開2000-244547	H04L 12/46	安全・確実な認証	アクセスネットワークに関するネットワーク情報に基づいて暗号化アルゴリズムを選択
		特開2001-186119	H04L 9/08	登録・抹消処理	加入者の追加/削除によっても鍵管理木のバランスが保たれる

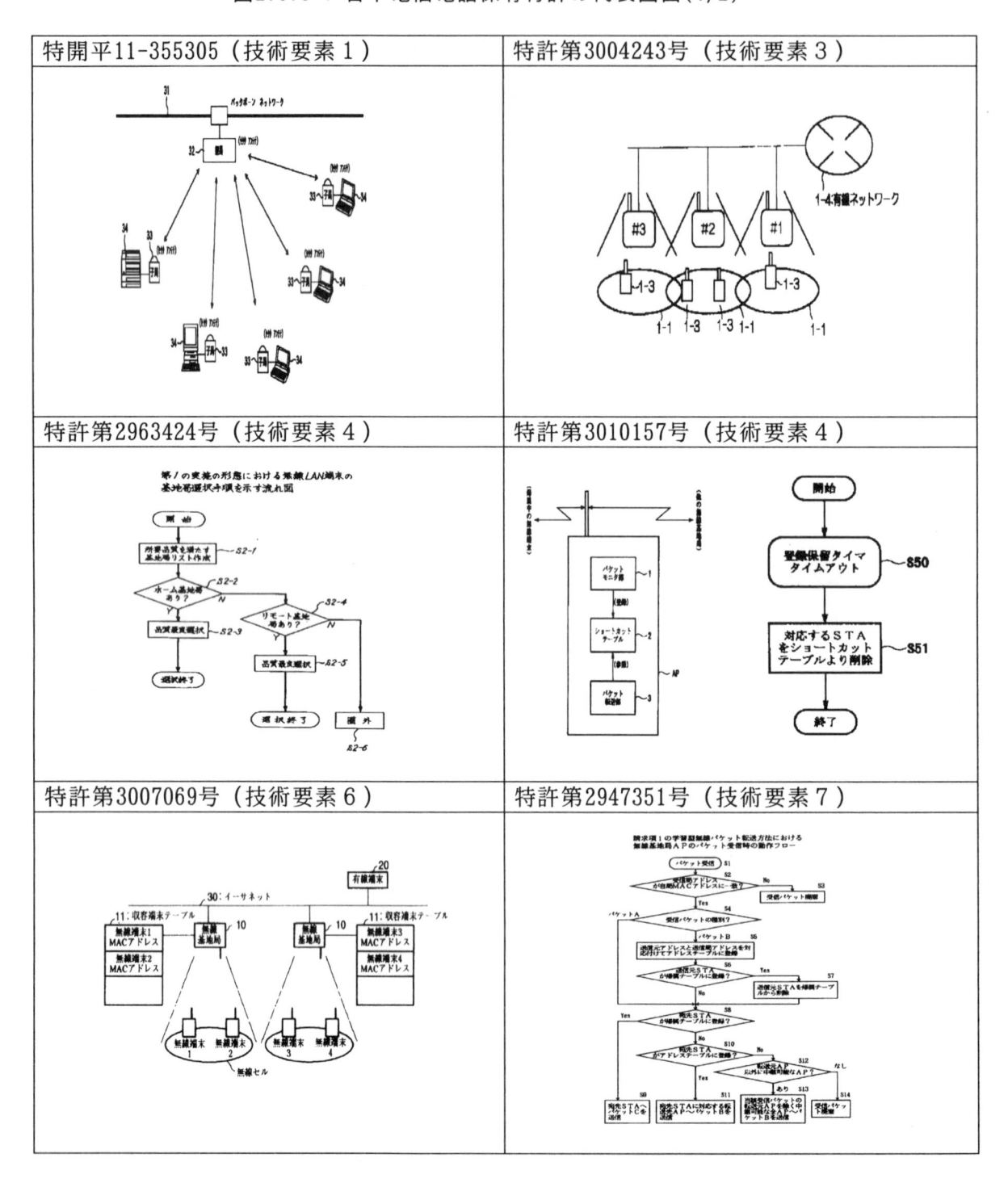

図2.5.3-1 日本電信電話保有特許の代表図面(1/2)

図2.5.3-1 日本電信電話保有特許の代表図面(2/2)

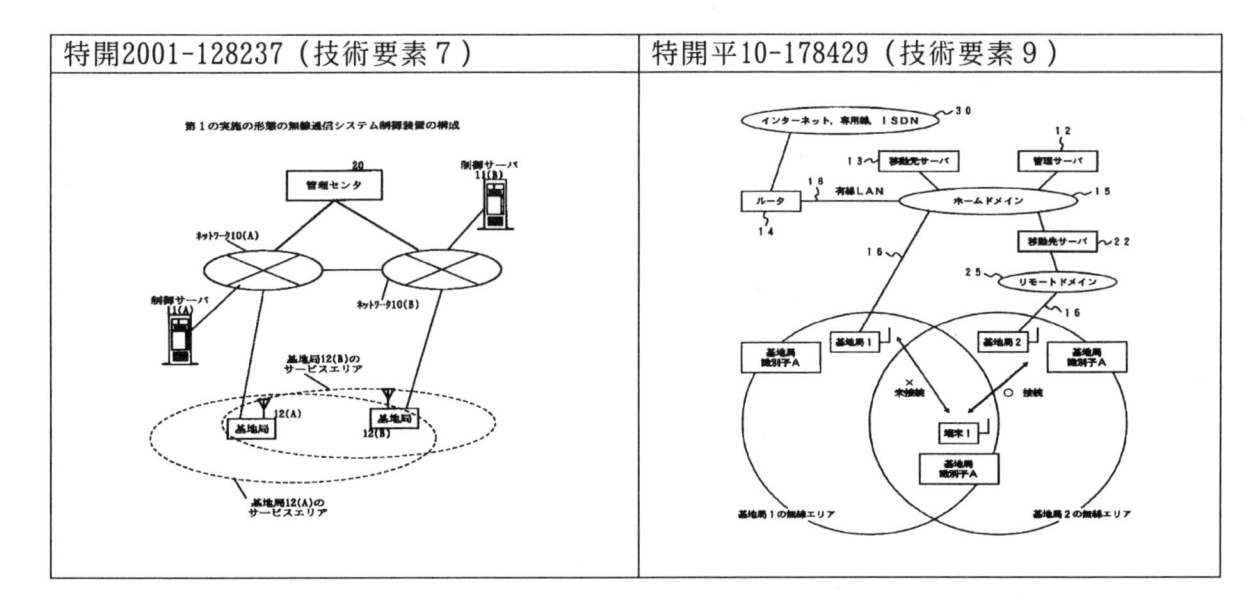

2.5.4 技術開発拠点

表2.5.4-1に日本電信電話の技術開発拠点を示す。

表2.5.4-1 日本電信電話の技術開発拠点

東京都	本社
神奈川県	-(*)

(*)特許公報に事業所名の記載なし。

2.5.5 研究開発者

図2.5.5-1に出願年に対する発明者数と出願件数の推移を示す。1997年に発明者数、出願件数の減少が見られるが、99年までは発明者数は増加傾向に有る。

図2.5.5-2に発明者数に対する出願件数の推移を示す。1997年から98年にかけて出願件数が増加しており発展期を呈している。

図2.5.5-1 出願年に対する発明者数と出願件数の推移

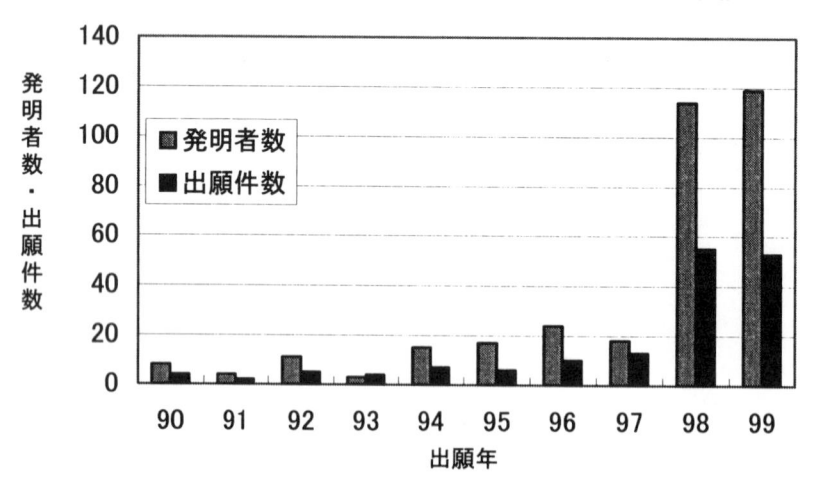

図2.5.5-2 発明者数に対する出願件数の推移

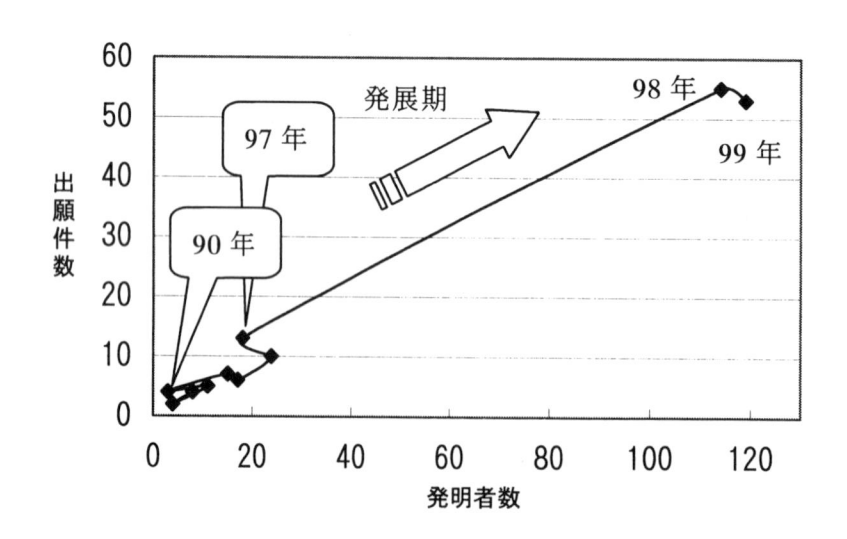

2.6 ソニー

　ソニーは、1991年以降に公開された、権利存続中あるいは係属中の特許についてみた場合、10の技術要素の全てにおいて出願している。特に出願件数が多いのは、端局間の接続手順に関する技術要素である。
　出願件数は共同出願も含め115件有るが、このうち、1件が特許登録されている。
　なお、1998年に出願件数、発明者数のピークが見られる。

2.6.1 企業の概要

表2.6.1-1にソニーの企業の概要を示す。

表2.6.1-1 ソニーの企業の概要

1)	商号	ソニー 株式会社
2)	設立年月	1946年5月
3)	資本金	4,760億2,800万円
4)	従業員	18,845名（2001年3月現在）
5)	事業内容	パソコン、AV機器、電子デバイス、アミューズメント機器などの開発・製造・販売・サービス
6)	技術・資本提携関係	－
7)	事業所	本社/東京　事業所/大崎東、大崎西、芝浦、品川、厚木、仙台他
8)	関連会社	ソニー生命保険、アイワ、ソニー・アメリカ
9)	業績推移	6兆7,946億1,900万円（1999.3）　6兆6,866億6,100万円（2000.3）　7兆3,148億2,400万円（2001.3）
10)	主要製品	パソコン、周辺機器、AV機器、携帯電話、電子ブックプレーヤ、ゲーム機、記録メディア
11)	主な取引先	－
12)	技術移転窓口	－

2.6.2 無線LAN技術に関する製品・技術

表2.6.2-1に無線LANに関するソニーの製品を示す。

表2.6.2-1 ソニーの無線LAN関連製品

製品	製品名	発売時期	出典
ISDN-TA用無線化アダプタ	WNS-230	1997年11月	http://www.sony.co.jp/sd/products/Consumer/Peripheral/WNS/index.html
ISDN-TA用無線化アダプタ	WNS-230EX	1998年12月	同上
アクセスポイント、PCカード	PCWA-A100、C100	2000年6月	ソニー プレスリリース 2000.5.16

2.6.3 技術開発課題対応保有特許の概要

表2.6.3-1にソニーの保有特許を、図2.6.3-1に代表図面を示す。

表2.6.3-1 ソニーの保有特許(1/3)

	技術要素		特許番号	特許分類	課題	概要
1	電波障害対策	環境確保	特開平11-313076	H04L 12/28	伝搬環境確保	送受信環境に対応してアンテナの何れかを的確に選択使用
			特開平11-308240	H04L 12/28	障害物影響除去	ブリッジとして定められたノードを介しての通信の実施
			特開2001- 77737	H04B 7/15	障害物影響除去	双方の通信局と無線通信できる第3の通信局を中継再送局として予め指定して通信
		遮断防止	特開2000-183814	H04L 12/00	通信遮断防止	受光が最低レベル未満の場合は付加データのみ伝送し最低レベル以上の場合に情報伝送を再開する
2	ローミング	移動端末	特開平 9-172451	H04L 12/46	通信エリアの円滑変更	移動ネットワークの宛先情報をマスク情報でマスクして得られる情報でデータを転送する
		高速ローミング	特開2001-197099	H04L 12/46	パケットの確実送信、転送	ルータは移動前後での位置が同一でない時、パケットに含まれる移動前の位置を現在の位置に書き換える
		その他	特開2001- 67401	G06F 17/60	ユーザへのサービス提供向上	課金サーバはコンテンツの大きさで通信料金を算出しコンテンツ料金に合わせて通信回線でユーザに請求
3	占有制御	通信性能	特開2000-149407	G11B 20/10	通信効率	主データと副データを異なる通信方式により送信することで伝送効率を向上させる
			特許第3075278号	H04L 12/28	通信効率	発信制御工程において、制御ノードは各ノードの同期通信データの発信を1サイクルあるいは複数サイクルの単位で管理し伝送効率の向上を図る（図）
			特開2000-307601	H04L 12/28	通信効率	伝送帯域を予約した上での伝送を、他ネットワークからの干渉があっても効率よく行う
			特開2001-203713	H04L 12/28	通信効率	無線ネットワーク上に送出する必要のないパケットデータを判別し帯域を有効に利用
			特開平11- 74886	H04L 12/28	通信速度	遅延時間を小さく抑えると共に、通信中のトラフィックの増減に影響されず一定の伝送速度が確保できるような無線通信システム
		通信障害	特開2001- 77818	H04L 12/28	衝突防止	周波数が異なる複数のチャネルから一つを選択し複数の通信端末で共用するとともに、データ送出に際し前記チャネルの周波数の信号を検出しチャネル使用の衝突を回避
			特開平10-271120	H04L 12/28	干渉防止	複数のチャネルの中から空チャネルを選択しスペクトラム拡散によりデータ通信を行う
		システム構成	特開2001- 77821	H04L 12/28	設備の簡略化	無線ネットワーク内で情報伝送が必要無い場合はネットワークを休眠状態とし、情報伝送の可能性がある場合にのみ稼働状態とすることで最低限の稼働で情報伝送
		通信の品質	特開2000-156031	G11B 20/10	信頼性向上	第1の情報処理装置によるリモート制御のみを許可し、他の処理装置による制御については禁止する応答処理手順によりコントローラとターゲット間の不整合発生を回避
4	端局間の接続手順	通信性能	特開2000- 92077	H04L 12/28	通信効率化	制御局と直接的に無線通信できない通信局に対するポーリング制御情報の送信を中継により行う
			特開2001- 7818	H04L 12/28	通信効率化	制御局として動作するLAN端末は、呼依頼受付け期間に他端末から呼依頼を受けた時には、受付けて呼信号を生成して送出期間に送信する、従属局として動作する側は、呼信号の送出タイミングで自己の送受信部に電力供給し、送信後は給電を停止する
			特開2001-111561	H04L 12/28	通信効率化	所定の無線ネットワークシステム内で、無線伝送する信号の偏重方式および符号化率の組み合わせを複数用意し、それら複数の組み合わせの中から最適な組み合わせを選択的に利用する、また選択用の判定手段を持つ
			特開2001-128248	H04Q 7/38	通信効率化	データをダイヤル信号として送出することにより、DTMF信号の形式で着信させる
			特開2000-232471	H04L 12/46	通信効率化	受信機側のルータやノードのデータリンクアドレスを記憶し選択的にパケットを転送する
			特開2000-285059	G06F 13/00 354	通信効率化	選定した情報だけを送信するとともに、予め設定した条件を満たす受信情報だけを記憶する
			特開平11-177602	H04L 12/46	ネットワーク間接続	端末からの情報をサーバに送信しサーバ間通信により情報を得る
			特開2001-203714	H04L 12/28	アクセス簡略化	宛先無線アドレスと宛先有線アドレスとを判別してパケットデータを送受信する
		通信品質	特開平10- 13460	H04L 12/54	信頼性向上	場所に関わらず電子メールの着信を確認し携帯情報端末の動作時間の低下を回避
			特開2000-151608	H04L 12/28	信頼性向上	データパケットの先頭に発信元、届け先、中継元、中継先のアドレスを付加する
			特開2000-266563	G01C 21/00	信頼性向上	車両内システムと携帯装置が双方向に直接通信する
			特開2001-144765	H04L 12/28	信頼性向上	ホスト機器とのデータ入出力期間外の割り込み可能期間内に着信情報をホスト機器に出力する
			特開2001-203753	H04L 12/56	信頼性向上	受信したパケットデータのパケットID及びシリアルIDを読取り、最大のシリアルIDを放送の形で発信する
			特開2000-134140	H04B 5/02	時間削減	メモリ情報及び通信スピード情報に対応する最も高速な通信スピードを設定するリーダライタ
			特開2000-138691	H04L 12/28	時間削減	AGC制御手段と制御値記憶手段と送信端末判断手段を備える

表2.6.3-1 ソニーの保有特許(2/3)

	技術要素		特許番号	特許分類	課題	概要
4	端局間の接続手順	システム構成	特開平11-65950	G06F 13/00 351	設備簡略化	サーバ装置と複数携帯端末に無線接続ネットワークを形成させる
			特開平11-68988	H04M 11/00 302	設備簡略化	サーバ装置と通信端末との接続ネットワークによるデータ通信
			特開2000-115192	H04L 12/28	設備簡略化	通信路識別子を付与して通信路を設定する交換機を備えるネットワークシステム
			特開2000-253010	H04L 12/28	設備簡略化	電池電圧が閾値を下回ればダウンロードを中断し、充電により閾値以上になれば残データのダウンロードを自動再開する
			特開2001-143032	G06K 19/07	設備簡略化	メモリーモジュールに通信機能を搭載し、ホスト側AV機器とのインターフェースを利用
			特開2000-151695	H04L 12/56	新規機器設定登録	予め特定の受信端末装置に固有のアドレスを生成して割り当てる
		その他	特開平9-190353	G06F 9/445	その他	通信ネットワークで端末の通信用ソフトウエアを管理センタ指令により制御手段で記憶手段情報を更新制御する
			特開平11-46195	H04L 12/28	その他	サーバ装置経由で携帯無線端末間のファクシミリ通信を行う
			特開平11-143801	G06F 13/00 354	その他	通信端末からの属性情報に基づいてサーバで情報を加工する
			特開平11-168471	H04L 12/28	その他	複数の機器間を無線で結びリモコンからの制御データを伝送する
			特開平11-252101	H04L 12/28	その他	筐体上部の移動装置で検出機器を無線通信により制御回転させる
			特開2000-151643	H04L 12/28	その他	インスツルメントパネル及びトランクルームに送受信手段を備え、相互に多重通信を行う
			特開2000-354237	H04N 7/173 640	その他	接続、接続検知、送受信、通信信号切替え、及び通信信号生成の各手段を備える携帯情報処理装置
			特開2001-6091	G08G 1/123	その他	交通機関の停車地・路線・進行方向ごとにユニークなアクセス番号(IPアドレスや電話番号等)を付け対応内容を更新維持し、利用者は携帯電話などで前記にアクセスする
			特開2001-129259	A63F 13/12	その他	デジタル通信路を通じて、サーバ装置と表示装置とゲーム実行装置とを接続する
			特開2001-136190	H04L 12/46	その他	AV機器をLANケーブルにより互いに接続し、さらにLANケーブルに無線LANユニットを接続
			特開2001-142825	G06F 13/00 354	その他	携帯型情報処理端末と情報入出力システムに可視的識別情報の撮像手段と識別手段と接続手段を具備する
			特開2001-144795	H04L 12/46	その他	他の電子機器との通信を無線接続のみあるいはケーブル接続のみで切り換えて行う
5	プロトコル関連	通信性能	特開平11-163774	H04B 7/15	通信効率	第1の状態の無線信号を、第1と第2の中継ノードで第2の状態の無線信号に変換する
			特開平11-187375	H04N 7/16	通信効率	登録固有アドレスを複数のネットワーク基板単位で一括管理するテーブルを備える
			特開2000-59420	H04L 12/46	通信効率	入力、復調、第2層ヘッダ情報抽出、第1層復元、出力手段を有する情報処理装置
			特開2000-151619	H04L 12/28	通信効率	集合化又は分散化したデータにオーバーヘッド情報を付加し、送受信後元のパケット構造に処理する
		通信品質	特開平11-328056	G06F 13/00 351	機能性	メール情報の制御部、TV局、電話局、TV受像機、受信装置、携帯電話端末、送信装置を備える
			特開2001-77878	H04L 29/06	機能性	有線通信、近距離無線通信、記憶、通信制御手段を備えた通信装置(図)
			特開2001-160814	H04L 12/28	機能性	データ情報の訂正符号除去、無線中変換をし、ヘッダ情報、誤り訂正符号を付加して無線伝送する
		システム構成	特開平9-284567	H04N 14/13	設備の簡略化	端末が使用するプロトコルを示す属性情報により、通信資源を確保する
			特開平10-145420	H04L 12/46	設備の簡略化	IEEE1394接続のデジタル機器とLANC接続のアナログ機器間の制御
			特開2000-307625	H04L 12/46	設備の簡略化	データ送出側にIPデータグラム受信経路を設定し、受信側から送信側に仮想経路を設定
6	誤り制御	伝送効率の向上	特開平11-215135	H04L 12/28	回線品質変動への対応	検査信号の受信で通信品質が分かり、それに基づき通信品質情報を生成し、各局に伝送
			特開平11-252090	H04L 12/28	データ種別に応じた対応	等時データにはエラー訂正符号を付加し、非同期データには再送手順を規定して伝送する
			特開平11-266256	H04L 12/28	回線品質変動への対応	通信品質の判断に応じて少なくとも2つの変調方式から最適な方式を決定
			特開平11-331175	H04L 12/28	回線品質変動への対応	相手側端末のIDに対応したパケット長を、受信レベルに基づき調整する
			特開2000-124914	H04L 12/28	回線品質変動への対応	受信データのエラーレートが計測され、通信品質を認識し、送信電力、変調方式を制御して送信する
			特開2001-16209	H04L 12/28	再送の効率向上	固定長データブロックにパケット識別子を付して送信する
			特開2001-45012	H04L 12/28	その他	ユーザデータのデータ番号を示す情報、要求データ情報を有するヘッダ情報を生成する
			特開2001-203767	H04L 27/18	回線品質変動への対応	パケットのヘッダ部で変調方式、畳み込み方式を指定
		信頼性の向上	特開平9-107389	H04L 29/08	システムの信頼性	再接続されたとき、その旨を、通信相手に送信する再接続送信手段を備える
			特開平11-215136	H04L 12/28	データの信頼性	制御データに対して独立に誤り検出符号又は誤り訂正符号を付加して伝送
			特開平11-341002	H04L 12/28	データの信頼性	全帯域を使う伝送モードで妨害を受けた時、全帯域を複数割し伝送モードに設定
			特開2000-278279	H04L 12/28	システムの信頼性	自局の状態を判定し、その状態に基づいて、他局からの中継伝送の可否を判断する
			特開2001-53746	H04L 12/28	システムの信頼性	自局を指定するポーリング信号の送信を検出したとき、応答信号を自局から送信する
		その他	特開2001-203741	H04L 12/46	その他	有線からの送信元アドレスを記憶し、アドレスの数に応じて自身のアドレスを決定
7	トラフィック制御	トラフィック低減、スループット向上	特開平11-266254	H04L 12/28	無駄なトラフィック発生を防止	制御局が通信局に状態信号送信で通信局をスリープ状態にしスリープ状態下の通信局は起動命令でスリープ解除(図)
			特開平11-252113	H04L 12/28	パケットの集中送信、転送の回避	送信データ量を示す送信情報が送信データ直前に制御ノードに送信され、この情報で送信データ転送幅を決定
		通信回線の利用率向上	特開平11-331176	H04L 12/28	通信回線の利用率向上	複数コンピュータに許容周波数帯域幅分割しチャネル設定するアダプタ設け、複数チャネルから空きを検索選択
			特開2000-236338	H04L 12/28	通信システムの伝送効率向上	アイソパケット送信判断時間1とアイソ以外パケット送信判断時間2で所定時間キャリア検出なし時に送信開始
			特開2001-16290	H04L 29/04	通信システムの伝送効率向上	複数チャネルの1つを共有し、送受信量に応じて空きチャネルを占有してデータ通信する
			特開平11-355279	H04L 12/28	ネットワーク異常の検出、回避	受信信号から所定部分を復号し、復号できたか否かで情報リンクを確立する(図)
			特開2000-151618	H04L 12/28	ネットワーク異常の検出、回避	スレーブ局はマスタ制御局の次に多くの端末と通信でき、マスタが通信不能時には端末間の伝送管理する
		チャネル割当適正化、処理時間短縮	特開2001-111578	H04L 12/28	チャネル割当要求の回数低減	移動局はフレーム同期信号送信しフレーム有するデータで通信状態に関するデータ集計しトポロジーマップ集計(図)
			特開平11-234293	H04L 12/28	通信速度、周波数、チャネル等の適正化	通信装置が高速なデータ転送速度を使用できるなら、これよりも低速なデータ転送速度に切換えて使用する
		その他	特開2000-151642	H04L 12/28	サービス、通信品質向上及び消費電力低減	ネット内の少なくとも一つの端末に指向性を持った複数のアンテナを備え制御局からの受信に使用する

表2.6.3-1 ソニーの保有特許(3/3)

	技術要素	特許番号	特許分類	課題	概要
8	同期 / 通信性能	特開平11-74861	H04J 11/00	高速通信	多数の同期用ビットを設けることなく、送受信タイミングの設定を行える
		特開平11-196096	H04L 12/28	高速通信	受信信号から同期をとるための制御ブロックを正しく抽出する
		特開平11-252092	H04L 12/28	通信効率の向上	局からの同期信号によりフレーム周期を規定し、ポーリングのためのデータ領域を設定する
		特開平11-298477	H04L 12/28	通信効率の向上	局からの同期信号によりフレーム周期を規定し、ポーリングのためのデータ領域を設定する
		特開平11-298480	H04L 12/28	通信効率の向上	フレーム周期内のスロットの利用状況データを管理データ伝送領域で送信する
		特開2000-92076	H04L 12/28	通信効率の向上	所定の信号によりフレーム周期を規定し、フレーム周期内に管理データ領域を設定する
		特開2000-151641	H04L 12/28	通信効率の向上	制御情報を更新する場合、更新するタイミングより以前に、更新される制御情報と更新されるタイミングの情報とを送信し、そのタイミングに制御情報を更新する
		特開2000-244467	H04L 7/00	通信効率の向上	同期信号の検出に同期した周期でカウント動作を行い、検出に失敗したときは、過去に検出したカウント値に達したとき同期信号を発生する
		特開2000-252951	H04J 11/00	通信効率の向上	同期信号が検出される周期を判断し、その周期毎に検出ウインドウを設定し、このウンドウ内で検出した同期信号だけを有効な同期信号と判断する
		特開2000-278280	H04L 12/28	通信効率の向上	中央制御局が設定するフレーム周期に同期し、新規参入用スロット位置で信号を送信し、中央制御局で新規参入処理が実行される
		特開2000-332767	H04L 12/28	信頼性の向上	パケットの電送速度が高速の場合は頻繁にパケットを送出し、低速の場合は送出回数を減らして、電送速度に関係なく、パケット長さを一定にする
		特開2001-148681	H04J 11/00	通信効率の向上	制御端末は生成した同期信号を2回連続して送信し、通信端末はこれに基づき周波数誤差を検出して補正する
		特開2001-168873	H04L 12/28	通信効率の向上	第一の無線通信装置から第二の装置に空きスロット情報を送り、これに基づいて第二の装置の接続登録要求を受けた第一の装置は接続登録し、これに基づき第二の装置から制御信号が送信される
		特開2001-189951	H04Q 7/22	通信効率の向上	各通信局数に応じて局同期区間サイズを可変長とし、必要最低限の管理情報伝送領域を構成する
		特開2001-217841	H04L 12/28	通信効率の向上	同期信号により定めたフレーム周期内に情報伝達領域を設定し、第一と第二の領域を設けて、別々にアクセス制御できるようにする
	通信障害	特開平11-205373	H04L 12/46	衝突防止	ノードのRAMに同期通信で使用する使用可能帯域容量とストリーム情報を記録する
		特開2000-138685	H04L 12/28	通信不能・干渉防止	中央制御局と直接通信できる局数よりも、端末局の方が多い局数と通信できる場合、その端末局を中央制御局に変更する
	システム構成	特開2000-236284	H04B 17/07	省電力	マッチトフィルタの出力と平均振幅に閾値を乗算した信号を相関検出装置で比較し、M系列の符号を検出する
		特開2001-25064	H04Q 7/38	構成の簡略化	第1のモービルステーションで上りリンク信号を生成し、ベースステーションはこれを受けて周波数の異なる下りリンク信号を生成し、これを第2モービルステーションが受信する
	時刻・位置管理	特開平11-266236	H04L 7/00	時刻・時間の同期	異なる環境間における同期通信の同期の整合性を保つ
		特開2001-148687	H04L 7/00	時刻・時間の同期	有線用の第一の時刻情報と無線用の第二の時刻情報比較し、第二の時刻情報を補正し、生成した第三の時刻情報が第二の時刻情報で補正される
9	優先制御 / 通信の確保	特開2001-111562	H04L 12/28	品質の確保	高速シリアルバスを介して接続された機器から送付される帯域情報に基づいて伝送帯域を予約（図）
	優先順位の制御	特開平11-266255	H04L 12/28	順位の変更	制御局が各通信局の優先順位に応じてアクセス権を制御
	データ種別対応	特開平11-355836	H04Q 7/34	データ種別対応	興味の度合いと計算された距離及び優先度決定関数を使用し情報を優先順に提示
		特開2001-203651	H04L 1/00	データ種別対応	携帯端末はプロファイルIDに基づいてツリー構造の特定の階層のIDを指定し選択的に受信
	アドレス・配置	特開2000-261482	H04L 12/46	アドレス・配置	クライアントはサーバの優先順位テーブルを作成しサーバは接続要求に応じアドレスを設定
10	機密保護 / 不正アクセス・盗聴の防止	特開平11-8625	H04L 12/28	グループ単位での秘匿	グループ識別コードを記憶するメモリ及びグループ識別コード設定スイッチを設ける
		特開2000-59388	H04L 12/28	無線傍受防止	無線通信装置のシリアル番号を基に通信周波数帯域を割り当てる
	接続・認証処理	特開2001-186214	H04L 29/08	処理の簡素化	機器に装備される通信装置に認証データと接続用データを保持する
	情報の保護	特開平11-289584	H04Q 7/38	加入者情報の保護	交換したIDに対応するデータに基づいて個人情報を要求
		特開平11-331937	H04Q 7/38	加入者情報の保護	端末の識別情報と基地局の位置情報をアウトバンド信号から抽出、送信し、蓄積する
		特開2001-60963	H04L 12/54	データの保護	携帯端末とサーバの間の第1通信手段と、通信端末と携帯端末の間の第2通信手段を備える

図2.6.3-1 ソニー保有特許の代表図面

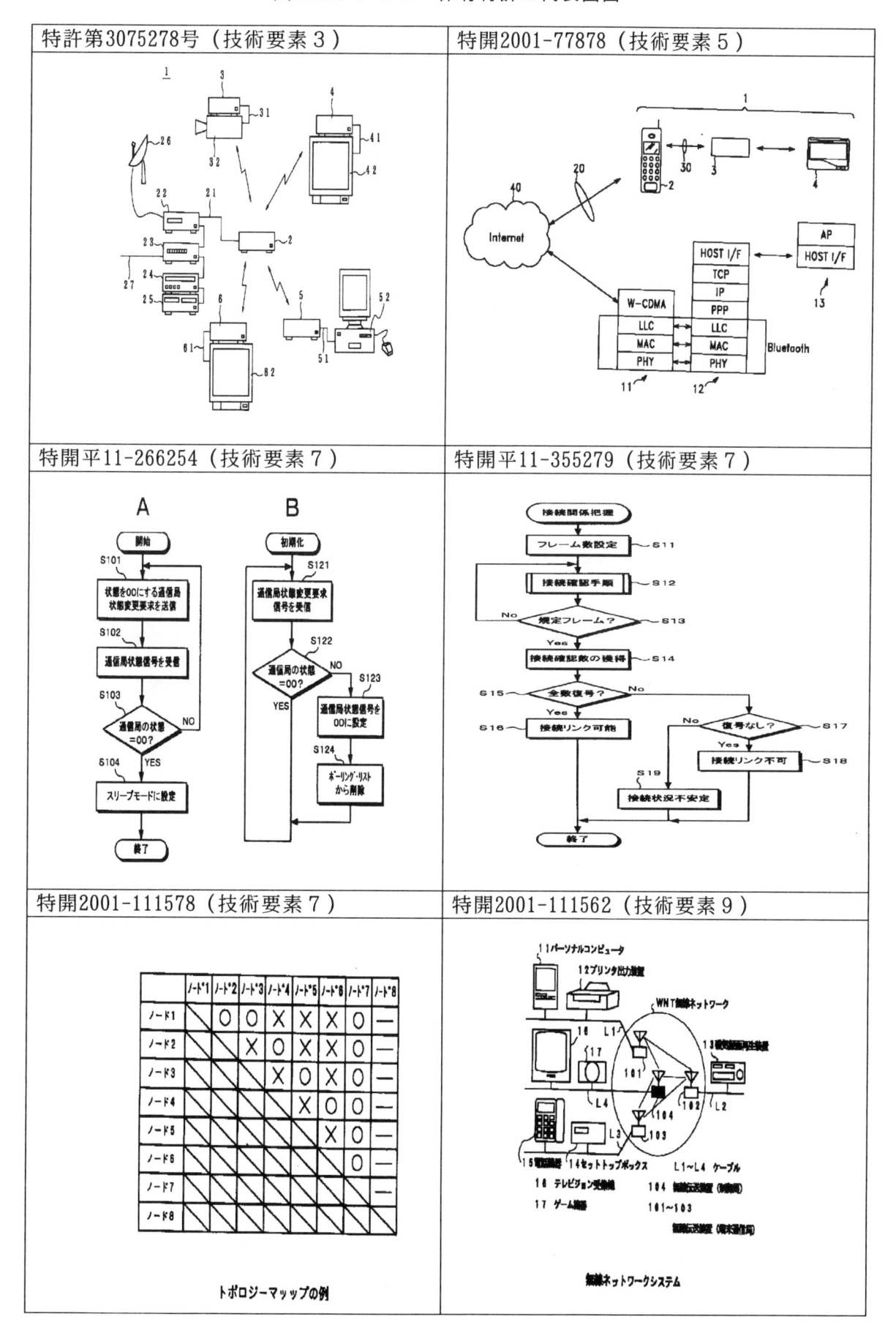

2.6.4 技術開発拠点

表2.6.4-1にソニーの技術開発拠点を示す。

表2.6.4-1 ソニーの技術開発拠点

東京都	本社
東京都	コンピュータサイエンス研究所

2.6.5 研究開発者

図2.6.5-1に出願年に対する発明者数と出願件数の推移を示す。1999年に出願件数は横ばいになっているが、99年まで発明者数は増加している。

図2.6.5-2に発明者数に対する出願件数の推移を示す。1996年から98年にかけて出願件数が増加しており発展期を呈している。

図2.6.5-1 出願年に対する発明者数と出願件数の推移

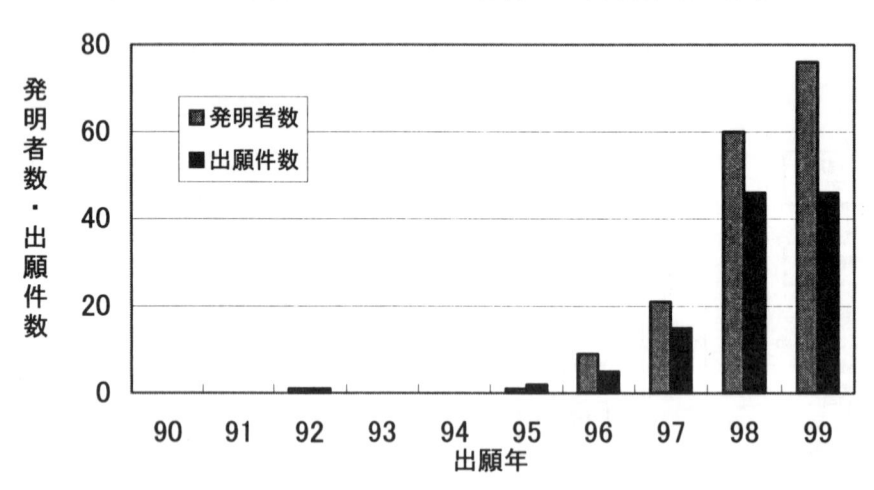

図2.6.5-2 発明者数に対する出願件数の推移

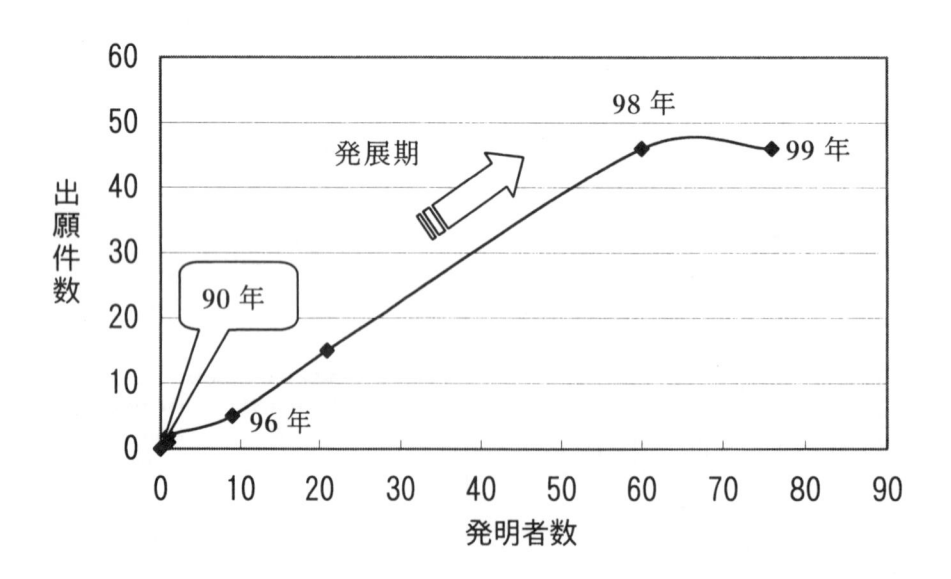

2.7 キヤノン

　キヤノンは、1991年以降に公開された、権利存続中あるいは係属中の特許についてみた場合、10の技術要素の全てにおいて出願している。特に出願件数が多いのは、端局間の接続手順に関する技術要素である。
　出願件数は共同出願も含め96件有るが、このうち、1件が特許登録されている。
　なお、1995年に出願件数、発明者数のピークが見られる。

2.7.1 企業の概要

表2.7.1-1にキヤノンの企業の概要を示す。

表2.7.1-1 キヤノンの企業の概要

1)	商号	キヤノン 株式会社
2)	設立年月	1937年8月
3)	資本金	1,651億4,400万円
4)	従業員	19,697名 (2001年6月現在)
5)	事業内容	事務用機器、光学機器などの開発・製造・販売・サービス
6)	技術・資本提携関係	ー
7)	事業所	本社/東京　工場/玉川、取手、福島他
8)	関連会社	キヤノン販売、キヤノン化成
9)	業績推移	2兆8,262億6,900万円 (1998.3)　2兆6,222億6,500万円 (1999.3)　2兆7,813億300万円 (2000.3)
10)	主要製品	カメラ、コピー機、ファクシミリ、周辺機器、電卓、光学機器
11)	主な取引先	ー
12)	技術移転窓口	ー

2.7.2 無線LAN技術に関する製品・技術

表2.7.2-1に無線LANに関するキヤノンの製品を示す。

表2.7.2-1 キヤノンの無線LAN関連製品

製品	製品名	発売時期	出典
光空間伝送装置	CANOBEAM DT-50	1999年11月	キヤノン プレスリリース 1999.5

2.7.3 技術開発課題対応保有特許の概要

表2.7.3-1にキヤノンの保有特許を、図2.7.3-1に代表図面を示す。

表2.7.3-1 キヤノンの保有特許(1/3)

	技術要素		特許番号	特許分類	課題	概要
1	電波障害対策	伝搬障害対策	特開平 8-288888	H04B 1/713	相互干渉低減	キャリアセンスに引っ掛かった場合は他方式妨害波が存在するとみなし未使用周波数を使用
		環境確保	特開平 9-214505	H04B 12/28	伝搬環境確保	受信状態の評価手段を有し評価結果をアンテナと一体の出力部より出力しアンテナの設置位置を調整 (図)
			特開平 9-148821	H01Q 1/12	障害物影響除去	機器の上部に設置可能な形状のアンテナ支柱台座の具備
		その他	特開2001-77841	H04L 12/46	その他	複数端末及びルーター端末信号を変調し個人用電源配線に供給する変調手段を設ける
2	移動ローミング端末	通信応答性、スループットの改善	特開平 8-32600	H04L 12/28	通信エリアの円滑変更	中継局は無線端末の送信要求受信を確認できた時に保持した周波数チャネルで無線端末からのデータを送信する
3	占有制御	通信性能	特開平 8-37529	H04L 12/28	通信効率	一斉同報データ判別手段、周波数切替手段、一斉同報データ送信手段を有する
			特開平 8-163133	H04L 12/28	通信効率	通信可能な距離にある無線局、中継局の登録と周波数チャネル変更によるデータ通信
			特開平 8-228173	H04B 1/713	通信効率	低速/高速のデータ種別により、1チャネルの帯域幅を変更する
			特開平 8-317466	H04Q 7/38	通信効率	主装置と端末間および端末間での音声情報と制御情報を制御する通信手段をそれぞれ設ける
			特開平 8-331107	H04L 5/16	通信効率	1つのフレーム内に制御情報用タイムスロットと通信情報用タイムスロットを設けることで1チャネルでの通信を可能にする (図)
			特開平 9-116526	H04J 13/04	通信効率	集中制御端末は無線通信端末の割当要求に基づきシステム内で未使用のホッピングパターンを検出すると共に該要求端末へ通知し、このパターンを使用中として登録
			特開平 9-168018	H04L 12/28	通信速度	アクセス制御プロトコルにより共有伝送媒体上のトラヒックを特に良好に制御
		通信障害	特開平 7-336365	H04L 12/28	衝突防止	時間設定、意思表示、キャリア検出、データ送信、キャリア発信停止手段を備える
			特開平 9-168019	H04L 12/28	衝突防止	各装置は媒体上に送信を試みる場合に、集合的なメッセージを受信する都度、予め定められた規則に基づいて送信が可能か否かを判断する
			特開2001-86059	H04B 7/26	衝突防止	接続する呼を構内無線端末へ接続する要求を構内交換機に行う手段を有し、要求を受けた交換機は上記呼を構内無線端末に接続する (図)
			特開平 8-265220	H04B 1/713	通信不能・障害防止	複数の周波数チャネルでのデータ伝送手段と電話機、主装置間通信の周波数切替手段を設ける
			特開平 8-316903	H04B 7/26	通信不能・障害防止	主装置と複数の端末間の情報データを情報通信フィールドにて送受信し、主装置と複数の端末間の制御データを制御通信フィールドにて送受信する
			特開平 9-116562	H04L 12/28	通信不能・障害防止	検出した電波環境に基づき無線端末が集中制御局として動作するか選択
			特開2000-261446	H04L 12/28	干渉防止	他の装置が通信中か否かを示す入力手段により通信中と判断された場合、キャリア検出時と同様送信動作を中断することにより干渉を防止
		システム構成	特開平11-196107	H04L 12/28	設備の簡略化	ホスト装置から各種多様なペリフェラル装置を容易に操作することができるシステム
			特開平10-13440	H04L 12/28	省電力化	ある一定時間制御情報が受信されなければ、システム内に制御局がないと判断し、自らが制御局として立ち上がり、システムを制御する機能を設けた
			特開2000-102078	H04Q 7/38	省電力化	送信すべきデータがない場合に、補間データを間引いて送信する
		通信の品質	特開平 9-200089	H04B 1/713	信頼性向上	ホッピング周波数帯とその帯域数を決定する手段を集中制御局に具備
			特開2001-144782	H04L 12/28	信頼性向上	ローカルインフォメーションレポートの一部を得るための要求を少なくとも1つの周辺局へ送信する、基地局で実行されるステップを含めた
			特開平 7-75143	H04Q 3/52	機能性	複数ポートからの入力多重信号の一部を複数ポートに順次配送、残りを任意のポートに配送するコンセントレータ

78

表2.7.3-1 キヤノンの保有特許(2/3)

	技術要素		特許番号	特許分類	課題	概要
4	端局間の接続手順	通信障害	特開2001-24546	H04B 1/56	衝突対策	信号強度レベルに基づき受信信号の有無を検出する受信レベル検出手段と、装置の使用信号と受信信号間の相関に基づき受信信号の有無を検出する手段を用い、前者で検出された場合に後者で相関を調べる
			特開平7-336363	H04L 12/28	障害対策	複数の周波数チャネルが使用可能な通信装置
			特開平9-98251	H04N 1/00 107	障害対策	ファクシミリ画像受信で有線および無線ファクシミリの使い分けをLANインターフェースを介して正常異常判定をして表示印刷出力する
		通信性能	特開平9-107432	H04N 1/00 107	通信効率化	LAN接続のファクシミリ装置で予め設定した通信情報が得られる
			特開平9-219708	H04L 12/28	通信効率化	使用フレームの音声通信とデータ通信およびシステム制御の3チャネルを分割しデータと音声通信を同時化する
			特開平11-196109	H04L 12/28	通信効率化	回線の種類と回線数を判別する通信構築用集中制御局を設置する
			特開2000-101509	H04B 7/26	通信効率化	無線通信装置にCPU稼働率検出手段と通信速度選択手段を備え、最適な通信速度で通信を行う
			特開2000-174839	H04L 29/06	通信効率化	無線伝送の情報伝達能力を変更するスイッチ手段を備える
			特開平8-265232	H04B 7/00	ネットワーク間接続	公衆回線へのデータ伝送機能と構内での高速データ伝送機能を同時に行う機能
			特開平8-172440	H04L 12/28	アクセス簡略化	利用者が携帯している情報処理装置を用いて利用者情報と位置を検出する手段を設ける
			特開2001-77925	H04M 3/58	アクセス簡略化	構内通信システムにおいて、接続する呼をデータ通信装置へ接続する要求を構内交換機に対して発行する手段を構内無線端末が持ち、構内交換機側には発行された要求の受け取り手段と要求に対応した呼をデータ通信装置へ接続する手段を持つ
		通信品質	特開平8-293980	H04N 1/32	信頼性向上	LAN上の端末がログイン状態に無い場合でも着信拒否を回避
			特開平10-173569	H04B 1/40	信頼性向上	制御信号を無線チャネルを通じて伝送する手段と信号を送る端末を持ち、制御信号に応じて指定された動作を行う無線通信システム
			特許第2947850号	H04L 1/00	信頼性向上	複数ビット受信する毎に受信した変換データと予め決められたデータとを比較しエラーを検出する。(図)
		システム構成	特開平9-172394	H04B 1/713	設備簡略化	無線通信装置間の通信におけるホッピングパターン利用方法の通信制御をおこなう
			特開平11-196028	H04B 1/713	設備簡略化	周波数ホッピングと装置識別により無線通信システムを構築する
			特開2001-24685	H04L 12/46	新規機器設定登録	少くとも1つの表示要素からなり、複数の表示形態を持つ表示画像を送信する被制御装置と、受信と表示を行う制御装置をもち、制御装置は表示レベルに応じ画像の表示形態を変更する
		その他	特開平8-265231	H04B 7/00	その他	無線電話交換システムと無線LANの両システムの導入
			特開平8-293953	H04N 1/00 107	その他	LANに接続されているかによって異なる処理動作を実行する
			特開平9-107202	H01P 1/10	その他	LAN接続のファクシミリ装置にLAN情報をプリントアウトできる
			特開平9-200813	H04Q 3/58 101	その他	電話回線からの着信通知指定で着信通知先がログインしていない場合着信通知代行に着信通知を転送する
			特開平9-305341	G06F 3/12	その他	計算機とアダプタの無線接続とアダプタとプリンタの接続で計算機からプリンタへ初期化信号を送る
			特開平9-326800	H04L 12/28	その他	赤外線通信のIrDA装置利用の通信相手アドレス予想操作により相手発見手順の節約による通信が可能となり、節電もできる
			特開平11-355498	H04N 1/00 107	その他	ネットワークに接続し接続先データから画像を形成し印刷する
			特開2000-196606	H04L 12/28	その他	表示部を備える
			特開2000-196614	H04L 12/28	その他	ファクシミリ端末は無線式メモリラベルからデータを読出し、それをもとに特定動作を行う
5	プロトコル関連	通信性能	特開平11-252124	H04L 12/28	通信効率	送信すべき信号に応じ伝送路へのアクセス制御手段を選択する
			特開2000-152337	H04Q 7/38	通信効率	通信速度変更要求入力手段と内容に応じ、通信速度を選択設定する手段を有する
			特開2000-261468	H04L 12/40	通信効率	異なる接続形態の入力機器の接続手段と接続形態に応じた情報転送方法切換手段を有する
			特開2000-341290	H04L 12/28	通信速度	通信チャネル数変更、チャネル状態判別、チャネル情報通知手段を有する
		通信品質	特開2000-341206	H04B 7/26	信頼性向上	データ量解析、送信可否判別、無線通信確立手段を備える無線通信システム
			特開2001-28639	H04M 11/00 303	機能性	接続する呼を無線電話機に接続する手段を有するデータ通信装置
		システム構成	特開平7-321792	H04L 12/28	作業性	無線回線に送出するパケットにHDLC等の汎用フォーマットを使用可能にする
			特開平9-205432	H04L 12/28	設備の簡略化	伝送媒体へのアクセスを制御するプロトコル動作のためのアドレスを格納するメモリを備える
		通信障害	特開平8-237719	H04Q 7/22	通信不能・障害防止	ISDN通信と無線通信のプロトコル変換を行う
6	誤り制御	伝送効率の向上	特開平7-336366	H04L 12/28	データ種別に応じた対応	リアルタイムデータと非リアルタイムデータでデータ再送処理の有無を制御
			特開平7-336368	H04L 12/28	再送の効率向上	1パケットを複数の符号語から構成し、訂正不能な誤りが発生した符号語のみを再送
			特開平8-256149	H04L 12/28	回線品質変動への対応	エラーレート、回線の状態を計測し、その結果に応じて、フレームのサイズを変更する。(図)
			特開平8-256162	H04L 12/28	回線品質変動への対応	過去の通信履歴から送信先毎にアンテナを切換え、かつエラー再送の場合他のアンテナを使用
			特開平10-143452	G06F 13/00 351	その他	指示情報に応じ端末からの識別情報を受信し、所望の識別情報を指定しデータを送信する
			特開2000-196597	H04L 12/28	その他	送信権確保後、受信確認応答を受信するまで、送信権を継続して確保する
		信頼性の向上	特開平7-336364	H04L 12/28	データの信頼性	データパケット長により誤り訂正符号の符号長を変えたり、符号化するしないを選択する
			特開平7-336367	H04L 12/28	データの信頼性	受信データを一定の長さ毎に誤り訂正符号化し、複数の符号語からなるデータを送出する
			特開平8-316965	H04L 12/28	システムの信頼性	各無線端末毎に主装置と制御情報の通信を行う周波数を割り当てる
			特開平9-8820	H04L 12/28	システムの信頼性	自装置のアドレスを付加したレスポンスを再送する機能を設ける
			特開平9-18481	H04L 12/28	システムの信頼性	端末から受信し登録した識別番号が、所定時間再受信されなかった場合は識別番号を削除
			特開2001-36459	H04B 7/26	システムの信頼性	中継要求を受信すると、一定以上の電池残量がある場合に中継を行う
		その他	特開平10-51460	H04L 12/28	その他	音声とデータを分離し、再構成された音声データ、分離されたデータを別チャネルで送る

表2.7.3-1 キヤノンの保有特許(3/3)

	技術要素		特許番号	特許分類	課題	概要
7	トラフィック制御	トラフィック低減、スループット向上	特開平11-234307	H04L 12/28	トラフィック変動抑止、分散	メッセージ識別子一致でメッセージ送信局識別子が異なる受信では、メッセージ送信コストの低い送信局に送信
			特開平 8-256148	H04L 12/28	スループットの向上	通信トラフィック監視部でLANトラフィックを監視し、多い場合には新規端末登録を見合わせる
			特開平11- 24810	G06F 3/00	通信、データの衝突回避	データ処理装置間の通信に妨害を与えた時、乱数発生による待ち時間を待って通信開始を再試行する
		通信回線の利用率向上	特開平10-200548	H04L 12/28	通信回線の利用率向上	第1、第2の通信経路を有し、第1の通信経路を介さない第2の通信経路を介した第2の通信装置と通信を行う
			特開平11-313088	H04L 12/28	通信回線の利用率向上	各局チャネルへのアクセス要求を判断し、アクセス要求でグループを決定し各グループ内各局にアクセス権割振
			特開平 7-336331	H04L 1/00	通信回線の利用率向上	再送回数や測定されたビット誤り率で回線状況を把握し回線状況で符号化率を変化させる
			特開平 8-228378	H04Q 7/36	通信回線の利用率向上	複数の基地局を共有メモリに接続し端末に通知すべく情報をここに格納して報知信号で参照して端末に通知
			特開平11-261599	H04L 12/28	メッセージ利用で円滑通信実現	ステーションと最終宛先ステーションとの間に経路の存在を指示するメッセージを中間ステーションに送信
		チャネル割当適正化、処理時間短縮	特開平 8- 23563	H04Q 7/22	チャネル割当要求の回数低減	移動端末固有の割付データで複数スロットの内の特定スロットに割付登録し特定端末の特定スロット使用を優先
		その他	特開2000-101580	H04L 12/28	サービス、通信品質向上及び消費電力低減	送るべき送信データ無い場合、データ伝送速度を許容できる再低速に落とし電力をこの速度に対応させる
8	同期	通信性能	特開平 8- 18575	H04L 12/28	通信効率の向上	パケットの切れ目を利用して周波数の周期を簡単に確保する
			特開2000- 82990	H04B 7/26	通信効率の向上	切換要求メッセージを送り、移動局を基地局として動作させる
		通信障害	特開平 9-233106	H04L 12/28	衝突防止	他の通信装置と衝突を起こすことなく伝送媒体にアクセス可能とする
			特開2000-295449	H04N 1/32	通信不能・干渉防止	ファクシミリ装置が移動中であるかを検出し、移動中か否かにより通信制御を変える
			特開2001- 24630	H04L 7/08	通信不能・干渉防止	クロック・パルスを表す情報を情報フレームに挿入して送信し、受信側のクロック・パルス情報と比較して同期させる
		システム構成	特開2000-293477	G06F 13/12 330	操作性・作業性の改善	ステータス発生手段、下流側受信手段、ステータス有無判定手段、送信データ選択手段、タイミング信号発生手段及び上流側送信手段を備える
		時刻・位置管理	特開平11-355277	H04L 12/28	時刻・時間の同期	受信データの時間間隔を計測し、それを無線フレームに組み込んで送信する（図）
9	優先制御	通信の確保	特開平 9-186705	H04L 12/28	品質の確保	通信手段は伝送媒体へのアクセス優先レベルを指定され伝送要求に従って優先レベルを更新
		優先順位の制御	特開平10- 84307	H04B 7/24	順位の決定、衝突の防止	発信側及び着信側とで各種データを出す際の送信優先順位を決める機能を具備した
			特開平 8- 70307	H04L 12/28	順位通り処理	送信データの優先順位に応じて他の通信装置からの送信要求を検知する時間を設定
		その他	特開2000-295238	H04L 12/28	その他	下流側装置への送信を予め設定された優先順位に従うよう制御するワイヤレス通信装置
			特開2001-204065	H04Q 7/36	その他	端末機から受信すべき無線データをデジタル公衆回線に送信するか否かによってスロット数を制御
10	機密保護	接続・認証処理	特開2001-218272	H04Q 7/38	安全・確実な認証	端末に接続されている記憶媒体に対して通信相手がリモートでユーザベリファイを行う

図2.7.3-1 キヤノン保有特許の代表図面

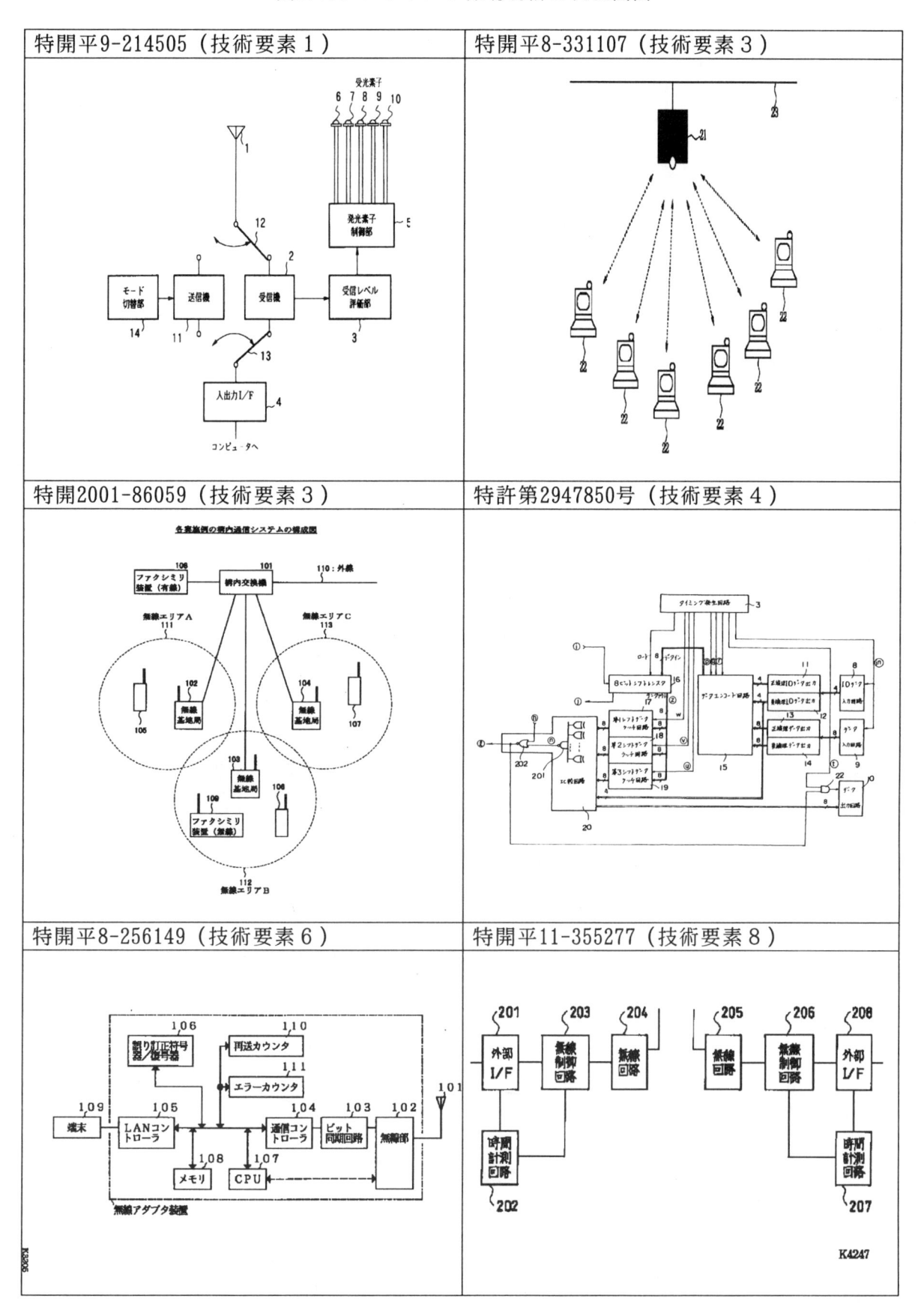

2.7.4 技術開発拠点

表2.7.4-1にキヤノンの技術開発拠点を示す。

表2.7.4-1 キヤノンの技術開発拠点

東京都	本社
フランス	－(＊)

(＊) 特許公報に事業所名の記載なし。

2.7.5 研究開発者

図2.7.5-1に出願年に対する発明者数と出願件数の推移を示す。1995年に発明者数、出願件数のピークが見られるが、その後減少しており、98年から再び増加傾向が見られる。

図2.7.5-2に発明者数に対する出願件数の推移を示す。1993年から94年にかけて出願件数が急増し発展期を呈している。95年までは緩やかな増加が見られるが、95年から97年にかけては出願件数、発明者数の減少が見られるが、その後、緩やかに回復している。

図2.7.5-1 出願年に対する発明者数と出願件数の推移

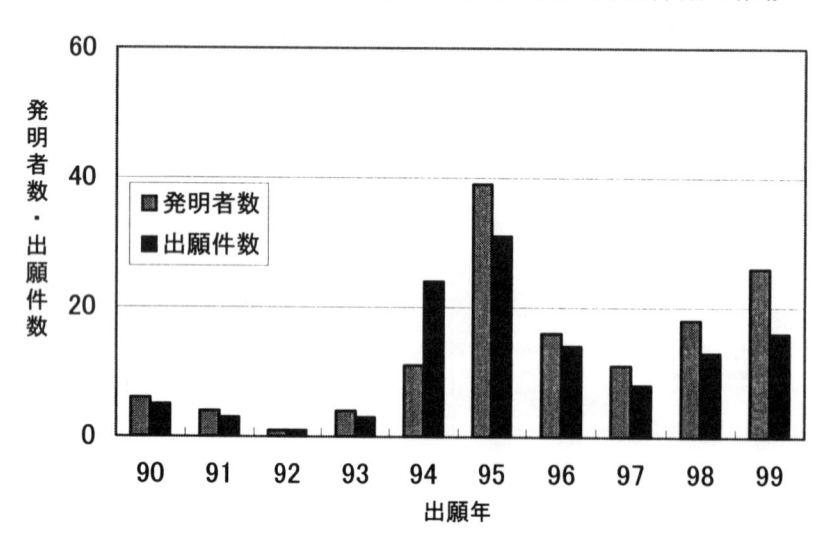

図2.7.5-2 発明者数に対する出願件数の推移

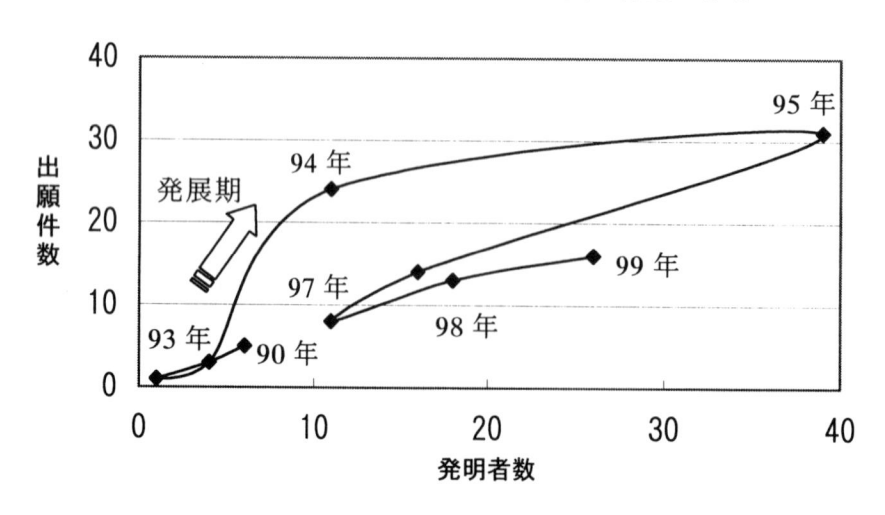

2.8 日立製作所

　日立製作所は、1991年以降に公開された、権利存続中あるいは係属中の特許についてみた場合、技術要素10を除く全ての技術分野において出願している。特に出願件数が多いのは、端局間の接続手順に関する技術要素である。
　出願件数は共同出願も含めて82件有るが、このうち、4件が特許登録されている。
　なお、1999年に出願件数、発明者数のピークが見られる。

2.8.1 企業の概要

　表2.8.1-1に日立製作所の企業の概要を示す。

表2.8.1-1 日立製作所の企業の概要

1)	商号	株式会社 日立製作所
2)	設立年月	1920年2月
3)	資本金	2,817億5,500万円
4)	従業員	55,916名（2001年9月現在）
5)	事業内容	パソコン、AV機器、電子デバイス、電化製品、電力システムなどの開発・製造・販売・サービス
6)	技術・資本提携関係	－
7)	事業所	本社/東京　支社/関西、横浜
8)	関連会社	日立ハイテクノロジーズ、日立キャピタル、日立アジア他
9)	業績推移	7兆9,773億7,400万円（1999.3）　8兆12億30万円（2000.3）　8兆4,169億8,200万円（2001.3）
10)	主要製品	AV機器,パソコン、メインフレーム、ストレージ、エレベータ、半導体、発電システム、システムソリューション
11)	主な取引先	－
12)	技術移転窓口	知的財産権本部ライセンス第一部　TEL 03-3212-1111

2.8.2 無線LAN技術に関する製品・技術

表2.8.2-1に無線LANに関する日立製作所の製品を示す。

表2.8.2-1 日立製作所の無線LAN関連製品

製品	製品名	発売時期	出典
アクセスポイント、PCカード	PC-HT4843、HT4840-30	―	http://www.hitachi.co.jp/Prod/comp/OSD/pc/periphe/spec/ht48030.htm
アクセスポイント、PCカード	PC-CN3100、3200	2000年7月	http://www.hitachi.co.jp/Prod/comp/pc/periphe/spec/radiolan.htm

2.8.3 技術開発課題対応保有特許の概要

表2.8.3-1に日立製作所の保有特許を、図2.8.3-1に代表図面を示す。

表2.8.3-1 日立製作所の保有特許(1/3)

	技術要素		特許番号	特許分類		課題	概要
1	電波障害対策	伝搬障害対策	特開平10- 23392	H04N	7/18	相互干渉低減	微弱電波にて指向性アンテナを用いた送受信
			特開平10-276124	H04B	7/10	フェージング	送信側に異なる指向性を持つ複数アンテナを備え通信相手毎に最適なアンテナを選択
		環境確保	特開平 8-214363	H04Q	7/36	伝搬環境確保	電波未到達領域の算出により到達難易度を計算し難易度が最小になるよう基地局配置を選択
2	移動端末ローミング	通信応答性、スループットの改善	特開2001- 16253	H04L	12/56	基地局と移動局間でのスループット向上	TCPセグメントの示すTCPコネクションを切断する指示セグメントを作成しIP網に送信する
			特開2001- 16629	H04Q	7/22	通信の応答性改善	車両内の基地局に管理テーブル設け、このテーブル参照で移動局が通信接続している基地局を特定する
			特開2001- 60297	G08G	1/09	通信の応答性改善	移動局の受信手段を2チャンネル同時受信形とする。(受信する無線チャンネル切換えをしない)
		高速ローミング	特開平 8-242483	H04Q	7/36	ハンドオーバ簡単、高速化	ネットワーク接続装置と複数の無線基地局間、または複数の無線基地局相互間を制御信号線で接続する
			特開2000-286898	H04L	12/66	ハンドオーバ簡単、高速化	多重分離装置から受信したセルをヘッダ情報に基づき信号処理装置に転送し、装置間でセルヘッダに基づき転送
			特開平 8- 9455	H04Q	7/36	通信エリアの円滑変更	主基地局から他基地局にホッピングを示す情報を送り他基地局はこの情報で自セル内フレームの周波数をホップ
			特開平 8- 97821	H04L	12/28	通信エリアの円滑変更	電波が到達できない2つの無線ステーション間で通信する時、相互通信できる1つ以上のステーションを媒介
		移動局側処理改善	特開平10- 4337	H03J	7/18	移動局への必要情報提供	移動局内メモリに無線放送局の周波数とエリアを記憶し受信可能な無線放送局を探索して受信する
			特開2001-204062	H04Q	7/34	移動局への必要情報提供	基地局からの経路を示した地図データを含む経路指示データを、移動局が更新しながら受けとる
		その他	特開2000- 32047	H04L	12/56	ユーザへのサービス提供向上	接続要求でPHSにアクセスし、PHSが取得している一般電話市外局番を得この情報から低料金ポイント選択
			特開2001- 16227	H04L	12/28	その他	バッファメモリ部から読み出されたATMセルの合成又はコピーを行うための合成/コピー処理部を設けた
3	占有制御	通信性能	特開平 8-265358	H04L	12/46	通信効率	無線LAN領域内の無線端末装置宛の情報フレームの受信時、識別情報が記憶されている無線端末装置宛の情報フレームのみを中継送信するようにした
			特開平 9- 55742	H04L	12/28	通信効率	院内に無線LAN送受信機を設置し、各患者の保持する携帯情報端末と交信することにより患者の動きに同期した情報処理を行う
		通信障害	特許第2956837号	H04B	7/212	衝突防止	端末局よりスロット付ランダムアクセス方式で送信される予約パケットまたは緊急データパケットが衝突なくセンタ局で正しく受信されるまでの時間を短縮する (図)
			特開平 8-298687	H04Q	7/38	通信不能・障害防止	状況に応じて、基地局として動作すべき無線通信装置が自動的に決まるようにしておくことにより、システム管理者が基地局を予め設定しなくても済むシステム
			特開平 9-162864	H04L	12/28	通信不能・障害防止	受信信号と基準レベルとを比較することにより伝送路上の信号有無を検知
			特開2000-59372	H04L	12/28	通信不能・障害防止	1つのセル内に1つのみのマスタアクセスポイントが存在するように制御するための競合処理手段を備えた
			特開平 8-139723	H04L	12/28	干渉防止	一つのマスター基地局を決定し、各局にホッピング開始周波数を割り当てる
			特開平 9-275401	H04L	12/28	干渉防止	各基地局が使用するホッピング系列、ホッピング開始周波数を基地局間の位置関係をもとにマスタ基地局において一元管理することによりセル間の干渉を最小とする
		システム構成	特開平 6-326685	H04J	13/00	設備の簡略化	情報データと制御データを別個に変調し、同じ帯域で伝送する
			特開平10-112724	H04L	12/46	設備の簡略化	メディアターミナルとLANにより接続された画像と音声を再生する複数個の表示部とを有する家庭内AV-LANシステム
			特開平11-298494	H04L	12/28	作業性	複数のコントローラは他と異なるシーケンスを使用し、機器本体は拡散された無線信号受信手段、前記シーケンスに対する逆拡散手段、その出力信号を復調する手段を備えた
		通信の品質	特開2001- 14594	G08G	1/13	信頼性向上	基地局管理装置内で固有の識別情報をもつ基地局装置識別情報記憶手段を設け、管理装置に各識別情報を比較検討する識別情報管理手段を設けた

表2.8.3-1 日立製作所の保有特許(2/3)

技術要素		特許番号	特許分類	課題	概要
4 端局間の接続手順	通信障害	特開2001-16232	H04L 12/28	衝突対策	送信データの存在を示すアラートとして特定直交符号を基地局側に送信し、受けた基地局は信号に該符号が含まれた場合、該符号に該当する情報と該端末の基地局へのデータ転送スケジュールとを該端末に返信、端末側はこれに基づき計画実行の可否を判断する
		特開2001-16258	H04L 12/56	通信経路確保	宛先アドレス対応でルーチング情報を定義した第1メモリと、送信元アドレスと宛先アドレスの組合せに対応してヘッダ処理規則を定義した第2メモリと、処理規則に従ってパケット変換・出力ポートへの送出を行う手段を持つ
	通信性能	特開平10-56673	H04Q 7/38	通信効率化	外部とのデータ入出力可能な情報処理装置とデータ通信可能な無線通信機のシステム
		特開2000-78665	H04Q 7/38	通信効率化	情報端末装置に微弱電波送受信回路等を設け、ローカル通信機能を持たせる
		特開2001-177564	H04L 12/56	通信効率化	端末移動管理機能を有し、無線アクセスネットワークと接読するルータをマルチキャスタルータとして配置する
		特開2000-244582	H04L 12/66	ネットワーク間接続	各網間を接続し、固定長のパケットを非同期で交換する
		特開2000-299689	H04L 12/28	ネットワーク間接続	変換テーブルを備え、ATMセルのペイロード内容を把握し通信情報、制御信号の種類ごとに分離多重する
	通信品質	特開平10-98469	H04L 12/28	信頼性向上	無線エリア内の無線端末から自端末の存在フレームを定期的に送信し無線端末間での通信の可否を把握
		特開平10-155007	H04L 29/06	信頼性向上	サーバ装置に通信端末属性情報管理機能を備え通信の属性を認識し管理する
		特開2000-13470	H04L 29/14	信頼性向上	データ通信インターフェース回路に信号レベル検知器を設置し、自動的にインターフェース回路を切替える
		特開2000-134219	H04L 12/28	信頼性向上	既知局がミニスロットの一つを端末局に割当て、割当てたことを全端末に通知する
	その他	特開平9-54895	G08G 1/09	その他	端末の現在位置検出情報からホストが有する位置に関連の情報を提供する
		特開平9-204581	G08B 3/00	その他	希望個人メッセージの読み取り・記憶・制御・表示構成の通知システムによる機会損失とアミューズメントサイドの各種合理化を可能にする
		特開平9-261739	H04Q 7/38	その他	高速データ通信機能を持ったPDAステーションを設置し、携帯端末からの情報利用
		特開2000-244549	H04L 12/46	その他	ルータ機器に接続機器種別の保持手段と応答手段を持たせる
		特開2000-308154	H04Q 9/00 301	その他	ネットワーク構成手段を製造業者間で共通化すべく、機器コードや家庭コードを付加し中継変換器を設置する
		特開2001-16654	H04Q 7/38	その他	移動局装置の利用者識別情報入力手段から利用者を識別する情報を入力、路・車間通信手段を用いて基地局装置に出力、基地局では更に基地局管理装置に出力して利用者識別情報を監視し締め毎に課金システムに報告する
		特開2001-45048	H04L 12/54	その他	複数の移動体の監視依頼を受付け登録する手段と、以下の処理ステップ(依頼内容に基づき各移動体の状態情報取得を並列に指示、指示に従い取得された各移動体の状態情報を受信、監視結果の該当分を各依頼元に応答)を持つ
		特開2001-74479	G01C 21/00	その他	車載ナビゲーション装置に、施設に関するデータの受信手段、受信した施設データの解析手段、地図データの記憶手段、現在位置の算定手段、記憶された地図データを読出す手段、施設・現在位置を含む地図データの合成手段と結果の表示手段を持つ
5 プロトコル関連	通信性能	特開2000-286900	H04L 12/66	通信効率	固定長パケットを非同期交換するATMスイッチを備える
	通信品質	特開2000-138970	H04Q 7/38	情報収集性	プロトコル変換装置で無線アクセスシステム上の端末信号に変換された状態として転送する
	システム構成	特開平5-327720	H04L 12/28	設備簡略化	移動端末とルータ間に置かれた中継装置でフレーム中継動作を行う
		特開平11-355468	H04M 11/00 303	設備簡略化	複数の相手電話番号とインターネットアドレスの関係を管理し、選択、接続を行う
	通信障害	特開平10-313336	H04L 12/46	通信路確保	IPv6で用いるメッセージを移動先のIPv4ネットワークから送信可能にする
		特開平11-68850	H04L 12/66	通信路確保	IPv6、v4両方に従う通信、いずれか一方に従う通信の合成と両者間を移動できる
6 誤り制御	伝送効率の向上	特許第2928579号	H04L 12/18	回線品質変動への対応	回線品質の変化に応じた子局からの応答数及び応答子局数を変化させる(図)
		特許第3196350号	H04M 3/42	その他	受信した着信端末の番号情報を同報送信し、受信した番号情報を収容しているノードのみが応答(図)
		特開平10-39966	G06F 3/00	回線品質変動への対応	通信状態を検出し、検出した通信状態を表示する
		特開平10-164073	H04L 12/28	回線品質変動への対応	当該セル外のフレームの受信成功、失敗のレスポンスを制御端末装置が行う
		特開平10-190669	H04L 12/28	衝突・混信の回避	ポーリングへの各端末局での対応をCSMA/CDの送信抑制の機能の制御により行う
		特開平10-257097	H04L 12/56	回線品質変動への対応	広帯域チャネルを複数の狭帯域チャネルに分割し、それぞれの誤り率を監視する
		特開平10-290228	H04L 12/28	回線品質変動への対応	全ての受信フレームのエラーの有無、送信フレームが正しく送信されたか否かを調べる
		特開平11-220459	H04L 1/00	再送の効率向上	送信エラーがあった場合、送信フレームを短いフレームに分割して送信する
		特開平11-324155	H04L 12/46	再送の効率向上	ネットワークの状況に応じてマルチキャストグループの構成を動的に制御する
		特開2001-136178	H04L 12/28	回線品質変動への対応	複数の経路について回線状態を調査し、良好な経路を判別し、使用経路に決定する
	信頼性の向上	特開平8-8957	H04L 12/46	データの信頼性	中継装置として仮想ディスクサーバを配置し、伝送速度に応じた中継送受信処理を行う
		特開平10-173668	H04L 12/28	システムの信頼性	同報通信などのように、確認応答を行わない時、送信側は同一フレームを複数回送信する
	その他	特開平11-68753	H04L 12/28	その他	光送受信手段をアンテナと連動するように設けた
7 トラフィック制御	トラフィック低減、スループット向上	特開平11-225361	H04Q 7/22	トラフィック変動抑止、分散	主装置が基地局にトラフィック状況で基地局に送信出力制御指示を出し、基地局は指示で自基地局の送信出力制御
		特開2001-86130	H04L 12/28	スループットの向上	バッファデータ量で送信レート抑制要求出し、要求有りで送信レート低下、要求無しで送信レート上昇させる(図)
		特開平11-355281	H04L 12/28	通信システムの伝送率向上	移動通信とIPネット間の接続点を複数設け接続をパケットゲートウェイで行い複数のIPサブネットを構成
	通信回線の利用率向上	特開平6-168188	G06F 13/00 301	ネットワーク異常の検出、回避	ストローブ信号が所定時間を超えて有効レベルになったら対応するホストコンピュータの異常を検出する
		特開2000-295276	H04L 12/56	ネットワーク異常の検出、回避	トラフィック制御装置はトラフィ量情報、通信品質情報等で下り方向のパケット転送フロー制御パラメータ決定
		特開2001-117678	G06F 1/30	ネットワーク異常の検出、回避	配信装置から送信された情報を元に環境設定する機能と電力線ネットに新たに接続した事を通知する端末
	その他	特開平6-261043	H04L 12/28	その他	基地局は移動端末の管理用DBと認証用DBを照合し、認証用DBに既登録の端末のみ管理用DB登録許可

表2.8.3-1 日立製作所の保有特許(3/3)

	技術要素	特許番号	特許分類	課題	概要
8	同期	通信性能	特許第3047767号	H04L 12/28	通信効率の向上	主基地局装置のホッピングタイミングから生成した同期用フレームにより、主基地局装置及び従基地局装置のホッピング制御を行う（図）
		通信障害	特開平 8-204615	H04B 17/13	衝突防止	基地局同士を有線LANで接続し、互いに同期がとれるようにする
			特開平 9-247161	H04L 12/28	通信不能・干渉防止	各基地局は移動局に対して同期実行時間の同期予告情報送信手段を備える
		システム構成	特開平 6-311160	H04L 12/28	省電力	フレームの先頭でそのフレームで伝送されるデータの宛先を一括して表示する
		時刻・位置管理	特開平 7-170283	H04L 12/44	時刻・時間の同期	伝送路遅延、局内遅延がある場合でも、スレーブ局時刻をマスタ局基準時刻に一致させる
			特開2000-216804	*H04L 12/46	時刻・時間の同期	無線制御交換機の設定する日付・時刻を全ての無線子機が受信して補正する
9	優先制御	通信の確保	特開平10-247914	H04L 12/28	経路の選択、伝送効率の向上	端末局は順位決定手段にて受信局群内にある自局の優先順位を決定し一位の場合中継して送信
			特開2001- 24707	H04L 12/56	経路の選択、伝送効率の向上	利用情報の種類や性質に応じて決まる遅延特性や到達性からなる伝達特性に優先度を設定（図）
		優先順位の制御	特開2000-125361	H04Q 7/38	順位の決定、衝突の防止	移動端末が応答制御パケットで指定された伝送チャネル上のタイムスロットで送受信を行う
		資源の確保	特開平10-210571	H04Q 9/00 311	チャネル確保、周波数対応	親局から送信された優先順位の情報に従って子局は順に所定周波数で収集情報をブロードキャスト
			特開2000-224231	H04L 12/56	チャネル確保、周波数対応	基地局がパケット毎に優先度を定め高優先パケットに対しより早くより長くチャネルを割り当て

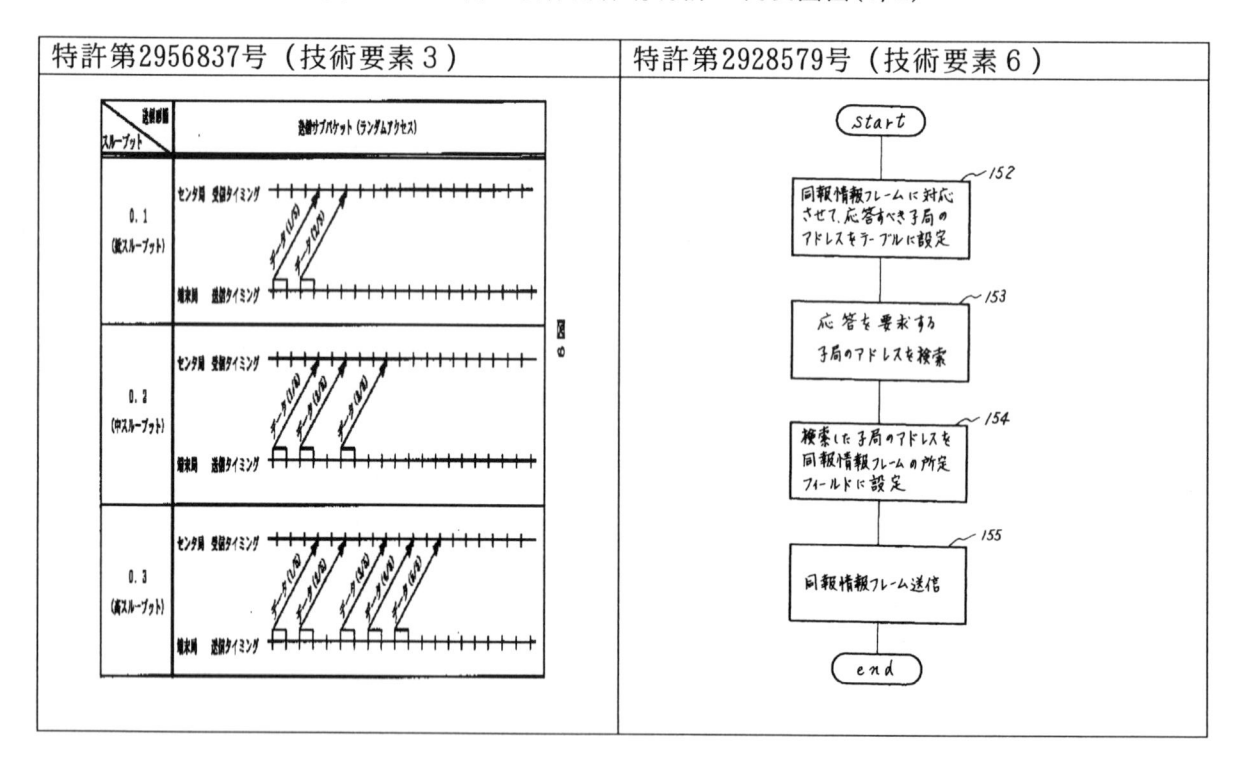

図2.8.3-1 日立製作所保有特許の代表図面(1/2)

図2.8.3-1 日立製作所保有特許の代表図面(2/2)

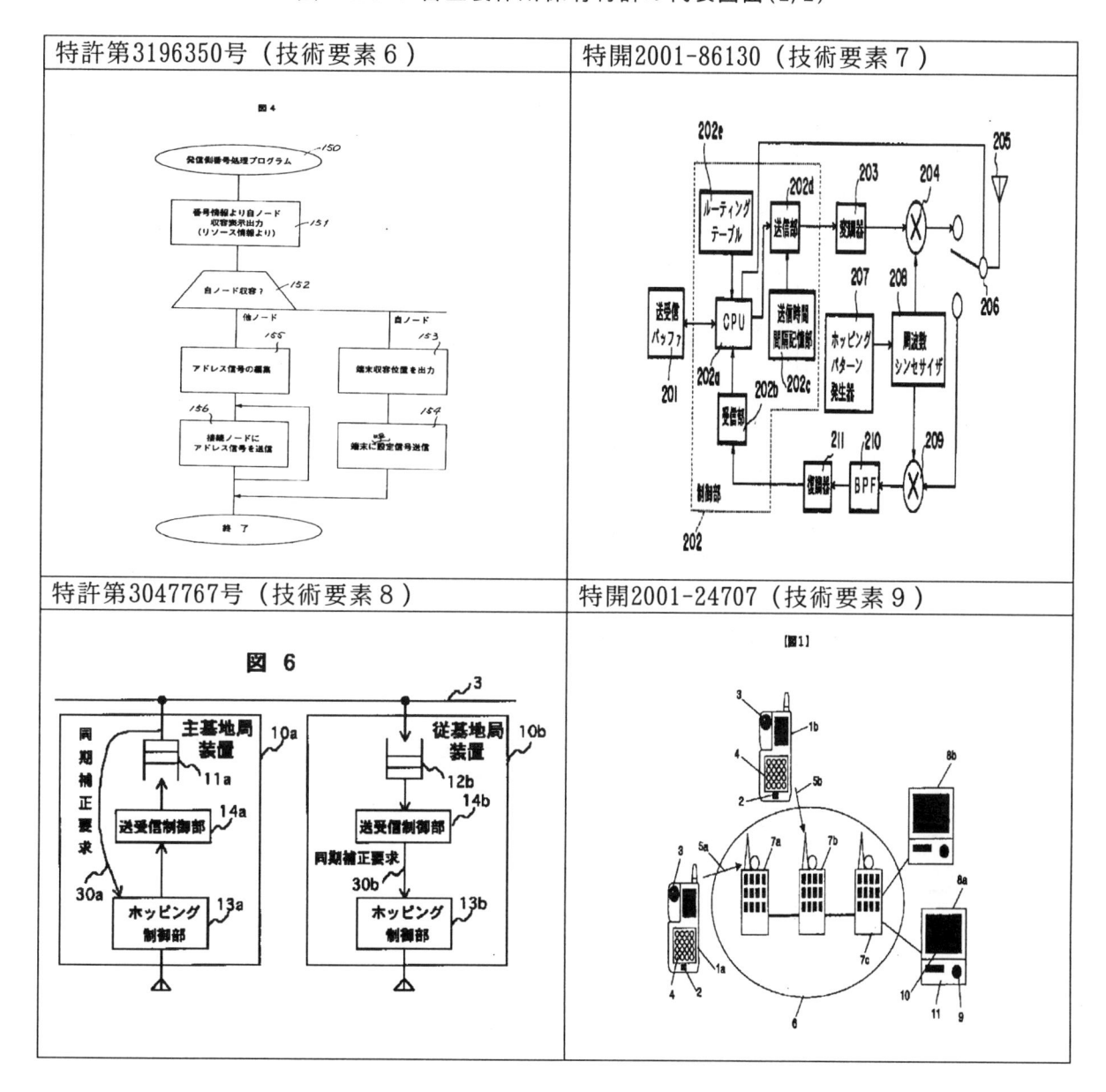

特許第3196350号（技術要素6）	特開2001-86130（技術要素7）
特許第3047767号（技術要素8）	特開2001-24707（技術要素9）

2.8.4 技術開発拠点

表2.8.4-1に日立製作所の技術開発拠点を示す。

表2.8.4-1 日立製作所の技術開発拠点

東京都	本社
東京都	中央研究所
東京都	マイコンシステム
東京都	デザイン研究所
東京都	デバイス開発センタ
東京都	半導体事業部
東京都	システム事業部
東京都	公共情報事業部
神奈川県	システム開発研究所
神奈川県	マルチメディアシステム開発本部
神奈川県	情報・通信開発本部
神奈川県	通信システム事業本部
神奈川県	映像メディア研究所
神奈川県	情報システム事業部
神奈川県	ＡＶ機器事業部
神奈川県	デジタルメディア開発本部
神奈川県	情報通信事業部
神奈川県	オフィスシステム事業部
神奈川県	映像情報メディア事業部
神奈川県	日立通信システム
神奈川県	戸塚工場
神奈川県	日立コンピュータエンジニアリング
神奈川県	日立プロセスコンピュータエンジニアリング
茨城県	日立研究所
茨城県	機械研究所
茨城県	電化機器事業部多賀本部
茨城県	自動車機器グループ
茨城県	大みか事業所
茨城県	大みか工場
茨城県	水戸工場
茨城県	映像情報メディア事業部
愛知県	旭工場
愛知県	日立旭エレクトロニクス

2.8.5 研究開発者

　図2.8.5-1に出願年に対する発明者数と出願件数の推移を示す。1997年に発明者数、出願件数が若干減少しているが、98年から回復している。
　図2.8.5-2に発明者数に対する出願件数の推移を示す。全体的に発展期を呈している。

図2.8.5-1 出願年に対する発明者数と出願件数の推移

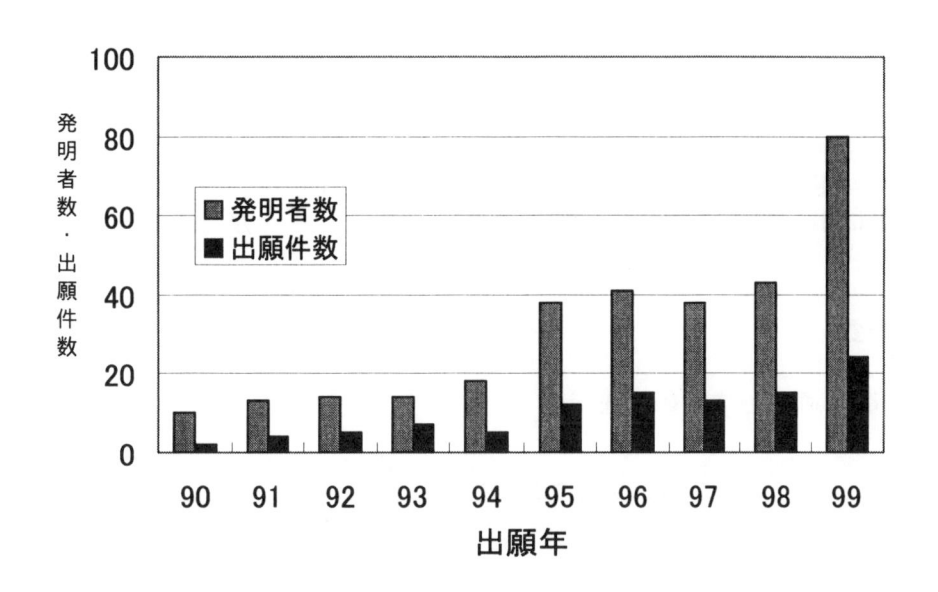

図2.8.5-2 発明者数に対する出願件数の推移

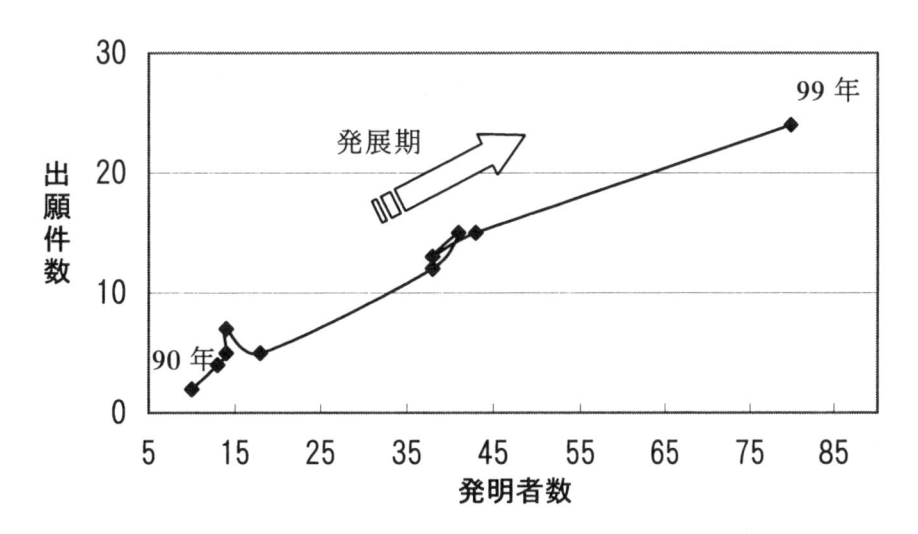

2.9 富士通

　富士通は、1991年以降に公開された、権利存続中あるいは係属中の特許についてみた場合、10の技術要素の全てにおいて出願している。特に出願件数が多いのは、端局間の接続手順に関する技術要素である。
　出願件数は共同出願も含め70件有るが、このうち、5件が特許登録されている。
　なお、1995年に出願件数の、また、98年に発明者数のピークが見られる。

2.9.1 企業の概要

表2.9.1-1に富士通の企業の概要を示す。

表2.9.1-1 富士通の企業の概要

1)	商号	富士通 株式会社
2)	設立年月	1935年6月
3)	資本金	3,149億2,100万円
4)	従業員	41,396名（2001年9月現在）
5)	事業内容	パソコン、通信機器、電子デバイス、ソフトウェアなどの開発・製造・販売・サービス
6)	技術・資本提携関係	－
7)	事業所	本社/東京　本店/川崎　工場/沼津、会津、小山他
8)	関連会社	富士通ビジネスシステム、Fsas
9)	業績推移	5兆2,429億8,600万円（1999.3）　5兆2,551億200万円（2000.3）　5兆4,844億2,600万円（2001.3）
10)	主要製品	パソコン、周辺機器、携帯電話、サーバ、ストレージ、ソフトウェア、ルータ、半導体
11)	主な取引先	－
12)	技術移転窓口	法務・知的財産権本部渉外部特許渉外部　TEL 044-777-1111

2.9.2 無線LAN技術に関する製品・技術

無線LANに関する富士通の製品は見当たらなかった。

2.9.3 技術開発課題対応保有特許の概要

表2.9.3-1に富士通の保有特許を、図2.9.3-1に代表図面を示す。

表2.9.3-1 富士通の保有特許(1/2)

	技術要素		特許番号	特許分類	課題	概要
1	電波対策障害	環境確保	特開平 8-265321	H04L 12/28	障害物影響除去	所定の中継端末に中継依頼を送信し中継可の応答を受けた場合に発呼又は送信を試行
		ノイズ対策	特開平 9- 64827	H04B 15/02	他機器からの妨害対策	電子レンジのマグネトロンの停止半サイクルを検出しその間に無線伝送を行う
		その他	特開平10- 13419	H04L 12/28	その他	受信強度レベル及び規定時間によるデータ受信の制御
			特開平11-196091	H04L 12/28	その他	基地局と交信不可の場合端末内蔵の通信制御部により他端末からデータをダウンロード
2	移動端末ローミング	高速ローミング	特開平 8-191305	H04L 12/28	通信エリアの円滑変更	移動局は定期的に親局のアドレスをテーブルで受信し、新たな接続必要時にはテーブル内の親局に接続依頼
			特開平11- 68765	H04L 12/28	通信エリアの円滑変更	利用可能なリソース情報を管理する手段と、リソース内容をネットワークに送信する手段を備える
			特開2000-244566	H04L 12/56	パケットの確実送信、転送	位置サーバは、一時的に保存した着ノードアドレスを使って、後続パケットを着ノードに直接転送する
		移動局側処理改善	特開平 7-307971	H04Q 7/22	移動局の電力低減	移動局に基地局毎の受信電界強度などを登録したテーブルを備え、テーブルから最適通信相手の基地局を選択
3	占有制御	通信性能	特許第2798782号	H04L 12/46	通信効率	親局間通信を経て、子局の空きタイムスロットに識別コード送出する (図)
			特開平 8- 8912	H04L 12/28	通信効率	親機、中継機、子機の通信周波数を単一とし、時分割と出力タイマーにより制御する
			特開平 9-231149	G06F 13/00 351	通信効率	計算機に対して対計算機インタフェースを有し、無線装置に対しては計算機の対無線装置インタフェースを備え、与えられた状況に応じて自律的に動作可能なエージェントを配置
			特開平 9-284254	H04J 13/04	高速通信	第1の受信手段で受信された複数の変調波は、そのまま送信手段により伝送方向に沿って隣接する子局へ送信され、途中の変復調のない中継が行われる
		通信障害	特開平 7-336352	H04L 12/28	衝突防止	有線LANに接続した親局を介して子局同士或いは子局と有線LAN端末機が無線通信を行う
			特開平10- 84343	H04L 12/28	衝突防止	バッファメモリの蓄積状況に応じアクセスポイントの無線伝送路へのアクセス権を確保
			特開平11-289338	H04L 12/28	衝突防止	衝突検出手段がデータフレームの衝突を検出したら基地局は該当端末にあてて衝突通知フレームを送出する
			特開2000- 13400	H04L 12/28	衝突防止	他の無線端末装置からのキャリアを検出しない時に、待機時間経過後に自端末からの通信データを送出する
			特開平 9-135247	H04L 12/28	通信不能・障害防止	送信先との回線接続が不可能なことを認識した際に、センタとの回線接続に切替え送信
			特開平 8-181695	H04L 12/28	干渉防止	LAN制御部、アンテナ、無線部、信号検出部を持つ親局とバックボーンLAN,基幹ケーブル、セル、子局
		システム構成	特公平 8- 28711	H04L 12/28	設備の簡略化	複数種類の情報を要求処理速度に応じた頻度で組み合わせポーリング方式で伝達
			特開平11- 88346	H04L 12/28	設備の簡略化	簡易な構成で、複数の情報処理装置を簡単に接続できる情報通信装置
		通信の品質	特開平11-252080	H04L 12/28	信頼性向上	伝送情報が復元される時点に先行して経過した時間と、後続する伝送情報を含むフレームの送信の遅延が許容される最大の時間を示す閾値を比較し通知する判定促進手段を備えた
			特許第3143256号	H04B 1/707	機能性	PN符号の排他的論理和回路と多数決論理手段と位相変調手段から構成する (図)
4	端局間の接続手順	通信障害	特開2000- 69555	H04Q 7/38	衝突対策	基地局に受信手段と応答情報送信手段、端末装置に応答情報受信手段と送信手段をそなえる
			特開平 9-128335	G06F 15/00 310	障害対策	一方向の無線通信で第1、第2の処理装置に所定の情報を送り、第1の処理装置に表示された情報資源を第2の情報処理装置に再度表示させる
			特開2001-189724	H04L 12/14	障害対策	送信側無線基地局で課金情報を正常に通知できない場合、受信側に無線で通知し受信側から外部に通知する
			特許第3063319号	H04L 12/40	通信経路確保	監視局は観測局との伝播経路が連続した雑音で受信できないと経路を変えてデータを収集する (図)
		通信性能	特開平 8-256153	H04L 12/28	通信効率化	隣接セルで重複して同一チャネルを顧客に割り当てない
			特開平 9- 83538	H04L 12/28	通信効率化	ICメモリーカード形状で接続可能コネクタを有するLAN回路内蔵のアンテナ収納IOカード形状とする
			特開平10-261980	H04B 1/713	通信効率化	無線LANの有無を検索して周波数ホッピングのパターンと時刻を探る
			特開平11-127267	H04M 11/00 303	通信効率化	基地局から基地局情報を得て近接アクセス局を検索接続する
			特開2000-341756	H04Q 7/38	通信効率化	メッセージを登録・送信する発信装置と、メッセージを格納・通知する中継装置からなるシステムの提供
			特開2000-124904	H04L 12/28	通信効率化	デージィチェイン接続の経路を経由して外部のノードとの通信を仲介する送受信部を備えた
			特開2001- 25061	H04Q 7/38	通信効率化	各基地局に傘下のエリア情報をCA単位で持たせ、ある基地局に発信端末から接続要求があったときには基地局間で宛先端末のエリア情報を交換し、要求端末に通知する
			特開平 8-331150	H04L 12/28	ネットワーク間接続	サブネットワークに移動させる場合,移動前のアドレスを変更せずに使用可能にする

表2.9.3-1 富士通の保有特許(2/2)

	技術要素		特許番号	特許分類	課題	概要
4	端局間の接続手順	通信品質	特開平 6- 97872	H04B 7/26 109	信頼性向上	携帯無線装置に音声出力装置を接続し無線でこの装置を働かせる
			特開2000-222060	G06F 1/04	信頼性向上	現在使用されていない回路を停止する手段を備える
			特開平 8-195754	H04L 12/28	時間削減	ビーコン信号を受信するする度に移動局のスタンバイ時間を長く設定する
		その他	特開平 8-256371	H04Q 7/34	その他	通信網の端末機と登録IDに対応したアクセス番号を使用して相互に情報を交換
			特開平 8-265433	H04M 3/42	その他	携帯する通信端末に対応する内線番号を有効とする通話制御
			特開2000- 59533	H04M 11/08	その他	予め固定局に入力された情報をユーザの移動局が固定局に接近または接触することにより通知する
			特開2000-124985	H04M 1/27	その他	パソコンから電話帳データをインターネット上のセンタを介して携帯電話などに送信して登録する
5	関連プロトコル	通信品質	特開平11-252182	H04L 12/66	情報収集性	端末所在位置とアドレス情報を対応付け、コアネットワークに端末を収容する
		システム構成	特開2001- 77924	H04M 3/56	機能性	2つ以上の端末手段と受信情報解釈装置と端末手段と接続する主端末手段を設ける
			特開2001-168942	H04L 29/06	設備の簡略化	第1, 2の送受信ドライバとプロトコル組み立て取り外し部を備える
		通信障害	特開平10- 98474	H04L 12/28	衝突防止	乱数と送信伝送時間と同程度の固定のバックオフ時間の乗算で待ち時間を設定する
		その他	特開平11-175896	G08G 1/16	その他	交差点での衝突防止方法
6	誤り制御	伝送効率の向上	特開平 7-312602	H04L 12/28	衝突・混信の回避	全端末と通信できる位置に送信権制御装置を設け、送信権制御装置が送信権を管理する
			特開平 9-191311	H04L 12/28	回線品質変動への対応	エラーの程度による品質判定部と、品質判定結果に基づいた受信感度の自動調整
			特開平10- 32586	H04L 12/28	回線品質変動の回避	より低速の複数の伝送路で送信し、かつ付加的な冗長系伝送路を用いて遮断データを補償
			特開平11-127479	H04Q 7/38	衝突・品質変動の回避	CSMA/CDで、遅延時間に対応したダミービットを付加し、パケット長を補正
		信頼性の向上	特開平 8-237317	H04L 27/14	データの信頼性	周波数の差に応じたオフセット電圧を検出し、検波信号よりオフセット電圧を減算する
			特開平 9-135246	H04L 12/28	データの信頼性	スタートビットに判定データを多重化し、受信側で判定データを用いスタートビットを検出
			特開平11- 68759	H04L 12/28	データの信頼性	子局にアレイ・アンテナを採用し、給電位相を変化させ指向特性の方向を検索する
			特開2000-278303	H04L 124/37	システムの信頼性	障害検出時の閉塞情報により、加入者装置は無線回線を待ち受け局との間に切替え設定する
7	トラフィック制御	トラフィック低減、スループット向上	特開2000-299703	H04L 12/56	パケット集中送信、転送の回避	回線終端部内にショートパケットのみ多重化して転送するデータ転送制御手段を備える
			特開2001-177555	H04L 12/46	パケット集中送信、転送の回避	通信前に使用帯域を予測し予約可能と予約不可帯域との比率を変え、通信時に比率を元に戻して増加帯域を得る
		通信回線の利用率向上	特開2000- 22707	H04L 12/28	通信システムの伝送効率向上	基地局はセルを受信するとセルのヘッダに格納されている割当パターンで自装置宛てのデータを抽出する
			特開平 8-195749	H04L 12/28	ネットワーク異常の検出、回避	障害を検出し、障害発生個所を判別してこの結果に応じて適切な復旧処理を行う復旧手段を備えた
			特開2001-197114	H04L 12/56	ネットワーク異常の検出、回避	ループ発生を判断しこれに基づきフレーム処理部が受信フレームを送信せずに破棄する
		チャネル割当適正化、処理時間短縮	特開平11- 69441	H04Q 7/38	チャネル割当要求の回数低減	ポーリング指示と同時に制御ビット送信し、移動局はタイマ時間内で制御ビットがポーリングOK時に応答する
			特開平11-252640	H04Q 7/36	チャネル割当要求の回数低減	無線チャネル数の最大値を読出し、割当て無線チャネル数が最大値を超えない範囲まで移動局にチャネルを割当
			特開平11-266484	H04Q 7/38	チャネル割当要求の回数低減	付随制御チャネルアドレスフィールドでグループ通信を行う複数移動局のうちの特定移動局を後発の呼びで着信
		その他	特開平11-234170	H04B 1/707	その他	バッファを階層的拡散符号に対応させ階層的構造とし伝送レートに対応させて領域割当と階層的拡散符号割当
			特開2001- 28591	H04L 12/28	その他	基地局からの無線単位時間に発生する一連の複数のATMセルの先頭に識別子と品質を表す情報を設定
8	同期	通信性能	特許第2514287号	H04L 12/28	通信効率の向上	データ送信の前に他の装置の送信を禁止する送信禁止コードを送信し、データ送信が終了した後に他の装置の送信禁止を解除する送信禁止解除コードを送信する（図）
			特開平 7-336342	H04Q 70/27	通信効率の向上	複数の準準信号から受信信号の同期タイミングに最も近い位相を持つものを選択する
			特開2000-209642	H04Q 7/34	通信効率の向上	最大受信レベルの無線基地局との同期を同期制御手段でとる
9	優先制御	通信の確保	特開平11-340986	H04L 12/28	経路の選択、伝送効率の向上	優先度が設定されている複数のバッファに対し優先度の高い順にデータ送信する
		資源の確保	特開平 9-162798	H04B 7/26	省電力化	間欠電源投入型移動局に対し受信可能期間中に他局に優先してデータを送信する
10	機密保護	接続・認証処理	特開平10-173711	H04L 12/66	安全・確実な認証	接続先アドレスを一元管理し、メディアの認証を自動的に行う

図2.9.3-1 富士通保有特許の代表図面

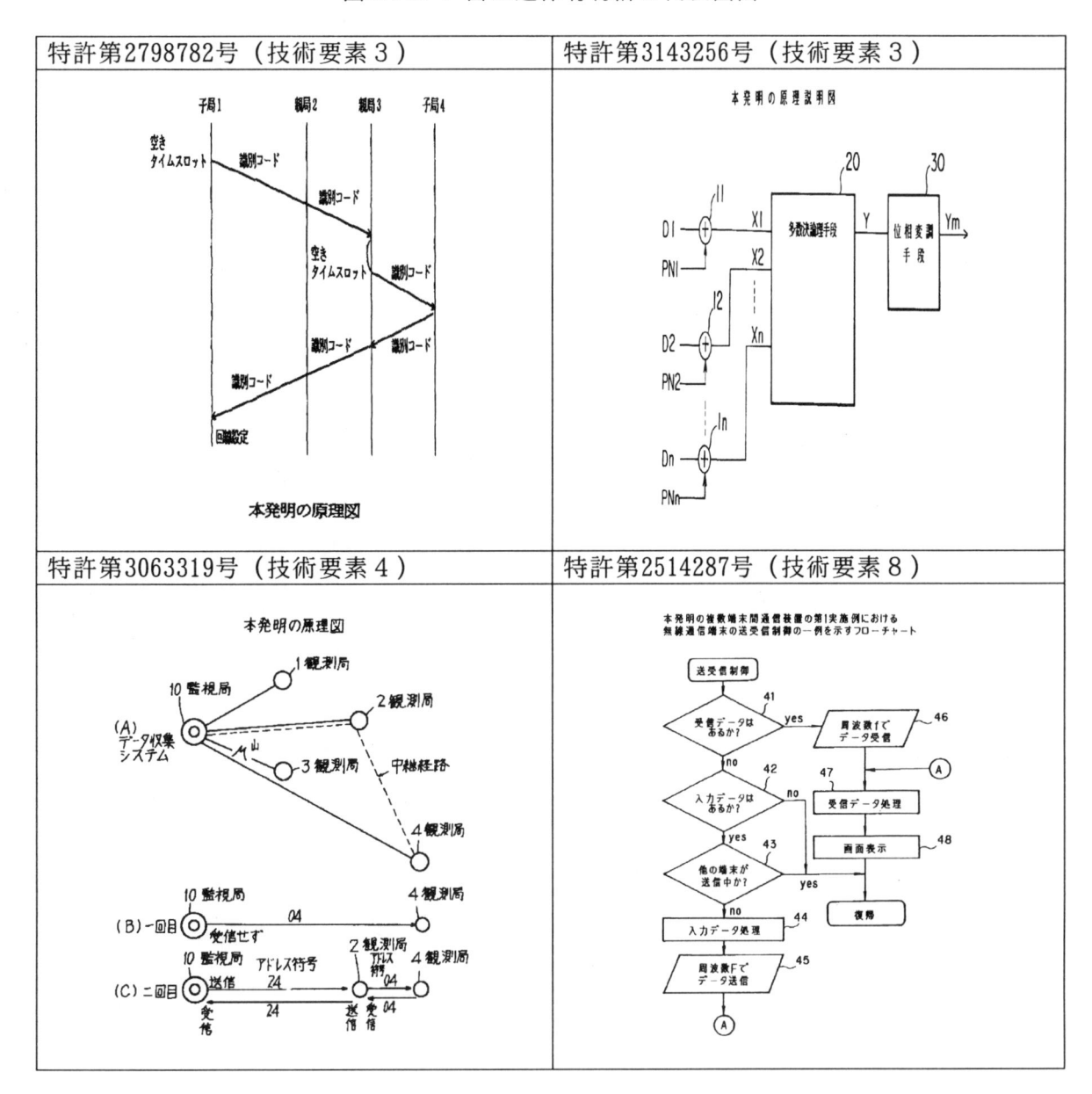

2.9.4 技術開発拠点

表2.9.4-1に富士通の技術開発拠点を示す。

表2.9.4-1 富士通の技術開発拠点

神奈川県	本店
神奈川県	ネットワークエンジニアリング
神奈川県	プログラム技研
大阪府	－(*)
宮城県	－(*)
愛知県	名古屋通信システム
福岡県	九州通信システム
熊本県	南九州システムエンジニアリング

(*) 特許公報に事業所名の記載なし。

2.9.5 研究開発者

図2.9.5-1に出願年に対する発明者数と出願件数の推移を示す。1995年と98年に発明者数が増加している。出願件数は、95年以降ほぼ横ばいといえる。

図2.9.5-2に発明者数に対する出願件数の推移を示す。1993年から95年にかけて出願件数が増加しており発展期を呈しているが、95年から96年は出願件数が減少している。

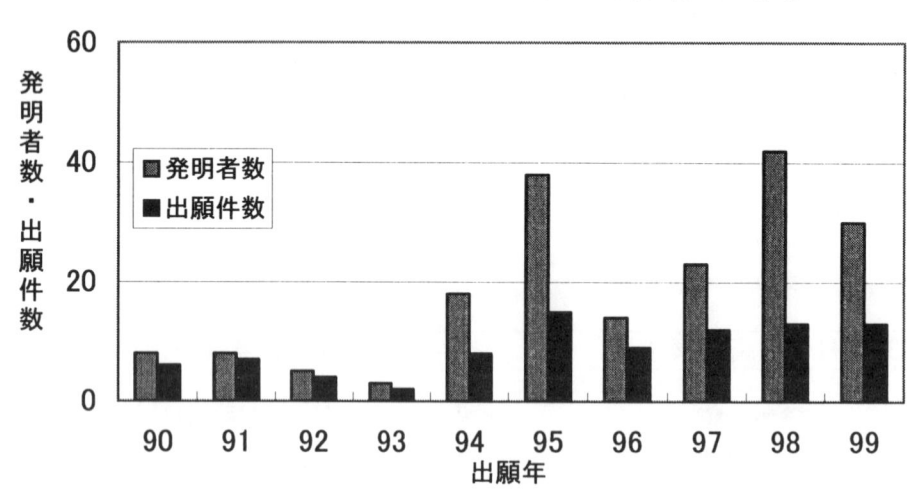

図2.9.5-1 出願年に対する発明者数と出願件数の推移

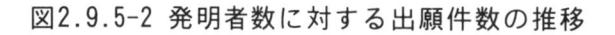

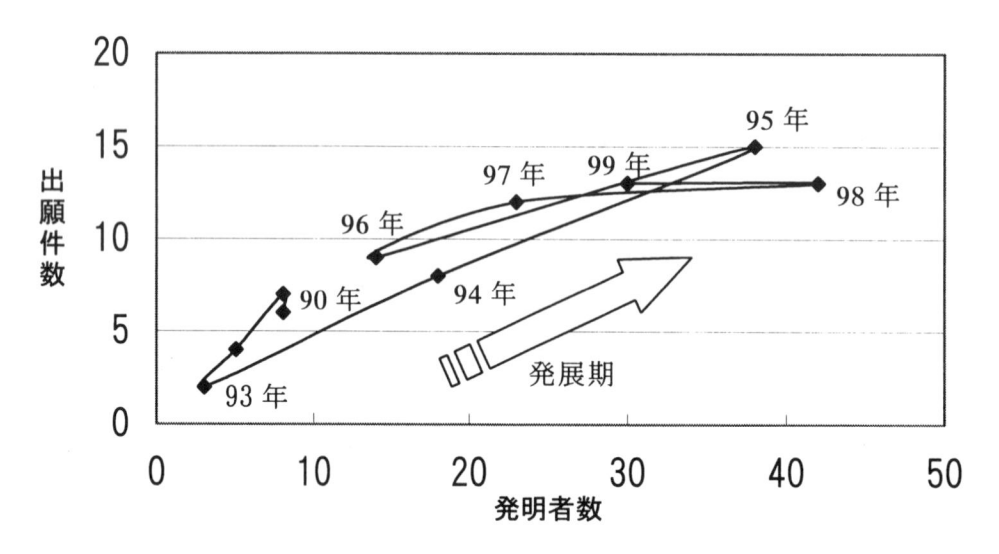

図2.9.5-2 発明者数に対する出願件数の推移

2.10 ルーセント テクノロジーズ

　ルーセント テクノロジーズは、1991年以降に公開された、権利存続中あるいは係属中の特許についてみた場合、10の技術要素の全てにおいて出願している。特に出願件数が多いのは、トラフィック制御に関する技術要素である。
　出願件数は共同出願も含め80件有るが、このうち、3件が特許登録されている。
　なお、1999年に出願件数、発明者数のピークが見られる。

2.10.1 企業の概要

表2.10.1-1にルーセント テクノロジーズの企業の概要を示す。

表2.10.1-1 ルーセント テクノロジーズの企業の概要

1)	商号	ルーセント テクノロジーズ
2)	設立年月	1996年9月
3)	資本金	－
4)	従業員	77,000名（2001年9月現在）
5)	事業内容	通信機器、回線サービス技術、電子デバイス、半導体などの開発・製造・販売・サービス
6)	技術・資本提携関係	－
7)	事業所	本社/米国NJ
8)	関連会社	－
9)	業績推移	21,300万＄（2001）
10)	主要製品	アクセスインターフェースユニット、ルータ、スイッチングソリューションズ、ソフトウェア
11)	主な取引先	－
12)	技術移転窓口	－

2.10.2 無線LAN技術に関する製品・技術

表2.10.2-1に無線LANに関するルーセント テクノロジーズの製品を示す。

表2.10.2-1 ルーセント テクノロジーズの無線LAN関連製品

製品	製品名	発売時期	出典
アクセスポイント、PCカード	WaveLAN	1998年7月	http://www1.harenet.ne.jp/~hiharada/plink/pl51.htm
アクセスポイント、PCカード	WaveLAN TURBO	1999年5月	同上
アクセスポイント、PCカード	WaveLAN TURBO11Mb	1999年12月	http://www.smx.co.jp/wavelan/

2.10.3 技術開発課題対応保有特許の概要

表2.10.3-1にルーセントテクノロジーズの保有特許を、図2.10.3-1に代表図面を示す。

表2.10.3-1 ルーセント テクノロジーズの保有特許(1/2)

	技術要素		特許番号	特許分類	課題	概要
1	電波障害対策	伝搬障害対策	特開平 6- 29982	H04L 12/28	相互干渉低減	信号標本の最大値を決定し相応する時刻に回復したクロック信号を与える
		環境確保	特開平11-164354	H04Q 7/36	伝搬環境確保	無線伝搬モデルを用いてある基地局からの床面全般の伝搬強度を予測し基地局を設置
2	移動端末ローミング	通信応答性、スループットの改善	特開2001- 36942	H04Q 7/22	通信の応答性改善	基地局で逆方向リンクデータフレームを受信し、逆方向リンクデータをデータ選択部分に送信しフレーム決定
			特開2001- 45573	H04Q 7/38	通信の応答性改善	FSD機能部で順方向データを受信し、これを基地局に送信し、基地局で順方向データを送信するか決定する
		高速ローミング	特開平 6-237251	H04L 12/28 310	ハンドオーバ簡単化、高速化	第1から第2ベース局へのハンドオーバ決定で無線局から第1ベース局にリクエスト送りデータベース更新
			特開平11-275156	H04L 12/66	ハンドオーバ簡単化、高速化	登録エージェントは、エンドシステムからホームインターワーキング機能を通じてメッセージを結合する
			特開平11-284666	H04L 12/66	パケットの確実送信、転送	第2アクセスポイントが第1アクセスハブにリンクした時、第1アクセスポイントと第1アクセスハブ間を切断
			特開平11-275155	H04L 12/66	メッセージの確実転送、送信	フォーリン基地局中のフォーリンアクセスハブの第1サービスインターワーキング機能でメッセージを転送する
		その他	特開2001-103072	H04L 12/28	ユーザへのサービス提供向上	加入者が要求したサービス用に仮想的なホーム環境を提供する
			特開2000-209233	H04L 12/28	その他	データネットワークに接続された地上局への高速データリンクを介して互いに接続された複数個の航空機
3	占有制御	通信性能	特開2001-203633	H04B 7/26	通信効率	制御ユニットにより各電話機が各ポーリング・サイクルに2回、その1回は第2の予備アップリンク・チャネルの識別ID及びそのチャネルに対するタイム・スロットを伴う
			特開2001-211483	H04Q 7/38	通信効率	基地局の送信機およびサテライト局の受信機はすべて同じダウンリンクチャネルに同調
			特開平 6- 29979	H04L 12/28 307	高速通信	トランシーバ装置、通信制御装置、アンテナスイッチング装置、同期装置を含むLANステーション
			特許第3136309号	H04L 12/28	高速通信	アナログ/デジタル変換、相関器、積分器兼格納、ピーク値決定、総和値決定、スパイク品質決定、キャリヤ検出装置を含むLANステーション（図）
			特開平 6- 29978	H04L 12/28 307	衝突防止	メモリ装置、通信制御装置、トランシーバ装置、信号発生装置を含むLANステーション
		通信障害	特開平 6-177884	H04L 12/28 307	衝突防止	開始メッセージ、応答メッセージとその受信がないときの信号送信する段階を含む無線LAN制御
			特開2000-228787	H04Q 7/38	通信不能・障害防止	アクセスチャネル構造内に1つのみでなく複数のアクセスバースト長さをサポートするための方法及び装置を提供
		通信の品質	特開平11-261623	H04L 12/46	信頼性向上	バースト性のソースは1つのパケットが空のキューに到着したときは常に、将来の送信のためにバンド幅を予約するためのチャネル・アクセス・パケットを送信する
4	端局間の接続手順	通信障害	特開平 7-312597	H04L 12/28 303	衝突対策	通信チャネル上で送信する複数の無線局を有する無線LAN
			特開平11-163897	H04L 12/28	衝突対策	二つのしきい値を持つ信号により媒体アクセス制御をする
			特開平11-150755	H04Q 7/36	障害対策	屋外無線系のDCA実行中に屋内無線系使用スペクトルを使用しない
		通信性能	特開平10-209920	H04B 1/707	通信効率化	スペクトラム拡散技術を用い符号位置変調波形を生成する
			特開平10-215281	H04L 12/56	通信効率化	メッセージを受信していない指示の場合のみ送信メッセージを選択的に中継する
			特開2000-286894	H04L 12/56	通信効率化	データパケットを受信し、ライトウエイトIPカプセル化に従って到来するデータパケットをフォーマット化する
			特開2000-349832	H04L 12/66	通信効率化	データセッションセットアップパケットを送信するために回線交換リンクを使用する
			特開2001- 95035	H04Q 7/22	通信効率化	移動局は、第1と第2のシステム間で共通ルーティングエリアを移動するが、パケットの伝送もルーティングエリアの交信も行わない
			特開2001-203646	H04B 17/00	通信効率化	逆方向リンク信号に対する順方向リンク信号応答に含まれる信号品質パラメーターに基づき位置決めする
			特開平 9-233100	H04L 12/28	アクセス簡略化	無線ローカルループシステム用装置に呼処理/音声符号化、モデム無線送受信、ユニットベースバンド接続機能を持たせる
			特開2000-215169	G06F 15/00 330	アクセス簡略化	無線端末の位置を決定し、その位置と関連するデータへのアクセスを与える

表2.10.3-1 ルーセント テクノロジーズの保有特許(2/2)

	技術要素		特許番号	特許分類	課題	概　要
4	端局間の接続手順	通信品質	特開2001-36973	H04Q 7/38	信頼性向上	受信した警報メッセージを検出する装置と、検出内容に応じユーザへの会話プロンプトの表示とユーザ入力の受付と通信ネットワーク素子へのメッセージ転送をする手段と、ユーザ入力を通信チャネルと互換の変調信号に変換する手段を持つ
			特開2001-112053	H04Q 7/34	信頼性向上	無線通信システム中のいずれかのセクタ／キャリアが減少したキャパシティで動作している場合、電力制限起因か否かの分離に基地局内すべてのセクタ／キャリア関連コール情報を利用する計算機処理手段を持つ
			特開2001-197547	H04Q 7/34	信頼性向上	無線システム経由の移動局宛データメッセージを管理し移動局が無線システム上で動作している間に引き渡す
		システム構成	特開平6-29981	H04L 12/28 307	無線化	無線送信チャネル上の信号を受信するLANワークステーションの送信制御
		その他	特開平11-191810	H04M 3/42	その他	無線端末の位置情報から専門知識を持つ人を無線により呼出す
			特開平11-234764	H04Q 7/38	その他	ファックスの自動認識とトーン変調回路への自動接続を行う
5	プロトコル関連	通信性能	特開2000-183945	H04L 12/50	通信効率	パケット経路設定アドレスを移動装置の電源入り時割当て、切り時開放する
			特開2000-324178	H04L 12/66	高速通信	移動体ユーザとデータノードの中間点に送信プロトコルプロキシ手段を確立する
		通信品質	特開平10-210053	H04L 12/28	信頼性向上	新たなアクセスポイントを見出す走査開始時にデータ中止信号を生成し伝送を中止する
			特開2000-216827	H04L 12/56	信頼性向上	ホームネットワークにおいて、移動端末のホームネームと割り当てられたIPアドレスを関連付ける
			特開2000-253069	H04L 12/56	信頼性向上	発信元、宛先アドレスを有する修正応答メッセージを外部ネットワークで生成、送出する
			特開2001-86193	H04L 29/08	機能性	発呼受信、情報受信、情報通知、手順応答、接続確立ステップで構成する
			特開2001-103574	H04Q 7/38	信頼性向上	移動加入者局はホーム・エージェントの生成した動的IPアドレス、キーを用い登録する
			特開2001-217853	H04L 12/40	機能性	第1、2無線システムの周波数の一部重なり合い一方のみに伝送する
		システム構成	特開2000-32032	H04L 12/46	設備簡略化	端末を少なくとも2つのインタフェースを介して網に接続する網システム
		通信障害	特開平11-252183	H04L 12/66	通信路確保	PPPサーバ情報はカプセル化され、イーサネット・ワーク経由で送信される
6	誤り制御	伝送効率の向上	特開平11-289351	H04L 12/56	その他	キューの過負荷の検出時、遅延時間が生き残り時間のしきい値を超過のパケットをすてる
			特開2000-78208	H04L 12/66	その他	放送又は同報送信された情報はキャッシュサーバにプッシュされ、必要に応じプルされる
		信頼性の向上	特許第3126406号	H04L 12/28	データの信頼性	第2チャネルで受信した原情報を第1チャネルで再送し、両者を比較し衝突を検出する（図）
			特開平11-168480	H04L 12/28	システムの信頼性	メッセージインメッセージ（MIM）でキャリアが検出された場合、受信機が保持を行う
			特開2001-7764	H04B 7/26 102	データの信頼性	期待される肯定応答の数で送信電力を調節する
		その他	特開2000-49656	H04B 1/59	その他	確認応答のないメッセをランダムに再送
7	トラフィック制御	トラフィック低減、スループット向上	特開2001-69077	H04B 7/26 102	無駄なトラフィック発生を抑制	パラメータの第1品質、サービス目標の第1品質、第2チャネル増分オフセットでダウンリンク送信電力を制御
			特開2000-183974	H04L 12/56	無駄なトラフィック発生を抑制	第1ルータは第2I/Fとデストネーアドレスを関連付けし第1ルータから第1I/Fを介してパケットを転送
			特開平6-104895	H04L 12/28 307	スループットの向上	平均出力レベルが超過しない時に、パケット転送を制御する連続時間間隔の間にパケットを転送する
			特開2001-45574	H04Q 7/38	スループットの向上	第1狭帯域、第2狭帯域リンクでの送信のどちらかで転送されたデータ情報に基づき広帯域でデータ送信
			特開2000-134370	H04M 11/06	パケットの集中送信、転送の回避	受信されたチャネル割当ての各々に応じて、パケットが割り当てられたチャネル上で送信されるかを判断する
			特開平11-289340	H04L 12/28	通信、データの衝突回避	リモートでのキューが空なら現在のパケットを送信、空でないならパケット送信しキューが空になる迄動作継続
		通信回線の利用率向上	特開2000-32059	H04L 12/56	通信回線の利用率向上	サイトアドレスから移動サイトかを判定し判定結果でサイトとの通信を管理する
			特開2000-253068	H04L 12/56	通信回線の利用率向上	移動体ノードホームアドレスをIPパケットヘッダ部から除去し他異種ネットワーク用アドレスに置換し送信（図）
			特開2001-119340	H04B 7/26 101	メッセージ利用で円滑通信実現	メッセージ長さから第1、第2メッセージ有効期間と1セクタのユーザ数を計算し、送信時間をスケジュール
		チャネル割当適正化、処理時間短縮	特開平11-275157	H04L 12/66	チャネル割当要求の回数低減	フォーリンネット内のインターワーキング機能ユニットとホームネット内のインターワーキング機能間にチャネ
			特開2000-125345	H04Q 7/36	チャネル割当要求の回数低減	各セル内で移動局の経路損失が閾値を超えた時セルの各移動局をオーバレイに閾値以下の時アンダーレイに割当
			特開2001-94580	H04L 12/28	チャネル割当要求の回数低減	移動局が希望ネットにいる時のみ第1ネットがページング要求を受信し、第1ネットが共通ネットをページする
			特開2001-77833	H04L 12/28	通信速度、周波数、チャネル等の適正化	現データ搬送速度でタイムスロットを割当、この搬送速度を分析して不適合時にはタイムスロット数を変更する
			特開2000-183973	H04L 12/66	呼びから応答までの処理時間短縮	新外部エージェントを獲得した時、移動装置はホームエージェントに外部エージェントに対応するアドレス通知
		その他	特開平11-289353	H04L 12/66	サービス、通信品質向上及び消費電力低減	ホーム、サービスアカウンティングはインターワーキング機能で転送されたメッセージトラフィックデータ収集
			特開2000-22758	H04L 12/66	サービス、通信品質向上及び消費電力低減	エンド登録AGは登録Sを通じてH登録Sに登録要求送信しH登録SはアクティティブホームワーキNグ機能選択
			特開2001-60958	H04L 12/28	サービス、通信品質向上及び消費電力低減	移動局のプロファイルに基づいて移動局提示のメディアフォーマットで受信したメッセージの要約データを発生
			特開平11-298532	H04L 12/56	その他	基地局はある期間、各コネクションで送信されたバイト数を測定し両方向トラフィックバースト性ファクタ測定
			特開2000-324537	H04Q 7/36	その他	測定位置で受信信号パラメータ値を測定し、所望数のチャネルグループを割当て、この値でグループ境界を確立
8	同期	通信性能	特開平7-50670	H04L 12/28 303	通信効率の向上	非同期トラフィック及び等時性トラフィックに同一の媒体及びトランシーバを共用させる
			特開平10-215205	H04B 17/07	通信効率の向上	位相情報の重み付けされた平均値を計算し、チャネルを検出する
			特開2000-101650	H04L 12/56	信頼性の向上	受信希望時間と実際の受信時間からオフセットを計算し、オフセットを伝送する
		システム構成	特許第3145242号	H04B 7/26	省電力	識別段階で識別されなかった非選択局の操作状態を同報通信段階及び識別段階後に休止状態に変換する段階を設ける（図）
9	優先制御	通信の確保	特開平11-317752	H04L 12/28	経路の選択、伝送効率の向上	基地局は移動局信号に優先権を付与し基地局送信前の移動局の送信確率をアップ
		優先順位の制御	特開平11-289341	H04L 12/28	順位通り処理	基地局が高優先度の新ユーザから接続要求を受けた時低優先度ユーザを切り離して対応
		アドレス・配置	特開平10-303934	H04L 12/28	アドレス・配置	測定に基づくスケジューリング上の望ましい規則性をもつテンプレートを順序設定に使用
			特開平11-289339	H04L 12/28	アドレス・配置	複数のアクセス優先度に編成されたアップリンクフレームに対し衝突しないものを識別許可
			特開平11-298533	H04L 12/56	アドレス・配置	基地局は各リモートからのサービス・タグ値及び利用可能なスロット数に基づき送信を許可
10	保安機密保護	接続・認証処理	特開平11-331276	H04L 12/66	登録・抹消処理	ホーム登録サーバはフォーリン・ネットワークのホストとしての認証を証明するモジュールを含む

図2.10.3-1 ルーセント テクノロジーズ保有特許の代表図面

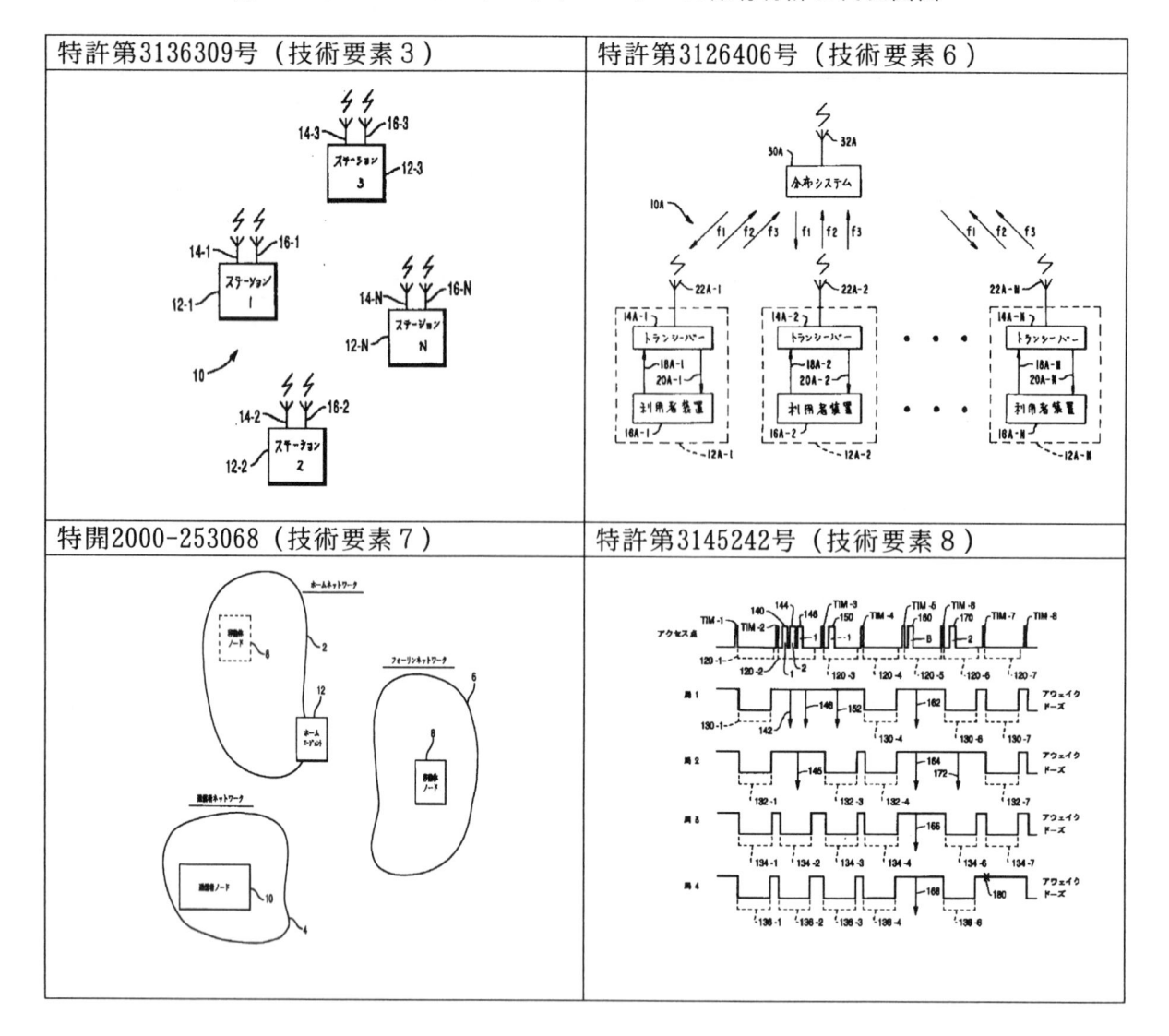

2.10.4 技術開発拠点

表2.10.4-1にルーセント テクノロジーズの開発拠点を示す。

表2.10.4-1 ルーセント テクノロジーズの技術開発拠点

米国	本社
イギリス	-(*)
フランス	-(*)
オランダ	-(*)
マルタ	-(*)

(*)特許公報に事業所名の記載なし。

2.10.5 研究開発者

図2.10.5-1に出願年に対する発明者数と出願件数の推移を示す。1998年に若干の減少があるが、95年から99年にかけて発明者数は増加傾向に有る。

図2.10.5-2に発明者数に対する出願件数の推移を示す。1996年から97年にかけて、出願件数が増加しており発展期を呈している。97年から98年にかけて出願件数が減少するが、98年からは増加している。

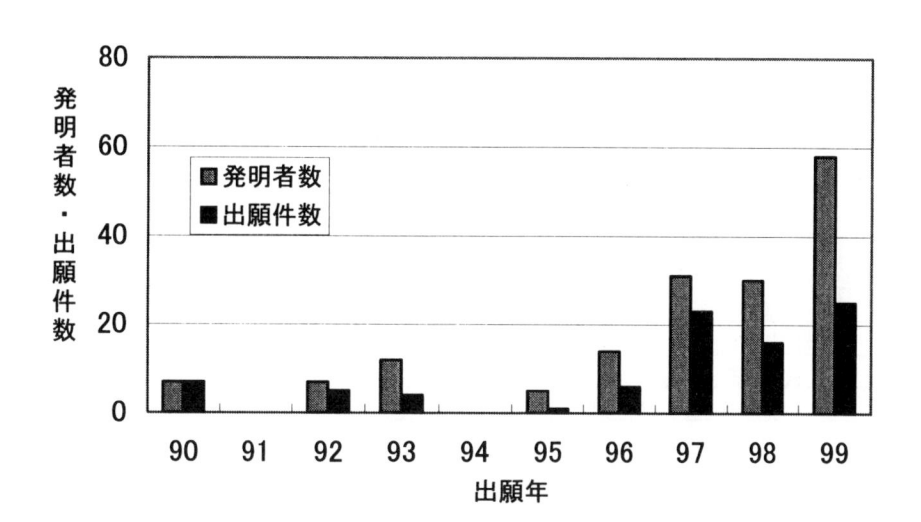

図2.10.5-1 出願年に対する発明者数と出願件数の推移

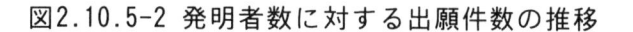

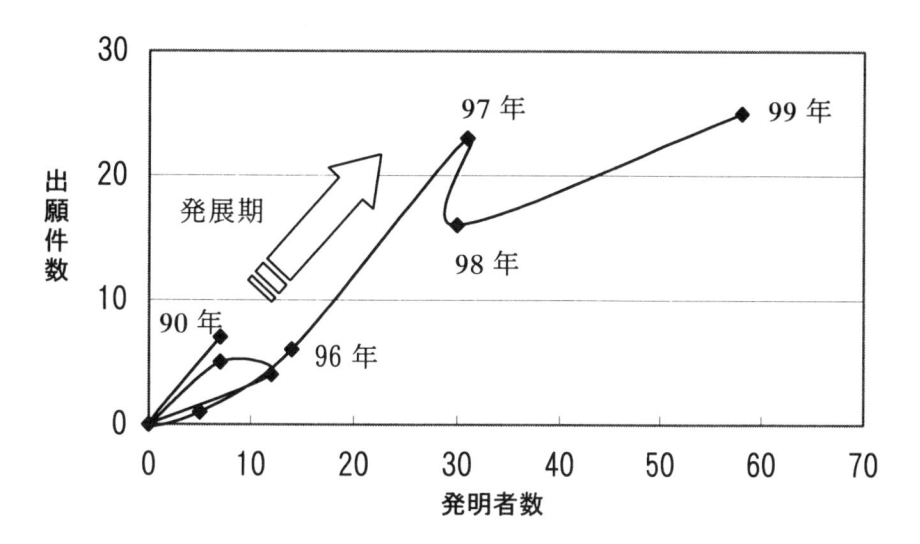

図2.10.5-2 発明者数に対する出願件数の推移

2.11 三菱電機

　三菱電機は、1991年以降に公開された、権利存続中あるいは係属中の特許についてみた場合、10の技術要素の全てにおいて出願している。特に出願件数が多いのは、端局間の接続手順に関する技術要素である。
　出願件数は共同出願も含め56件有るが、このうち、15件が特許登録されている。
　なお、1999年に出願件数、発明者数のピークが見られる。

2.11.1 企業の概要

表2.11.1-1に三菱電機の企業の概要を示す。

表2.11.1-1 三菱電機の企業の概要

1)	商号	三菱電機 株式会社
2)	設立年月	1921年1月
3)	資本金	1,758億2,000万円
4)	従業員	39,073名 (2001年9月現在)
5)	事業内容	通信機器、AV機器、電子デバイス、電化製品などの開発・製造・販売・サービス
6)	技術・資本提携関係	－
7)	事業所	本社/東京　支社/大阪、名古屋、福岡、広島他
8)	関連会社	弘電社、島田理化工業
9)	業績推移	3兆7,940億6,300万円 (1999.3)　3兆7,742億3,000万円 (2000.3)　4兆1,294億9,300万円
10)	主要製品	AV機器、携帯電話、電化製品、サーバ、システムソリューションズ、衛星通信システム、エレベータ
11)	主な取引先	－
12)	技術移転窓口	知的財産渉外部　TEL 03-3218-2134

2.11.2 無線LAN技術に関する製品・技術

無線LANに関する三菱電機の製品は見当たらなかった。

2.11.3 技術開発課題対応保有特許の概要

表2.11.3-1に三菱電機の保有特許を、図2.11.3-1に代表図面を示す。

表2.11.3-1 三菱電機の保有特許(1/2)

	技術要素		特許番号	特許分類	課題	概要
1	電波障害対策	環境確保	特開平8-223172	H04L 12/28	障害物影響除去	無線端末の鉛直上方に複数の中継局を備え中継局同士の通信を用いて端末間通信を行う
2	移動端末ローミング	通信応答性、スループットの改善	特許第2894443号	H04L 12/28	通信の応答性改善	ATMホストがサブネットに移動した時、固定IPアドレスを示すIPパケットをホーム経由でATMに転送
			特許第3080039号	H04Q 7/34	通信の応答性改善	移動局は、基地と移動局間の管理情報を端末に転送し、端末はこれに基づきネットワーク間移動検出し位置登録
		高速ローミング	特開平11-68842	H04L 12/56	パケットの確実送信、転送	IPパケットをカプセル化してIPネットに送出し、受信したカプセル化IPパケットをデカプセル化し再送信
		移動局側処理改善	特開2000-13868	H04Q 7/38	移動局の高精度位置把握	位置の異なる複数のPHS基地局の位置情報で各網接続装置の位置を求めこの位置情報をDBに格納する
3	占有制御	通信性能	特開平9-214506	H04L 12/28	通信効率	周波数帯域を広げずに多数のセッションをより合理的に接続できるデータ伝送方法
			特許第3008853号	H04L 12/28	通信効率	再送に失敗した場合の再再送要求を送信する手段を備え、送信データの欠損を防ぎ、回線を効率的に利用する同報通信システム
			特開平11-234768	H04Q 9/00 311	通信効率	親局は全ての子局に対して、各子局に接続された測定器のテレメータ情報の収集を指示する手段と、指定した子局が収集した情報を親局へ転送指示する手段を設けた
		通信障害	特開2001-136555	H04Q 7/10	衝突防止	送信スロットを音声パケット送信用とデータパケット送信用と区別して選択することで、伝達するデータの種類が異なるパケットどうしの衝突を防止
			特開平11-168466	H04L 12/28	通信不能・障害防止	通信データを送信するタイミングよりも早く送信する早出し量を、基地局及び子局の位置関係より求められるデータの伝搬時間から予め決定しておき、子局に早出し量を設定
			特開平11-289335	H04L 12/28	通信不能・障害防止	他の通信機器と通信中の機器に対して通信中でも割り込んでデータ伝送可能な装置
			特開2000-31994	H04L 12/28	通信不能・障害防止	従属局に迂回用回線を追加し、他の従属局からのポーリングを中継する機能を設けることにより回線切断時でも通信を可能とする
		システム構成	特許第2715742号	H04L 12/28	設備の簡略化	ネットワーク側及び端末側伝送装置間の信号無線伝送LAN（図）
			特開2000-59765	H04N 7/18	設備の簡略化	テレビ装置付携帯端末においてサーバを介して監視対象エリア内状況をモニタする
			特開2000-6738	B60R 16/02 660	作業性	各制御装置が無線通信を行うための無線通信制御手段を備えてなり、無線通信回線によりデータ通信を行う車両内データ伝送システム
4	端局間の接続手順	通信障害	特開平11-205334	H04L 12/28	衝突対策	即答する第一応答信号と不規則に遅延した第二応答信号を送る
			特許第2938846号	H04Q 7/38	通信効率化	無線チャンネルの空きを検出後WACに空きを通知して再着信処理をおこなう（図）
		通信性能	特開2000-188597	H04L 12/28	通信効率化	確率的に選択した送信電力レベルで予約信号を送信する
			特開2000-261399	H04J 3/16	通信効率化	直接受信した通知を基地局に送信することで、基地局は中継用データ送信チャネルを省略する
			特開2001-8255	H04Q 7/38	通信効率化	その局所領域内対象情報を格納する処理装置と、これにつながる通信装置と、これと交信可能な移動通信端末、前2者は移動端末自体でも良い
		通信品質	特開2000-339587	G08G 1/09	信頼性向上	中央データ処理装置を路上通信装置から一定距離内の路上通信装置群と通信させる
			特開2001-186110	H04L 1/16	時間削減	配信局は受信できない配信確認部から全被配信局が1局以上受信失敗した部分情報の序数一覧を取得する
		システム構成	特開2001-218277	H04Q 7/38	設備簡略化	受信側携帯電話端末からのファイル転送受け入れに対応して対象ファイルを転送する
		その他	特開平11-231909	G05B 15/02	その他	中央制御室から作業手順書を端末に送り作業内容をチェックする
			特開平11-259495	G06F 17/30	その他	車載情報ライブリと無線端末装置で外部データベースと通信する
			特開2000-349807	H04L 12/54	その他	情報蓄積手段と、外部無線通信装置への蓄積情報送信手段とを有する無線情報掲示板を提供する
			特開2000-357143	G06F 13/00 354	その他	動画データのリンク元Webページの論理位置情報の保持手段と、Webページ編集手段とを備える
5	プロトコル関連	通信性能	特許第2702031号	H04L 12/46	通信効率	LANの伝送フレーム毎にハイレベルデータリンクによる衛星通信を行いLANの伝送フレームを授受する
			特開平11-177568	H04L 12/28	通信速度	判定、選択、認識各手段と来訪者応対及び宅内管理機能の実行手段を備える
		システム構成	特開平9-284864	H04Q 7/30 301	設備の簡略化	TCP/IPプロトコル搭載の衛星制御コンピュータを備えTCP/IPのまま伝送する
			特開平11-205186	H04B 1/40	設備の簡略化	IDUa及びb 2種類のモジュールを組み合わせて屋内装置を構成する
6	誤り制御	伝送効率の向上	特公平7-101874	H04L 12/28	再送の効率向上	データ受信部での復号化部からのデータを、データ端末へのデータが全部そろうまで整理蓄積する
			特許第2752742号	H04L 12/28	再送の効率向上	確認応答型送信手段と選択再送型送信手段とをパケットの送信状態によって切替える
			特開平10-215246	H04L 12/18	衝突・混信の回避	送信側で送達確認の有無及び送達確認パターンを指定する
			特開2001-44969	H04J 13/00	回線品質変動への対応	測定された上り干渉波に基づいて、再送多重数を決める
		信頼性の向上	特許第2516264号	H04L 12/28	システムの信頼性	パケットのシーケンス番号とは独立したシーケンス番号と送達確認用のACK要求ビット、ACK応答を付加（図）

101

表2.11.3-1 三菱電機の保有特許(2/2)

	技術要素	特許番号	特許分類	課題	概要
7	トラフィック制御 / トラフィック低減、スループット向上	特開2000-299698	H04L 12/54	ネットワーク異常の検出、回避	受信側ノードは更新メッセージ中の履歴番号と自ノードの履歴番号を比較して更新メッセージ適用可否を決定
		特開2001-160824	H04L 12/56	無駄なトラフィック発生を抑制	パケットロス率の輻輳と伝送誤りの両状態判定で、誤り有りで通信レート下げ、誤り無しで所定配信方法とする
		特開2001-156877	H04L 29/08	パケット集中送信、転送の回避	下り方向の上位パケットが再送機能を有するか判定し、無線端末に代わって応答パケットを生成して再送
		特開2001-16215	H04L 12/28	パケット集中送信、転送の回避	衝突時には、所定の上りユーザ用ランダムアクセスチャネルとは別の上りユーザ用チャネルへの移行を要求
	通信回線の利用率向上	特開2001-184594	G08G 1/09	通信回線の利用率向上	車載端末と路車側端末間でデータ転送未完了時に、移動体端末と路車側端末との間で残りデータを転送する
	チャネル割当適正化、処理時間短縮	特許第2894439号	H04L 12/28	チャネル割当要求の回数低減	トラフィック制御セル受信で、このセル記載の送信許容レートと比較し小さい時にはこの値を置換え子局に伝送
		特開平8-289368	H04Q 7/38	通信速度、周波数、チャネル等の適正化	ランダムアクセスチャネルの下り回線で状態を周期的に通知しチャネル状態変化時に他のチャネルに移行
		特開2001-36431	H04B 1/707	通信速度、周波数、チャネル等の適正化	回路素子を非レジスタ回路の論理ゲートで構成する
	その他	特開2000-13513	H04M 3/42	サービス、通信品質向上及び消費電力低減	異常を示す音声情報に文字情報を付加して携帯電話に伝送する
		特開2000-183918	H04L 12/28	その他	キャリアセンス処理適用せずに、音声とデータをパケット多重しない
8	同期 / 通信性能	特許第2690405号	H04L 12/28	通信効率の向上	主局からのホッピングパターン信号を同期捕捉し、これに基づいて同期保持し、局部信号発生回路を制御するホッピングパターン発生回路を制御する
		特開2001-45024	H04L 12/28	通信効率の向上	送受信の切替を、ポーリング応答信号を基地局へ送信するデータ送信時間の直前に行う
		特開2001-69113	H04J 11/00	信頼性の向上	残留周波数オフセット推定手段、補正された基準単位相情報を生成する手段を設ける
	通信障害	特許第3085847号	H04L 12/40	通信不能・干渉防止	中央装置側から端末にデータ送信条件を送出し、端末では条件が満足されるのを待って、送信データをまとめ、中央装置に接続要求を出す
9	優先制御 / 通信の確保	特開平11-178049	H04Q 7/36	品質の確保	回線割当手段は滞留時間分布をもとに区切られたデータ毎に優先度を付与し割当容量を制御
	優先順位の制御	特公平7-71084	H04L 12/28	順位の決定、衝突の防止	同一伝送優先順位の装置に対しシステムがランダム遅延時間を設定しデータ送出を制御
	資源の確保	特許第3059412号	H04L 12/28	チャネル確保、周波数対応	予約受付処理手段は予約小スロットに設定された送信要求数に応じスロット再割当又は要求受付(図)
		特許第2957538号	H04Q 7/38	チャネル確保、周波数対応	送信情報に対し重み付けを行い個別チャネル移行を端末毎に優先順位を設け制御
10	機密保護 / 不正アクセス・盗聴の防止	特開平10-75264	H04L 12/56	無線傍受防止	送信側ルータに暗号化装置、受信側ルータに復号化装置を備える
	接続・認証処理	特開平9-130397	H04L 12/28	処理の簡素化	アドレス割当て/認証同時処理

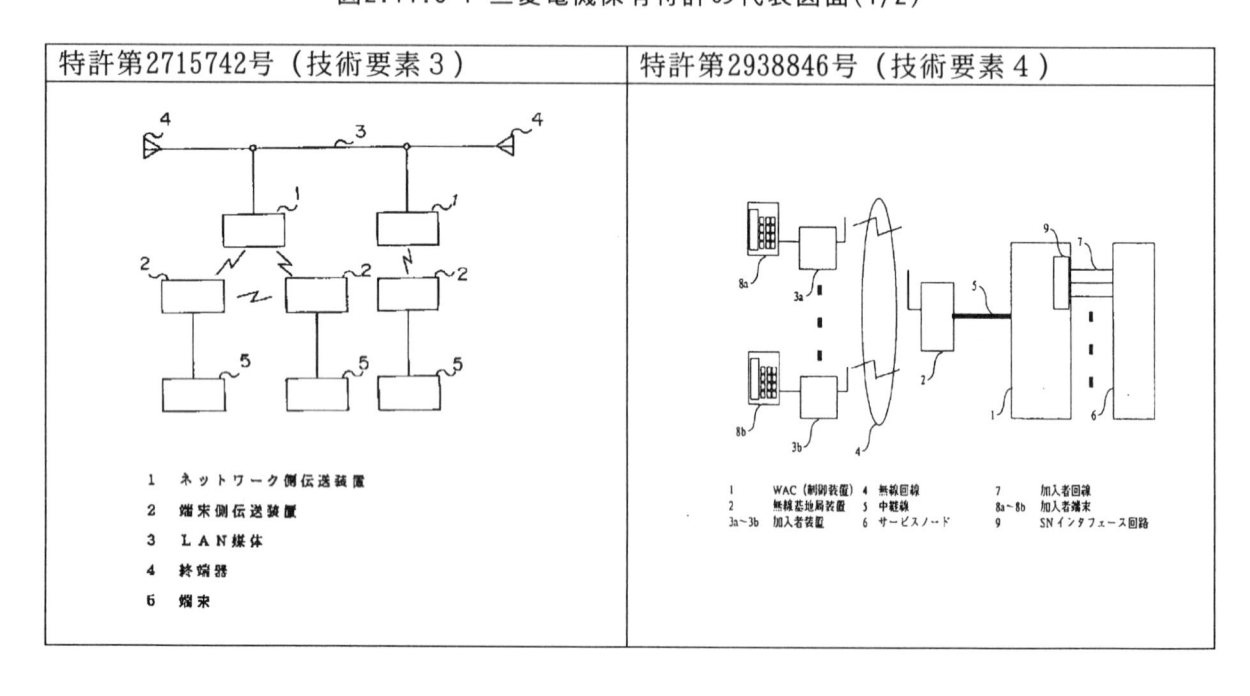

図2.11.3-1 三菱電機保有特許の代表図面(1/2)

特許第2715742号(技術要素3)

1 ネットワーク側伝送装置
2 端末側伝送装置
3 LAN媒体
4 終端器
5 端末

特許第2938846号(技術要素4)

1 WAC(制御装置)　4 無線回線　　7 加入者回線
2 無線基地局装置　 5 中継線　　　8a～8b 加入者端末
3a～3b 加入者装置　6 サービスノード　9 SNインタフェース回路

図2.11.3-1 三菱電機保有特許の代表図面(2/2)

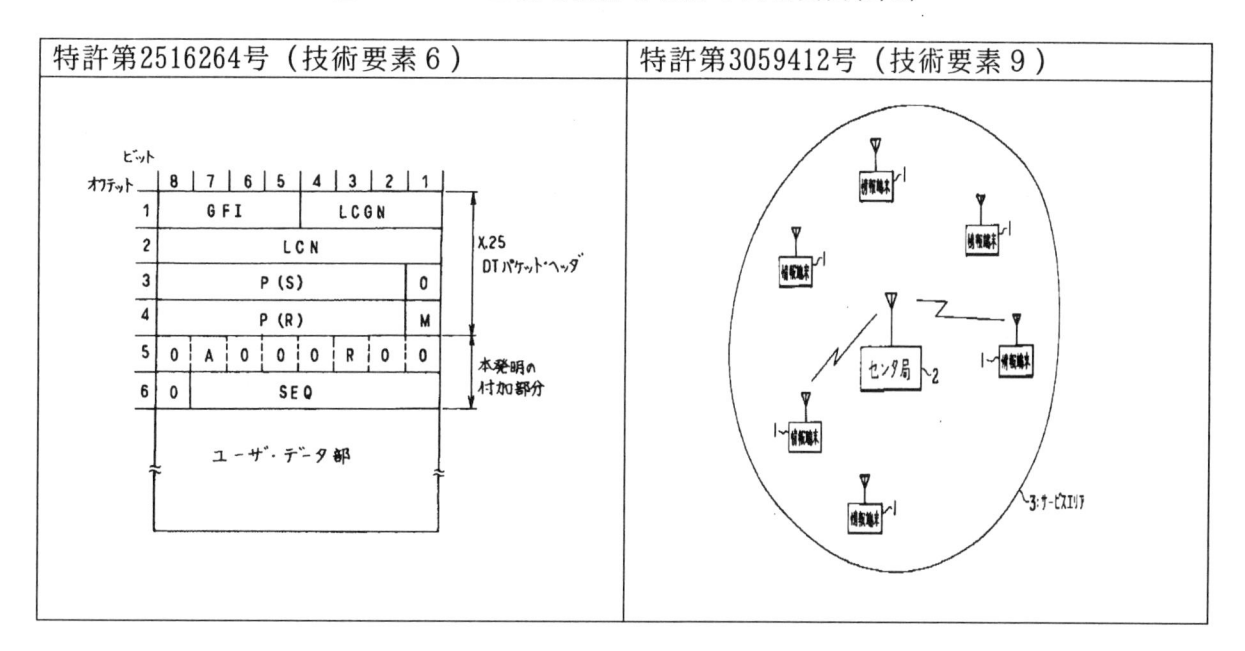

特許第2516264号（技術要素6）	特許第3059412号（技術要素9）

2.11.4 技術開発拠点

表2.11.4-1に三菱電機の技術開発拠点を示す。

表2.11.4-1 三菱電機の技術開発拠点

東京都	本社
東京都	通信・放送機構
神奈川県	通信システム研究所
神奈川県	電子システム研究所
静岡県	－(*)
兵庫県	－(*)
兵庫県	通信機製作所
兵庫県	セミコンダクタソフトウェア

(*)特許公報に事業所名の記載なし。

2.11.5 研究開発者

図2.11.5-1に出願年に対する発明者数と出願件数の推移を示す。1996年から99年にかけて発明者数及び出願件数は増加している。

図2.11.5-2に発明者数に対する出願件数の推移を示す。1990年から96年にかけては、出願件数、発明者数は増加、減少を繰り返すが、96年から99年にかけては出願件数が増加しており、発展期を呈している。

図2.11.5-1 出願年に対する発明者数と出願件数の推移

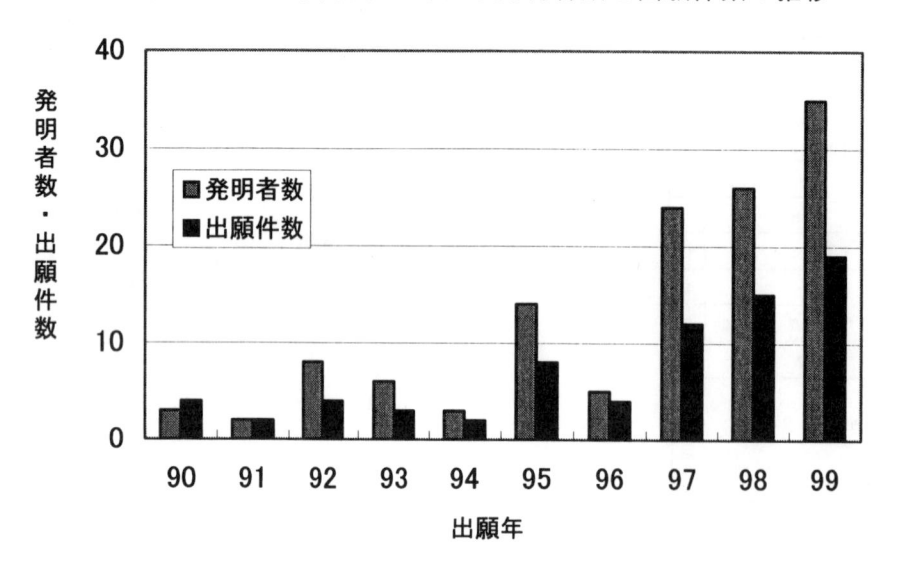

図2.11.5-2 発明者数に対する出願件数の推移

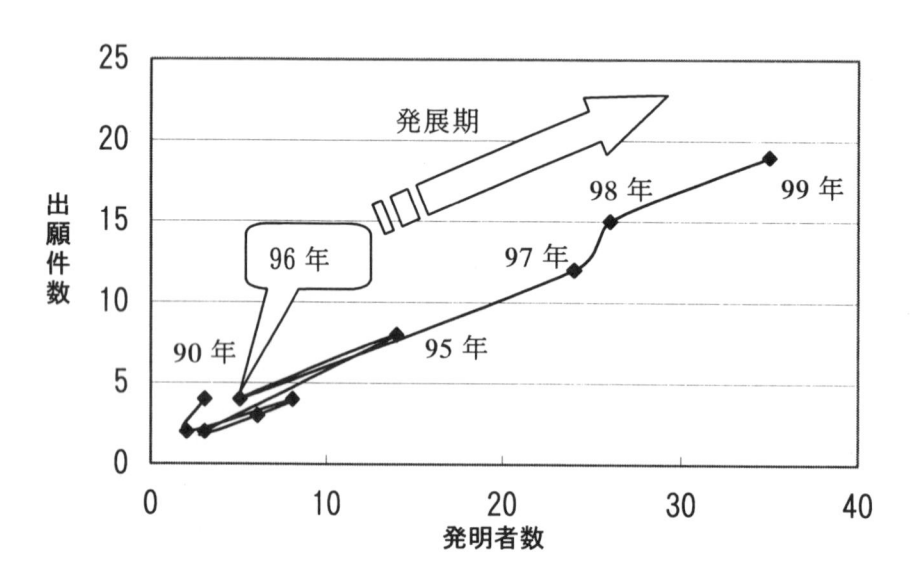

2.12 日立国際電気

日立国際電気は、2000年10月に国際電気、日立電子および八木アンテナが合併し、日立国際電気となった。

1991年以降に公開された、権利存続中あるいは係属中の特許についてみた場合、10の技術要素の全てにおいて出願している。特に出願件数が多いのは、端局間の接続手順、同期に関する技術要素である。

出願件数は共同出願も含め66件有るが、現状での登録特許は無かった。

なお、1996年から99年にかけて出願件数、発明者数ともに増加傾向が見られる。

2.12.1 企業の概要

表2.12.1-1に日立国際電気の企業の概要を示す。

表2.12.1-1 日立国際電気の企業の概要

1)	商号	株式会社 日立国際電気
2)	設立年月	1949年11月
3)	資本金	100億5,800万円
4)	従業員	3,574名 (2001年9月現在)
5)	事業内容	通信機器、放送業務用機器、半導体製造システムなどの開発・製造・販売・サービス
6)	技術・資本提携関係	-
7)	事業所	本社/東京 支社/北海道、東北、中部、関西、中国、四国、九州、支店/北陸 向上/富山、富士吉田、千歳、羽村、小金井、大宮 研究所/仙台、小金井、富山
8)	関連会社	国際電気エンジニアリング、国際電気アルファ
9)	業績推移	1,221億7500万円 (1999.3)　1,250億300万円 (2000.3)　2,121億2,400万円 (2001.3)
10)	主要製品	ポケベル、携帯電話、無線装置、表示ボード、放送業務用機器、産業用カメラ、半導体製造装置
11)	主な取引先	-
12)	技術移転窓口	-

2.12.2 無線LAN技術に関する製品・技術

無線LANに関する日立国際電気の製品は見当たらなかった。

2.12.3 技術開発課題対応保有特許の概要

表2.12.3-1に日立国際電気の保有特許を、図2.12.3-1に代表図面を示す。

表2.12.3-1 日立国際電気の保有特許(1/2)

	技術要素		特許番号	特許分類	課題	概要
1	電波障害対策	伝搬障害対策	特開2001-16153	H04B 7/15	相互干渉低減	廻込波の検出信号に基づいて廻込波キャンセル回路の調整を粗調と微調に切り替える
			特開平11-127096	H04B 7/145	フェージング	無線伝送路上に電波の反射体を設け親機と子機は互いに反射波を受信
			特開平11-215037	H04B 7/005	フェージング	2種の自動利得調整回路を用いた受信信号の自動利得調整する期間の自動切り替え
			特開2000-232458	H04L 12/28	マルチパス	親局が子局との通信に用いる指向性アンテナを管理
		環境確保	特開平 9-233050	H04J 13/00	伝搬環境確保	端末と中継器間は無線伝送を行い中継器同士間はファイバ伝送路を通した光通信による
			特開平10-126836	H04Q 7/28	伝搬環境確保	有線端末制御部と操作部の有線データ回線及び音声回線での接続
			特開平11-355305	H04L 12/28	伝搬環境確保	セクタアンテナユニットにセクタ数情報部を備えスイッチ制御部がセクタ数情報に基づきスイッチ切替
			特開平11-68636	H04B 7/15	障害物影響除去	送信側と受信側の間にメモリを有する中継器を配置
		ノイズ対策	特開2000-13277	H04B 1/40	不特定ノイズ対策	アンテナに接続あるいは解放する切換スイッチを送信信号の有無に応じて切換え制御する
		その他	特開2000-13381	H04L 12/28	その他	配線ケーブル取りだし溝を上下左右4方向に設ける
2	移動端末ローミング	通信応答性、スループットの改善	特開平11-355318	H04L 12/28	基地局と移動局間でのスループット向上	親局にアドレス手段、検査手段、削除手段を備え、送信元のアドレスがアドレス手段と一致した時に削除する
			特開2000-232455	H04L 12/28	通信エリアの円滑変更	他の親局からの情報受信に基づいて移動端末の識別子を削除する親局と、他の親局に識別子を送信する移動端末
		高速ローミング	特開平11-317744	H04L 12/28	高速ローミングの実現	新親局は子局の登録を済ませ、元親局は子局が移動した事を認識して元親局アドレス表からアドレスを削除する
			特開平11-317747	H04L 12/28	高速ローミングの実現	親局が通信相手とする子局の識別子を管理する管理手段を各親局毎に設ける
			特開2000-286856	H04L 12/28	高速ローミングの実現	親局にスクランブルパターン通知手段を持ち、子局は親局からのスクランブルパターンを処理する手段を持つ(図)
		移動局側処理改善	特開2000-224645	H04Q 7/34	移動局の高精度位置把握	移動局は移動履歴を記憶し親局に送信、親局は管理部に送信し、管理部は移動履歴に関する情報を出力する
			特開2000-165396	H04L 12/28	移動局への必要情報提供	移動局に動作情報伝送部を備え、地上局には動作情報収集部を備え、移動情報を地上側に伝送する
			特開2001-77820	H04L 12/28	移動局への必要情報提供	移動局は位置情報を発信し基地局は経路情報テーブルを備え移動局はテーブルで相手先接続経路を決定
3	占有制御	通信性能	特開平 7-312598	H04L 12/28	通信効率	下位データ伝送装置は送信権を与えられた場合上位伝送装置に通信する
			特開2001-16149	H04B 7/10	通信効率	指向性を有する複数のアンテナの中から報知信号の受信状態が最良のアンテナを選択
			特開2001-103061	H04L 12/28	通信効率	各客室に置いた情報端末と宿泊管理側に設置したサーバを具備し、各端末とサーバの間でサービス情報を通信可能とした
		通信障害	特開2001-196973	H04B 1/707	通信不能・障害防止	受信信号と拡散符号との相関値を演算するステップと、1つのパスにおける少なくとも2つの相関値に基づいて、当該パスが復調用であることを認定するステップを備えた
			特開平 9-331335	H04L 12/28	干渉防止	親機が受信する信号のS/Nの低下を抑え、伝送帯域を広く確保できる空間光伝送
		システム構成	特開平11-355197	H04B 7/26	省電力化	複数の通信信号処理部のうち1つのみを共有記憶素子に対してアクセスさせる
			特開2000-261392	H04J 3/00	省電力化	検出した電界強度に応じて、親局から近い位置に子局があるときには小さな送信電力で信号を送信し、親局が遠いときには大きな送信電力で送信(図)
		通信の品質	特開平 7-321788	H04L 12/28	信頼性向上	パケット化されたデータの複数の送信局と受信局を備え、送信タイミングの周期を割り当てる
4	端局間の接続手順	通信性能	特開2000-244531	H04L 12/28	障害対策	利用者端末装置の表示画面に受信パワーレベルに対応したマーク等を表示する
			特開平11-55286	H04L 12/28	通信効率化	無線LANで移動ステーション接続を接続台数で制限する
			特開2001-57560	H04L 12/28	通信効率化	親機と子機複数からなるシステムで、親機は各子機側で保持するマルチキャストフレームの種類リストを取得して該内容と配下の子機を対応付けたテーブルを作成・登録し、登録された種類のみ許可する
			特開2001-86549	H04Q 7/34	通信効率化	各親局装置が自己の通信可能領域に存する移動局装置の識別情報を管理している一方、移動局装置側には移動局管理手段を持ち、自己が存在する位置から通信可能領域に存する親局装置の識別情報を管理する
			特開平11-55290	H04L 12/28	ネットワーク間接続	検出された宛先アドレス対応のネットワークにデータ送信する
			特開平11-27271	H04L 12/28	アクセス簡略化	登録抹消された携帯型端末装置のアドレスを特定時間保持させる
			特開2000-286967	H04M 3/42 101	アクセス簡略化	複数の端末をグループ化し着信先端末として予め設定し、その着信先端末全てに着信信号を送信する
			特開2001-16219	H04L 12/28	アクセス簡略化	親局のMPUに表示交信手段を持ち、RAMに記憶されている子局管理テーブルを参照して現在の接続台数を取得し、これを表示装置に出力する
		システム構成	特開平10-285203	H04L 12/46	無線化	公衆回線に接続された基地局と携帯通信端末との間で無線データを送受信する
			特開平11-284620	H04L 12/28	無線化	ATM交換機を無線通信で結ぶLANを構築する
			特開2000-333240	H04Q 7/36	設備簡略化	変換局と中継伝送局間は少ない光ファイバケーブルで接続し、中継伝送局と複数の端末局間はそれぞれを接続し独立性を持たせる
		その他	特開平11-346230	H04L 12/28	その他	無線LANのPCカード部に表示器を設ける
			特開2000-232459	H04L 12/28	その他	既登録子局で無通信時間が最大のものを登録テーブルから削除し新子局を登録する
			特開2000-318612	B61L 25/02	その他	CTC中央装置で得た列車位置情報を無線システム制御装置に与え、誘導通信線を介して列車内の放送装置を起動する
			特開2001-195327	G06F 13/00 353	その他	パケットを受信するとその種別を判定し、判定された種別にて特定されるデータの構成に従って読取り蓄積する

表2.12.3-1 日立国際電気の保有特許(2/2)

	技術要素	特許番号	特許分類	課題	概要
5	ループ関係プロトコル 通信品質	特開2000- 92729	G06F 13/00 351	機能性	端末プロトコルの検出、受信データのプロトコル変換送出、受信データの不変換送出手段を設ける
	システム構成	特開平11-331911	H04Q 7/22	作業性	通信制御ソフトウェアを無線端末のハードウェアリソースに適合したプログラムに変換
		特開2000-253040	H04L 12/46	設備の簡略化	データ取得部、データ変換部、無線送信部を有するデータ送信接続装置
6	誤り制御 伝送効率の向上	特開平 9-312651	H04L 12/28	その他	個々の移動局に対応した個別データを順次ならべてポーリングを行う(図)
		特開平10-257061	H04L 12/28	衝突・混信の回避	子局のグループ番号、親局からのアイドル信号番号、送信回数から、送信ディレイ値を決定
		特開平11-341107	H04L 29/08	その他	送信先から送信許可が得られなかった場合、送信データを圧縮し、許可後送信する
	その他	特開2000- 22692	H04L 12/28	その他	全メッセージを対応番号と共に中央制御装置に保持し、端末は番号を指定し取得する
7	トラフィック制御 トラフィック低減、スループット向上	特開平11-355290	H04L 12/28	スループットの向上	親局がRチャネル必要子局に、空きのRチャネルを動的に割当てる
	通信回線の利用率向上	特開平 7-307742	H04L 12/28	通信システムの伝送率向上	データ伝送装置は下位装置の台数、種別を識別し、下位装置はパケット当りのデータ長等の条件を相互連絡
		特開2000-324120	H04L 12/28	メッセージ利用で円滑通信実現	子局が通信可能領域に存在する場合のみマルチキャスト情報を送信する
		特開2000-228666	H04L 12/28	ネットワーク異常の検出、回避	子局数が親局に接続可能な最大子局数に達しているかを判定し、定期的に子局に通知する
	チャネル割当適正化、処理時間短縮	特開2000- 13857	H04Q 7/36	通信速度、周波数、チャネル等の適正化	音声伝送時は音声帯域の一部に制御信号入れて伝送し、データ伝送時は全体域を割当てる切換えを行う
8	同期 通信性能	特開2000-224178	H04L 12/28	信頼性の向上	タイミング生成器からの報知信号と、プロセッサー内部のデータカウンタとを比較した結果をタイミング生成器に報知する
		特開2001- 16218	H04L 12/28	通信効率の向上	子局は搬送波毎にスクランブルパターンの初期値を記憶するテーブルを備え、これに基づいて親局をサーチし、親局からの報知信号に基づいてフレーム同期を確立する
		特開平11-215107	H04L 5/16	通信効率の向上	近距離で伝送を行う際、フレーム期間内の冗長期間を除く
		特開2000-232456	H04L 12/28	通信効率の向上	親局と子局との通信フレーム中に許可信号スロットを含め、このスロットの番号に基づいてスロットを把握するので特別な制御情報を省略できる
	通信障害	特開2000-333250	H04Q 7/38	通信不能・干渉防止	各基地局の制御チャンネル送出周期を互いに異なる値とすることにより、長時間に渡って制御チャンネルが干渉しないようにする
		特開平11-252043	H04J 13/02	構成の簡略化	網制御信号とデータをビット毎に同期させ、同期させた複数拡散符号を用いる
	システム構成	特開2000-115189	H04L 12/28	操作性・作業性の改善	フレーム同期信号が検出されない所定の期間、ダミー信号を生成して送受信タイミングを得、同期を保持する
		特開2000-232457	H04L 12/28	省電力	制御スロット部からデータスロット部の区切りではクロック速度を低め、データスロット部から制御スロット部の区切りではクロック速度を高める
	時刻・位置管理	特開2000-151649	H04L 12/28	時刻・時間の同期	親局ではシーケンス管理手段がシーケンス番号を順次更新して管理し、これを受信した小局では、小局時刻補正手段で時刻を補正し、親局と同期を図る
		特開2001- 16207	H04L 12/28	時刻・時間の同期	親局が子局へ通信履歴取得終了指示情報を報知することにより、共に通信履歴取得を終了し、各々の通信履歴を記憶し必要なら表示できる
9	制御優先 優先順位の制御	特開2001-86137	H04L 12/28	順位の決定、衝突の防止	親局装置がデータ送信頻度が大きい子局装置を優先させて信号スロットを割り当てる(図)
10	機密保護 不正アクセス・盗聴の防止	特開平11-308673	H04Q 7/38	グループ単位での秘匿	所属グループ、暗号化鍵をグループ情報として設定し、信号にグループ情報が含まれる場合に暗号化する
	接続・認証処理	特開2000- 31980	H04L 12/28	安全・確実な認証	暗号化選択手段を設け必要な場合だけ暗号化する

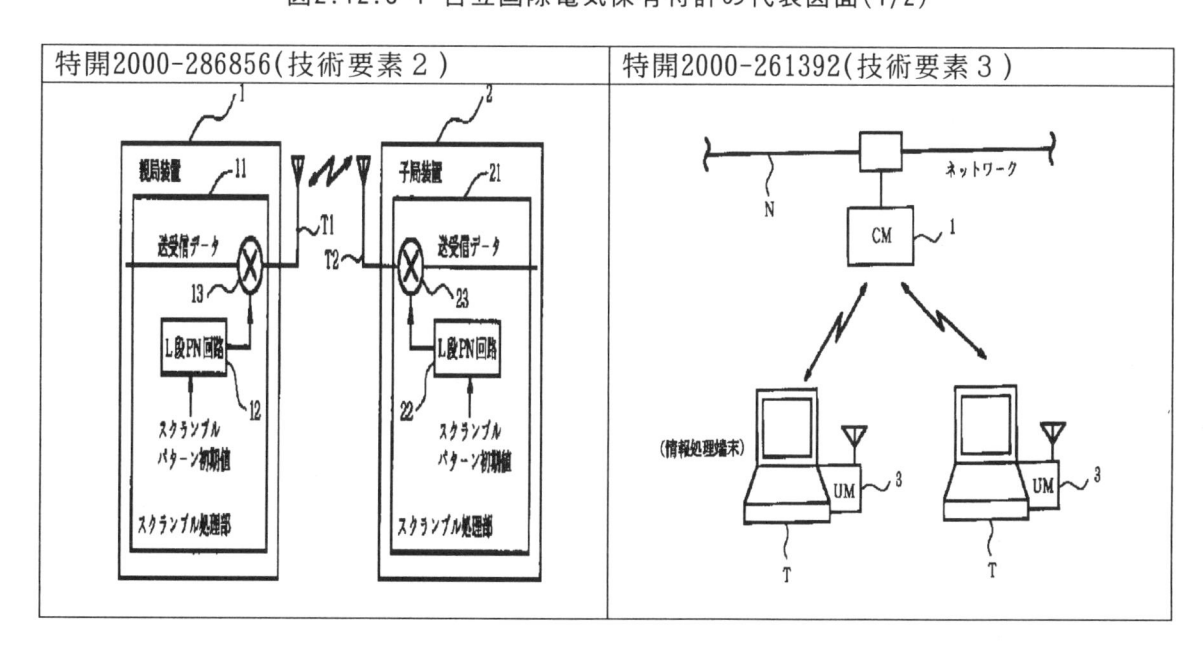

図2.12.3-1 日立国際電気保有特許の代表図面(1/2)

図2.12.3-1 日立国際電気保有特許の代表図面(2/2)

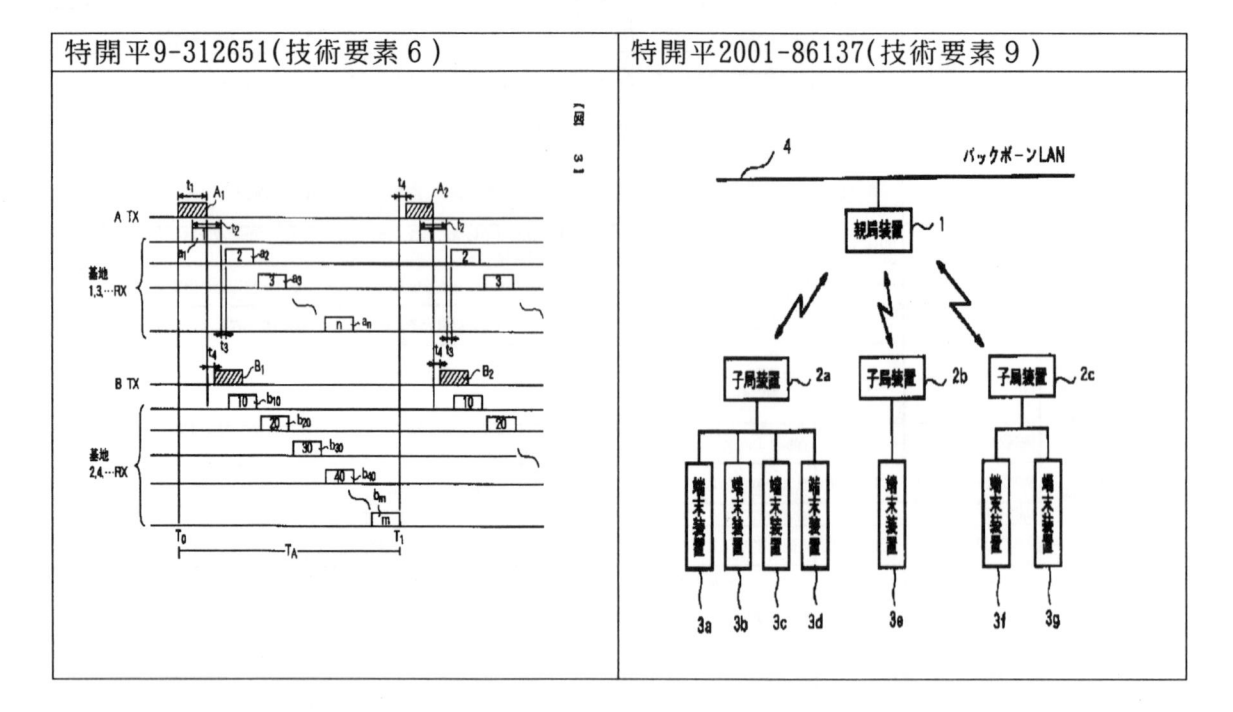

2.12.4 技術開発拠点

表2.12.4-1に日立国際電気の技術開発拠点を示す。

表2.12.4-1 日立国際電気の技術開発拠点

東京都	本社
東京都	小金井工場
埼玉県	大宮工場
大阪府	－(＊)

(＊)特許公報に事業所名の記載なし。

2.12.5 研究開発者

図2.12.5-1に出願年に対する発明者数と出願件数の推移を示す。1995年から99年にかけて発明者数および出願件数は増加している。

図2.12.5-2に発明者数に対する出願件数の推移を示す。1995年までは、発明者数、出願件数の増減を繰返すが、95年から99年にかけて出願件数は増加しており、発展期を呈している。

図2.12.5-1 出願年に対する発明者数と出願件数の推移

図2.12.5-2 発明者数に対する出願件数の推移

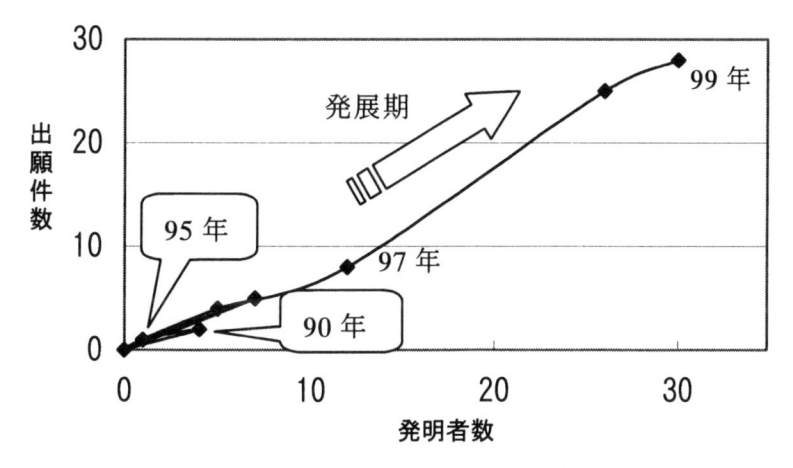

2.13 IBM

　IBMは、1991年以降に公開された、権利存続中あるいは係属中の特許についてみた場合、技術要素1および9における出願が無かった。出願件数が多いのは、占有制御、端局間の接続手順およびプロトコル関係の技術要素である。
　出願件数は共同出願も含め60件有るが、このうち32件が特許登録されており、これらは技術要素ごとに見られる。
　なお、発明者数は1993年に約35名でピークになっている。

2.13.1 企業の概要

表2.13.1-1にIBMの企業の概要を示す。

表2.13.1-1 IBMの企業の概要

1)	商号	インターナショナル　ビジネス　マシーンズ　コーポレーション　（IBM）
2)	設立年月	1914年6月
3)	資本金	1,264,700万＄
4)	従業員	316,303名（2000年12月現在）
5)	事業内容	パソコン、サーバ、ストレージ、ソフトウェアなどの開発・製造・販売・サービス
6)	技術・資本提携関係	－
7)	事業所	本社/米国 NY
8)	関連会社	IBMワールド・トレード、IBMクレジット、日本IBM
9)	業績推移	8,166,700万＄（1998.12）　8,754,800万＄（1999.12）　8,839,600万＄（2000.12）
10)	主要製品	パソコン、サーバ、ストレージ、ソフトウェア、システムソリューションズ
11)	主な取引先	－
12)	技術移転窓口	－

2.13.2 無線LAN技術に関する製品・技術

無線LANに関するIBMの製品は見当たらなかった。

2.13.3 技術開発課題対応保有特許の概要

表2.13.3-1にIBMの保有特許を、図2.13.3-1に代表図面を示す。

表2.13.3-1 IBMの保有特許(1/2)

	技術要素		特許番号	特許分類	課題	概要
2	移動端末ローミング	通信の応答性、スループットの改善	特公平8-10862	H04L 12/28	基地局と移動局間でのスループット向上	ハンドオーバ時にデータをメモリに記憶し、他基地局とのリンク確立時にメモリ内データを他基地局に送る
			特許第3202883号	H04L 12/28 310	通信の応答性改善	移動局は、基地局とのハンドオフ時にパフォーマンスレベルを検知してレベル以上の他の基地局に制御を転送
		高速ローミング	特開平8-274792	H04L 12/28	通信エリアの円滑変更	移動体は新アクセスポイント移動後、新リンク確立し、ネットワークトポロジー更新機構で位置をルータに通知
		その他	特開2000-253076	H04L 12/66	その他	電話のプロトコルスタック、伝送能力をアダプタと組み合わせて使用し電話をネットワーククライアントとする
3	占有制御	通信性能	特開平8-116329	H04L 12/28 310	通信効率	移動ユニットを発信元又は宛先とするセッションが固定ネットワークで確立されるとき、初期アクセスポイントが決定
		通信障害	特開平7-123253	H04L 12/40	衝突防止	メッセージの送信、受信、再送信、返送、受信の各ステップと衝突発生の判定ステップを具えたデータ処理操作
			特許第2628620号	H04L 12/28	衝突防止	システム媒体使用の所定時間有無でアクセス許可または遅延時間を付加する
			特開平9-200212	H04L 12/28	衝突防止	論理回路が媒体アクセス制御ソフトウェア層が見落とす可能性のある事象と障害条件を検出し、送信を打ち切ることにより、衝突条件から生じる無効状態件数を削減
			特許第2501301号	H04L 12/28	干渉防止	複数セル無線通信ネットワークにおける周波数ホッピング動作の自動管理のための制御アルゴリズム
		システム構成	特許第2571343号	H04L 12/44	設備の簡略化	標準的な1つのトークンリングワークステーションに接続する物理セグメントにn個のポートを含むブリッジ
			特開平11-187047	H04L 12/28	設備の簡略化	無線及びAC電源回路網をアンテナとして使用し多様な製品の接続、制御を可能とする
			特公平7-83362	H04L 12/28	省電力化	ワイヤレス通信用のスケジュール式マルチアクセスプロトコルによる制御
		通信の品質	特許第3003982号	H04L 27/20	信頼性向上	発信器に接続した変調器が入力信号によって、搬送波信号の位相シフト変調を行う(図)
			特公平7-83363	H04L 12/28	機能性	ホストコンピュータに1メッセージのみを送信し、サインオン及び接続決定処理を基本局と遠隔端末に分散する
4	端局間の接続手順	通信障害	特許第2723212号	H04L 12/28	衝突対策	他の端末は予約の満了を検出するまで事前選択された期間待機状態にはいる
			特開平10-93564	H04L 12/28	衝突対策	通信媒体への衝突回避予約プロトコルを用いるときにアクセス距離を延長し隠れステーションによる衝突を低減
		通信性能	特開2001-45029	H04L 12/28	通信効率化	各装置に、サービスの種類と関連識別子・サービス提供装置に関する識別子の情報を持たせ、要求時に引当可能とする
			特許第2613017号	H04Q 7/22	ネットワーク間接続	各種クラスのデータ通信サービス音声サービスを取得するためのセルラ電話システム用のモデムを備える
			特許第2502468号	H04Q 7/22	ネットワーク間接続	要求元の移動局が呼出情報をLAN回線を経由して宛先に転送し宛先局が要求元の内線番号をダイヤルする
			特許第3157836号	H04L 12/28	ネットワーク間接続	データ・パケット・サービスを予定された符号分割多元接続ワイヤレスチャンネルを介して送信局から受信局にデータパケットを伝送する
			特開平10-135954	H04L 12/28	アクセス簡略化	RTS/CTSフレームを交換することで媒体予約を行いプロトコールを改善する
		通信品質	特許第2500963号	H04L 12/28	信頼性向上	ワイヤードネットワークとワイヤレスネットワークの間で双方向の情報通信を行う
			特開平8-65306	H04L 12/28	信頼性向上	インターネットワークサービスを与える方式と装置
			特開2001-217757	H04B 3/54	信頼性向上	無線通信親ユニット電源接続部を電灯用ソケットに接続し、電灯接続部に電灯の電源プラグを接続する
		システム構成	特開平11-103305	H04L 12/28	無線化	ネットワークアドレスを持つデータ通信ネットワークを形成する
			特許第3045985号	H04L 12/28	無線化	コンピュータ側のUSBバスに接続する無線ハブと周辺機器のUSBインターフェイスに接続する無線ポートとを設けこれらの間で無線通信を実施する
			特開2000-224197	H04L 12/28	新規機器設定登録	装置がそれ自身及び他の既知の装置に関する情報を含むサービス情報を送信する
		その他	特開2000-324568	H04Q 9/00 311	その他	携帯デジタル装置にプロセッサ、ワイヤレス通信ポート、制御プログラムを備える

表2.13.3-1 IBMの保有特許(2/2)

	技術要素		特許番号	特許分類	課題	概　要
5	プロトコル関係	通信品質	特許第2511591号	H04L 12/28	信頼性向上	通信リンク制御情報が第1の端末から第2の端末に比較的低速の赤外チャネルで送信され、データ情報が第2の端末から第1の端末に比較的高速の赤外チャネルで送信される
			特開2000-236353	H04L 12/56	機能性	デジタル呼び出し制御情報の提供、接続確立、伝送各ステップを含む通信装置
		通信障害	特許第2516291号	H04L 12/28	通信路確保	無線ネットワークと有線ネットワークとの間の通信のためのローカル・ゲートウェイと、ネットワークの遠隔ユーザに結合されたグローバル・ゲートウェイを設ける(図)
			特許第2571655号	H04L 12/50	通信路確保	直列プロトコルを並列プロトコルに変換してネットワークに転送する
			特許第2577541号	H04L 12/28	通信路確保	ネットワークの各局で記憶された経路指定テーブルを使って、移動局のアドホック・ネットワークの局間でパケットを伝送する
			特開平 8- 65303	H04L 12/28	通信不能・障害防止	他のネットワークノードの識別情報を導き出す監視手段と識別情報の監視手段を設ける
			特開平 8- 65304	H04L 12/28	通信不能・障害防止	全ての無線ノードが1つのアクセスポイントにしか関連付けられないようにする
			特開平 8- 65305	H04L 12/28	通信不能・障害防止	所期の基準を満たさないインターネットワーキングノードをテーブルから削除する
6	誤り制御	伝送効率の向上	特許第3155492号	H04L 12/28	衝突・混信の回避	隠れ端末がない時は第1クラス、ある時は第2クラスのアクセス・プロトコルでアクセスする
			特開2001-111634	H04L 25/49	その他	隣接スロットの一方はデータ及び検査ビット、他方はデータ及び検査ビットの補数を挿入
			特開2001-156787	H04L 12/28	その他	妨害電波が増加（受信劣化）した場合に、無線局の探索を開始
		信頼性の向上	特許第2511592号	H04L 12/46	システムの信頼性	将来の無線通信を管理すべきヘッダステーションを、当該移動通信ユニットに自主的に選択させる
			特許第2577538号	H04L 12/46	システムの信頼性	経路指定パスを、各ルータ装置に関連する経路指定テーブルを参照することにより決定する(図)
			特許第2894665号	H04L 12/56	データの信頼性	主ブリッジ装置が再送メッセージに応答し、失われたパケットをリングバッファから再送する
			特開平 8-279816	H04L 12/28	システムの信頼性	使用可能な無線チャネルを検出／予約及び総合化し、エンドユーザ間でメッセージ転送する
		その他	特許第2540022号	H04L 12/28	その他	超音波で情報を送信し、確認信号を受信する
7	トラフィック制御	トラフィック低減、スループット向上	特許第2662181号	H04L 12/28	スループットの向上	基地局は移動局の送信中の台数を推定し、制御指標として移動局に同報通信されフレーム最後期間で移動局送信
		通信回線の利用率向上	特開平10-117208	H04L 12/46	通信回線の利用率向上	ノートパソコンが未接続ならシステムはパススルーで動作しLANの全非同報メッセージをフィルタ処理
			特許第2839764号	H04L 12/46	メッセージ利用で円滑通信実現	伝送許可のメッセージを受信し、このメッセージに応答して通信セル内所在の任意移動ユニットと通信開始
			特公平 7-105976	H04Q 7/22	メッセージ利用で円滑通信実現	ネットは非集中基準でアップリンクメッセージ管理を実行しネットの基本局レベルの信号強さ決定装置を持つ
		チャネル割当適正化、処理時間短縮	特開平10- 70554	H04L 12/28	通信速度、周波数、チャネル等の適正化	複数のATM移動端末がATMアクセスポイントと無線周波チャネルを用いて通信する
8	同期	通信性能	特許第2804461号	H04B 17/13	信頼性の向上	遠隔ステーションがプローブメッセージを生成してリーダステーションに伝送することにより、遠隔ステーションがリーダステーションとの周波数同期を迅速に行う
			特許第3003980号	H04L 27/233	通信効率の向上	PSK変調された受信信号の搬送波と受信機のローカル発振器を同期させることなく、受信信号の位相変化を確実に検出する
			特許第3003981号	H04L 27/22	信頼性の向上	受信信号から形成した方形波の連続した立上りエッジ相互のインターバルをクロックパルス測定し、測定結果を利用してエッジを補正し、搬送波の周波数ドリフトの補償精度を高める
			特開平 9- 36891	H04L 12/28 303	通信効率の向上	複数のトランシーバは基地局からのダウンリンク信号を調整する遅延ユニットを備える
			特開平 9-139748	H04L 12/28	信頼性の向上	周波数ホッピングを順次切り換えて情報のフレームを発信し基地局を選択する
		システム構成	特許第3202755号	H04L 12/28 300	構成の簡略化	送信ステーションと第一変調データを受信する第一受信ステーションと第二変調データを受信する第二受信ステーションとを設ける
		時刻・位置管理	特開平 8-263168	G06F 1/14	時刻・時間の同期	識別番号に関する地理位置と時間帯のデータベースを持ち、現地時間を計算する
10	機密保護	不正アクセス・盗聴の防止	特開2000-224083	H04B 5/00	端末への不正アクセス	送信機の有無による受信電極の電位の違いを検出
		接続・認証処理	特開平11-150547	H04L 12/28	安全・確実な認証	第1の装置が第2の装置のドッキング領域に入った時点で自動的にアドレス識別子を交換
			特開2000-224156	H04L 9/08	安全・確実な認証	第1の装置から第2のリモート装置に暗号化情報を提供し、第1の装置に暗号化応答を送信
		情報の保護	特許第2568054号	H04L 9/08	鍵情報の保護	基地局を使ってネットワーク・キー及びバックボーン・キーを生成し、後続の遠隔局又は別の基地局を設置(図)

図2.13.3-1 IBM保有特許の代表図面

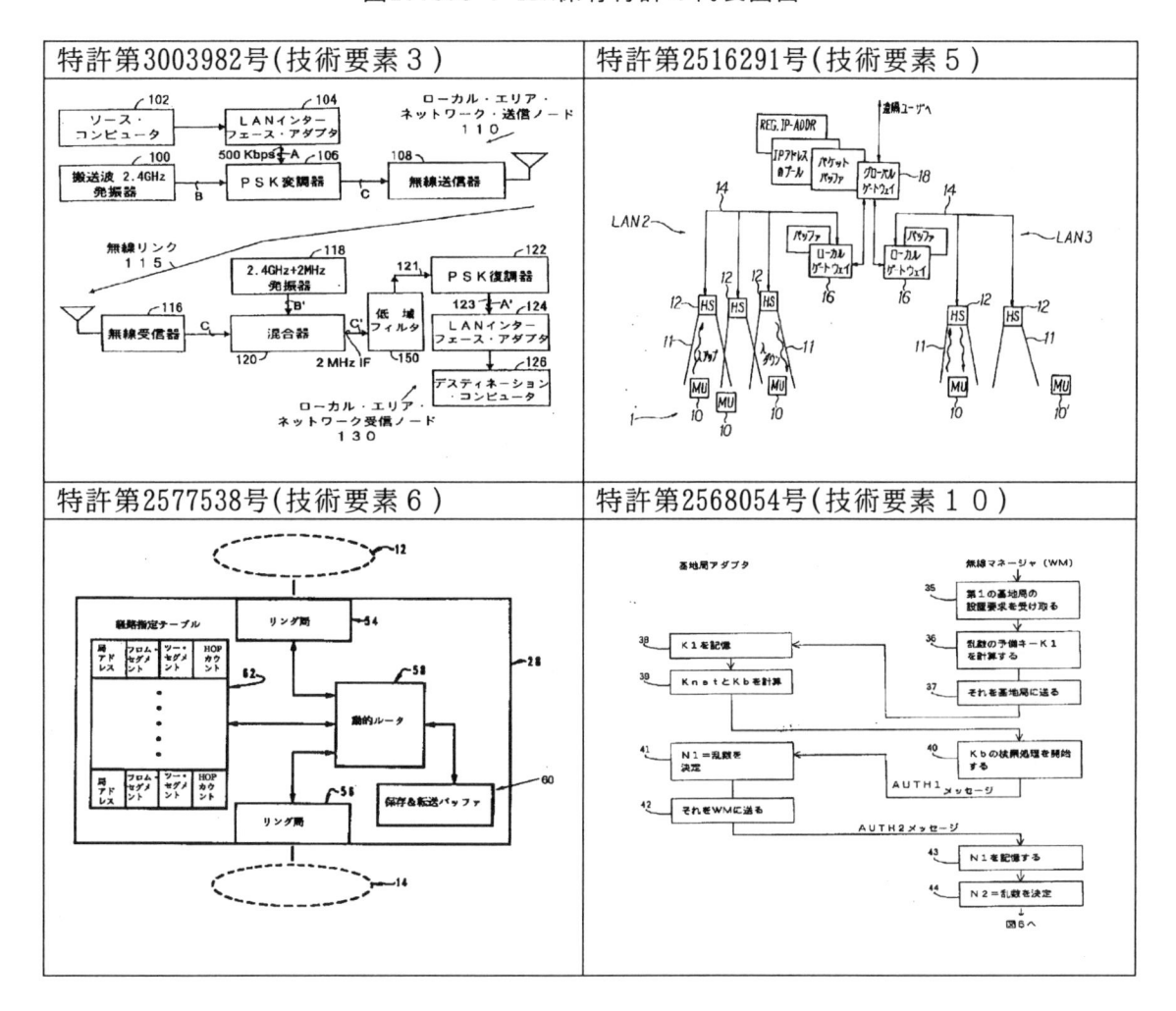

2.13.4 技術開発拠点

表2.13.4-1にIBMの技術開発拠点を示す。

表2.13.4-1 IBMの技術開発拠点

米国	本社
イギリス	－(＊)
フランス	－(＊)
ドイツ	－(＊)
スイス	－(＊)
カナダ	－(＊)
台湾	－(＊)
イスラエル	－(＊)
神奈川県	東京基礎研究所
神奈川県	大和事業所
滋賀県	野洲事業所

(＊) 特許公報に事業所名の記載なし。

2.13.5 研究開発者

図2.13.5-1に出願年に対する発明者数と出願件数の推移を示す。1993年から98年にかけて発明者数は減少しているが、99年には回復している。

図2.13.5-2に発明者数に対する出願件数の推移を示す。1992年から93年にかけて出願件数が増加しており、発展期を呈している。しかし、94年から98年までは出願件数は減少している。

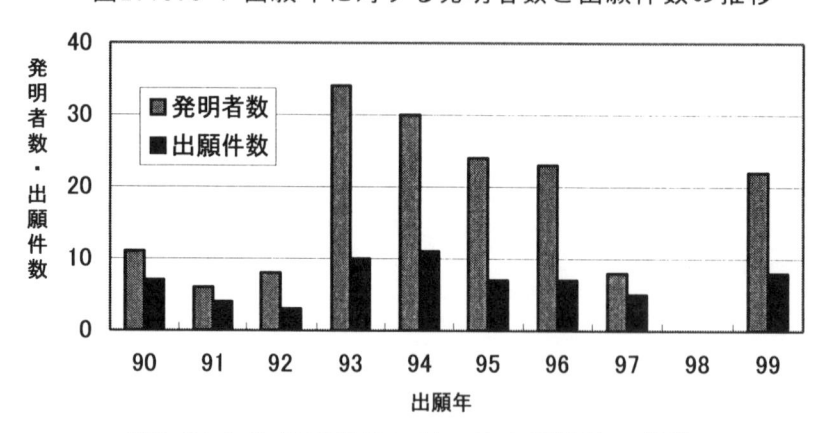

図2.13.5-1 出願年に対する発明者数と出願件数の推移

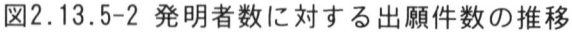

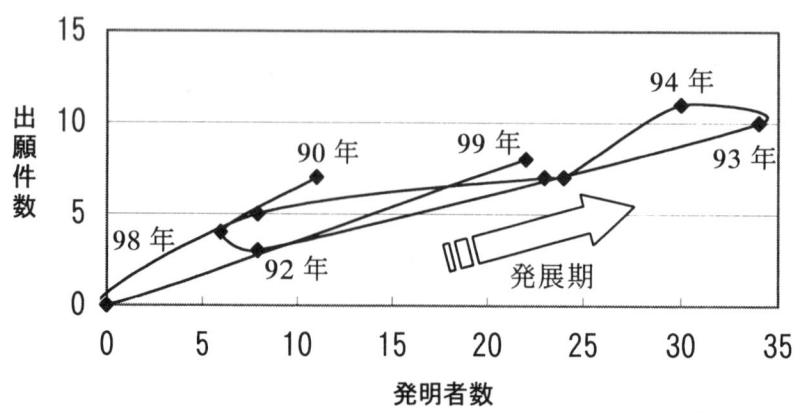

図2.13.5-2 発明者数に対する出願件数の推移

2.14 シャープ

　シャープは、1991年以降に公開された、権利存続中あるいは係属中の特許についてみた場合、10の技術要素の全てにおいて出願している。特に出願件数が多いのは、端局間の接続手順に関する技術要素である。
　出願件数は共同出願も含め52件有るが、このうちの7件が特許登録されている。
　なお、1998年から99年にかけて出願件数、発明者数ともに増加傾向が見られる。

2.14.1 企業の概要

表2.14.1-1にシャープの企業の概要を示す。

表2.14.1-1 シャープの企業の概要

1)	商号	シャープ 株式会社
2)	設立年月	1935年5月
3)	資本金	2,041億5,300万円
4)	従業員	22,910名（2001年9月現在）
5)	事業内容	AV機器、パソコン、電子デバイスなどの開発・製造・販売・サービス
6)	技術・資本提携関係	－
7)	事業所	本社/大阪　支社/千葉　工場/栃木、広島、奈良、天理他
8)	関連会社	シャープエレクトロニクスマーケティング
9)	業績推移	1兆7,455億3,700万円（1999.3）　1兆8,547億7,400万円（2000.3）　2兆128億5,800万円（2001.3）
10)	主要製品	AV機器、PDA、パソコン、周辺機器、コピー機、携帯電話、電化製品、液晶ディスプレイ
11)	主な取引先	－
12)	技術移転窓口	知的財産権本部　第2ライセンス部　TEL 06-6606-5495

2.14.2 無線LAN技術に関する製品・技術

表2.14.2-1に無線LANに関するシャープの製品を示す。

表2.14.2-1 シャープの無線LAN関連製品

製品	製品名	発売時期	出典
PCカード	DC2B1AZ001	1999年11月	シャープ リリースニュース 1999.9.27
PCカード	DC2B1AZ019	-	シャープ CEATEC JAPAN 2001.10展示カタログ
SS無線ユニット	DC2A1AZ014	-	同上

2.14.3 技術開発課題対応保有特許の概要

表2.14.3-1にシャープの保有特許を、図2.14.3-1に代表図面を示す。

表2.14.3-1 シャープの保有特許(1/2)

	技術要素		特許番号	特許分類	課題	概要
1	電波障害対策	伝搬障害対策	特開2000-49672	H04B 7/08	マルチパス	マルチパスによって広帯域信号が重畳されていない送受信経路の選択
		ノイズ対策	特開2000-224176	H04L 12/28	他機器からの妨害対策	マイクロ波発生するタイミングでも妨害電波によりエラーが発生しない通信方式の選択
		その他	特開2001-53907	H04M 11/08	その他	所定時間毎に動作する自己診断部は異常動作検知にて通信を停止し使用者に異常を報知
		その他	特開2001-216054	G06F 1/26	その他	電圧比較回路により電源電圧が規定より低くなった場合送信部への電源供給をオフする
2	ローミング移動端末	その他	特開2001-67591	G08G 1/09	その他	VICS情報のAM部分を変更したローカル情報送信部でデータ送信し、受信部はこれを受信して情報把握
3	占有制御	通信障害	特開平9-64888	H04L 12/28	衝突防止	データの送信と応答データの受信とを一組として媒体予約時間を確保し、通信効率向上を図る
		システム構成	特許第2810583号	H04L 12/28	省電力化	基地局は端末局からのデータの受信状況に応じて制御信号を該端末局に送信する
			特許第3025729号	H04B 7/24	省電力化	自ら搬送波を発信できる基地局とできない端末局を含みデータにより変調された搬送波を用いる(図)
		通信の品質	特許第3041200号	H04L 12/28	機能性	パケット生成、送信、受信、再生、検出、第一時間設定、第一判別、第二時間設定及び通信制御を含む
4	端局間の接続手順	通信障害	特開2001-156794	H04L 12/28	衝突対策	移動可能な複数の端末間における通信状況を把握し、各端末間の通信状況によって通信経路を変化させる
			特開2001-16225	H04L 12/28	障害対策	制御機器側は、自己の管理する被制御機器の通信用アドレス変更の可能性を検知する毎に、自己の管理する全被制御機器の本来のユニークなアドレスを調べて変更後の通信用アドレスを知る
			特開2000-307494	H04B 7/10	通信経路確保	送信アンテナの指向性方向決定信号の伝送手段を、送受信機間の通信手段と異ならせる
		通信性能	特開平10-173653	H04L 12/18	通信効率化	送信データを受信した通信装置が同報送信されたデータの受信を知らせる確認パケットを返送する
			特開2000-224190	H04L 12/28	通信効率化	片方向通信モードを活用する
			特開2001-197558	H04Q 7/38	通信効率化	位置管理手段を各ホームネットワークが接続されているインターネットサービスプロバイダに備える
			特開平6-232872	H04L 12/28	ネットワーク間接続	中継に必要な装置間の接続状態の情報を交換する手段を具備する
			特開平9-8828	H04L 12/40	アクセス簡略化	端末とホスト計算機との通信において端末間アドレスの重複の監視とアドレス割り当てによる修復を行う
			特開平9-186690	H04L 12/28	アクセス簡略化	自分の名前と自分とほかの識別コードの記憶するRAMを装備した無線通信器による通信システム
		通信品質	特許第2829185号	G06F 13/00 351	信頼性向上	各送信機はデータの先頭をしめす制御コードと識別コードを含むデータを所定時間間隔をおいて送信し受信機は所定時間間隔を計時したとき正規のデータとする(図)
			特開平9-8808	H04L 12/28	信頼性向上	無線通信システムにおける送信可否の対応で中継機からの中継送信を使い対応する
			特開平9-289683	H04Q 7/38	信頼性向上	携帯電話機に通信回線自動切換装置を備える
			特開2000-78066	H04B 7/15	信頼性向上	複数の被制御装置は受信した信号が自身に対する信号を判別し、次の被制御装置に順次送信する
			特開2001-186043	H04B 1/40	信頼性向上	通信回路出力レベル検出手段と検出電圧の増幅手段と出力レベルを一定に保つ可変利得増幅手段を備える
			特開2000-32026	H04L 12/46	時間削減	万能リモコンと複数の被制御装置の間に統括被制御装置を設け、確立時間の短い媒体で接続する
		システム構成	特開平8-274777	H04L 12/28 303	設備簡略化	無線通信手段を備えた複数の端末からなる無線LAN通信システム
			特開平9-83528	H04L 12/28	設備簡略化	端末機相互間で直接通信できない時基地局を介する検知経路により中継送信を可能とする
			特開平11-284617	H04L 12/28	設備簡略化	他機識別信号を記憶し一定期間受信しない識別信号を除去する
		その他	特開2000-333275	H04Q 9/00 321	その他	連携して動作する複数個の機器を一つの仮想機器として管理する
			特開2001-186088	H04B 10/105	その他	赤外線無線LANの送信結果に応じて次の赤外線発光強度を調整する

表2.14.3-1 シャープの保有特許(2/2)

	技術要素	特許番号	特許分類	課題	概要
5	ループプロトコル関係 / 通信性能	特開2000-183944	H04L 12/46	通信効率	情報処理機器、接続ステーション、形態商法機器とからなり、通信条件を記憶する
	通信品質	特開2001- 24659	H04L 12/28	信頼性向上	被制御機器の通信用アドレスが固定部分と可変部分の2つに分かれる
	通信障害	特許第3086989号	H04L 12/46	通信不能・障害防止	複数台の光インターフェイスと無線モデムをRS-485で接続し、光インターフェイス及び無線モデムのうち1台をホストとRS-232Cで接続する
6	誤り制御 / 伝送効率の向上	特許第3205311号	H04B 101/05	回線品質変動への対応	1次局からの出力を初期値から増加させ2次局を発見し、再度同手順を繰り返し発見した出力に設定する(図)
	信頼性の向上	特開2001- 28590	H04L 12/28	システムの信頼性	子局が所定時間経過前に延長用ポーリング応答を送信する
	その他	特開平 9- 18483	H04L 12/28	その他	サービス提供が可能か否かの情報をサーバが所定の時間間隔で同報送信する
		特開2000- 92235	H04M 11/00 303	その他	無線監視カメラ、アクセスポイント、表示装置の間でSS無線で通信する
7	トラフィック制御 / 通信回線の利用率向上	特開平 8- 32596	H04L 12/28	通信回線の利用率向上	複数回受信したパケットを相互比較して、重複するデータのうちの1つを有効データとして取り込み他を破棄
		特開平11-298631	H04M 11/00 303	通信回線の利用率向上	回線速度テーブルに記憶された回線名と伝送速度から回線速度を算出し回線自動選択部に与える
		特開2001-217857	H04L 12/44	通信システムの伝送率向上	トランザクションソースマネージャ内テーブル格納値で未使用トランザクションラベルを判断し新規ラベル決定(図)
	その他	特許第3098669号	H04L 12/28	その他	中継装置を介して移動局の情報を交換する2つ以上の交換手段の中から交換部が実行する交換手段を選択する
8	同期 / 通信性能	特開2000-209221	H04L 12/28	通信効率の向上	複数の端末において同期ワードを用いて通信帯域を共有する
	通信障害	特開平 9-326801	H04L 12/28	通信不能・干渉防止	チャネル切換周期以上の時間にわたり同期信号を送信
		特開2000-332852	H04L 29/08	通信不能・干渉防止	パケット無応答及び通信エラー発生頻度等に基づき同期通信タイミングを遅延させる
	システム構成	特開平11-243590	H04Q 9/00 321	省電力	端末間で送受信のタイミングを間欠的に同期して行う場合、無駄な受信動作時間をなくす
		特開2000-284867	G06F 1/32	省電力	各周辺機器を一定サイクルでスリープ/アクティブ状態の間欠切替えを行う
	時刻・位置管理	特開平10- 32604	H04L 12/56	時刻・時間の同期	ネットワーク内の各機器内蔵の時計の時間情報の差をテーブルに格納しておく
9	優先制御 / 通信の確保	特開平 7-303105	H04L 12/28	局や端末の選択	アドホックを優先選択にて通信することによりベースネットワークでのトラフィック低減
	優先順位の制御	特開2001-203703	H04L 12/28	順位の変更	移動端末のアクセス権レベルとアドレス群の対応関係の変更を可能とする
10	機密保護 / 不正アクセス・盗聴の防止	特開2000- 67119	G06F 17/60	無線傍受防止	複数の通信経路のうち通信容量最大のものが一方向無手順無線通信であり、他の1つが相方向有線通信
	接続・認証処理	特開2000- 17918	E05B 65/00	処理の簡素化	電子鍵の挿入により電力が供給される
		特開2001-144812	H04L 12/56	処理の簡素化	ゲートウェイのアドレスと端末のIDの対応リストを登録しておき照合する
		特開2001-197069	H04L 12/28	登録・抹消処理	受信電力量から接近状態を判断し設定を許可

図2.14.3-1 シャープ保有特許の代表図面

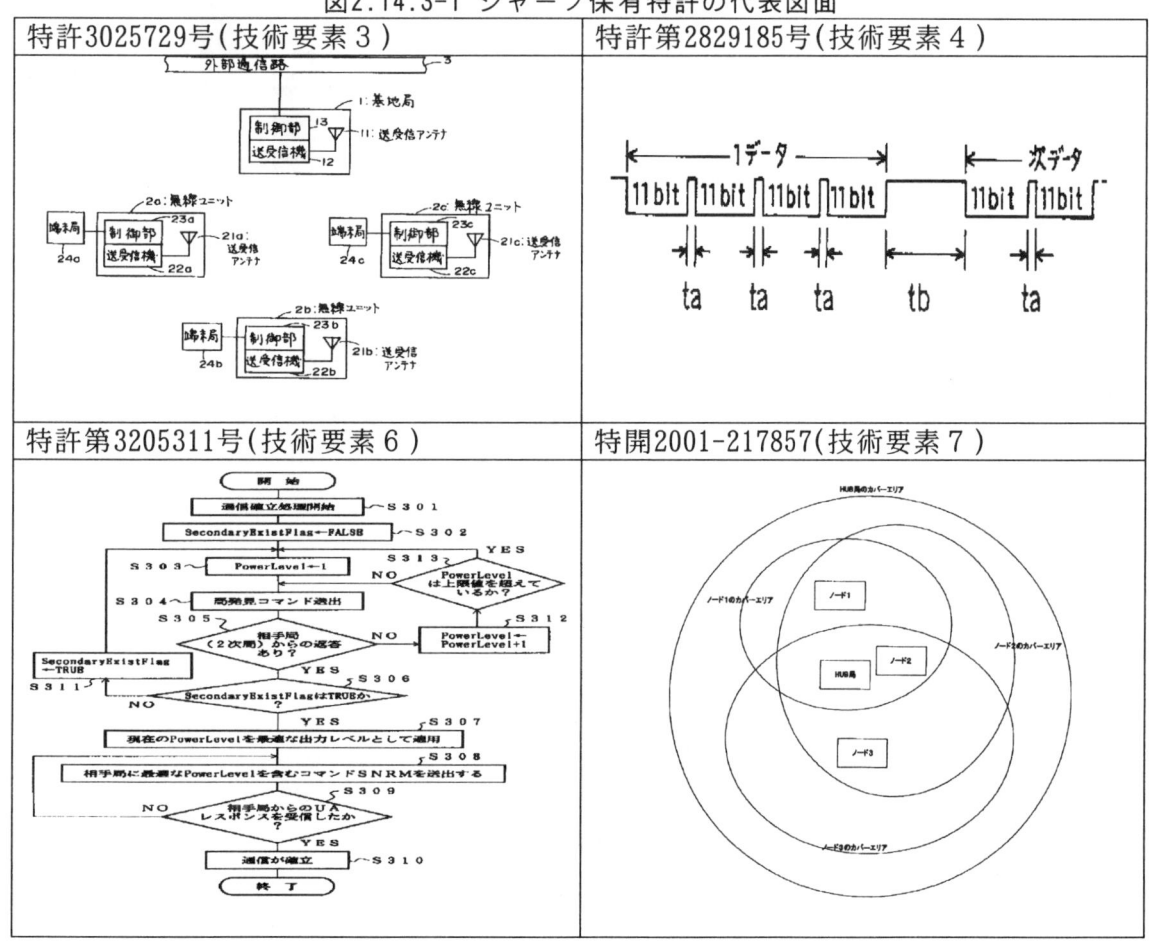

特許3025729号(技術要素3)

特許第2829185号(技術要素4)

特許第3205311号(技術要素6)

特開2001-217857(技術要素7)

2.14.4 技術開発拠点

表2.14.4-1にシャープの開発拠点を示す。

表2.14.4-1 シャープの技術開発拠点

大阪府	本社

2.14.5 研究開発者

図2.14.5-1に出願年に対する発明者数と出願件数の推移を示す。1992年から95年にかけて発明者数、出願件数は増加しているが、96年、97年は減少している。しかし、98年からは回復し増加している。

図2.14.5-2に発明者数に対する出願件数の推移を示す。1997年から99年にかけて出願件数が急増しており、発展期を呈している。しかし、95年から97年までは出願件数は減少している。

図2.14.5-1 出願年に対する発明者数と出願件数の推移

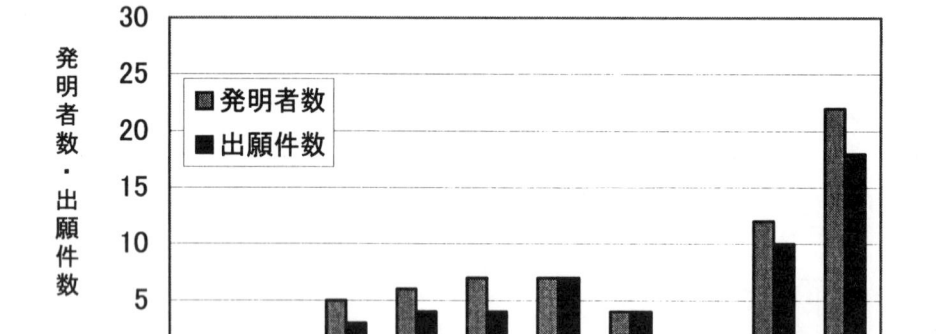

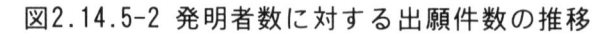

図2.14.5-2 発明者数に対する出願件数の推移

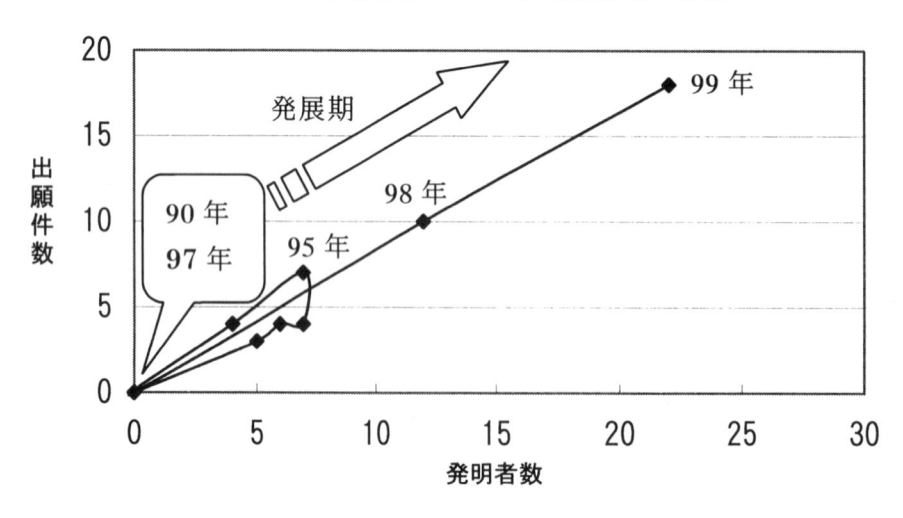

2.15 NTTドコモ

NTTドコモは、1991年以降に公開された、権利存続中あるいは係属中の特許についてみた場合、技術要素9における出願は無いが、これ以外は全ての技術要素で出願されている。最も出願件数が多いのは、端局間の接続手順に関する技術要素である。

出願件数は共同出願も含め46件有るが、このうち8件が特許登録されており、占有制御での登録が6件と多い。

なお、1998年から99年にかけて出願件数、発明者数ともに急増傾向が見られる。

2.15.1 企業の概要

表2.15.1-1にNTTドコモの企業の概要を示す。

表2.15.1-1 NTTドコモの企業の概要

1)	商号	株式会社 NTTドコモ
2)	設立年月	1991年8月
3)	資本金	9,496億7,900万円
4)	従業員	5,764名 (2001年9月現在)
5)	事業内容	通信機器、回線サービス技術、ソフトウェアなどの開発・製造・販売・サービス
6)	技術・資本提携関係	－
7)	事業所	本社/東京　支店/東京都内、神奈川、千葉、埼玉、茨城、栃木、群馬、山梨、長野、新潟
8)	関連会社	ＮＴＴドコモ関西
9)	業績推移	3兆1,183億9,800万円 (1999.3)　3兆7186億9,400万円 (2000.3)　4兆6,860億400万円 (2001.3)
10)	主要製品	携帯電話、PHS、ポケベル、回線サービス
11)	主な取引先	－
12)	技術移転窓口	知的財産部 ライセンス担当　TEL 03-5156-1758

2.15.2 無線LAN技術に関する製品・技術

無線LANに関するNTTドコモの製品は見当たらなかった。

2.15.3 技術開発課題対応保有特許の概要

表2.15.3-1にNTTドコモの保有特許を、図2.15.3-1に代表図面を示す。

表2.15.3-1 NTTドコモの保有特許(1/2)

	技術要素		特許番号	特許分類	課題	概要
1	電波障害対策	伝搬障害対策	特開2001-16153	H04B 7/15	相互干渉低減	廻込波の検出信号に基づいて廻込波キャンセル回路の調整を粗調と微調に切り替える
2	移動端末ローミング	移動局側処理改善	特開2001-189956	H04Q 7/34	移動局の高精度位置把握	最上位階層に位置する通信ノードからセル基地局迄の経路を端末機の位置情報として各通信ノードで分散管理
		その他	特開2000-216820	H04L 12/56	ユーザへのサービス提供向上	移動局が加入したサーバと加入以外のサーバとのサーバ電話番号とURLを移動局に格納する
3	占有制御	通信性能	特許第2728730号	H04Q 7/38	通信効率（NTT共願）	共用チャネルの使用状態を知り情報の送出を制御する
			特許第2733110号	H04L 12/28	通信効率（NTT共願）	受信不可能時及びデータ比較が不一致時送信を抑止する
			特開平10-13879	H04Q 7/06	通信効率	基地局から送信する呼出信号列に基地局毎に異なる識別信号を挿入し、呼出受信機は受信した基地局識別信号から一意に決定される符号を用いた変調により応答信号を送信
			特許第2914721号	H04B 7/24	通信速度（NTT共願）	制御局から応答要求信号を受信時、受信データパケットに応答信号を送出する
			特許第2914722号	H04B 7/24	通信速度（NTT共願）	送信権を有する時のみ移動機にポーリングを行う無線パケット交互通信
			特開平9-312881	H04Q 7/38	通信速度	無線回線の伝送速度以下の速度の呼は、1無線回線を専有して使用し、回線の伝送速度以上の呼は複数の無線回線を専有して使用する
			特許第2846341号	H04L 12/28	高速通信（NTT共願）	チャネルを複数種スロットの周期的繰り返しにより構成
		通信障害	特許第2986388号	H04Q 7/36	干渉防止	レベル測定を行うチャネルであるとまり木チャネルが各基地局に1つずつ割り当てられ、同一のとまり木チャネルが互いに干渉を与え合わないよう繰り返して配置される(図)
			特開2000-32530	H04Q 7/22	干渉防止	移動局が次信号を送信する際、アクセス可否情報が少なくとも2回連続して可を通知されるまで待機時間を設ける
		通信の品質	特開2001-28614	H04L 29/10	機能性	PCにPHS通信モジュールと無線LAN通信モジュールを設け、制御モジュールは送信メッセージの属性に基づいて利用通信モジュールを自動的に選択
4	端局間の接続手順	通信障害	特許第2912884号	H04J 13/04	衝突対策	CDMA移動通信システムの共通チャネルをアクセスチャネルとメッセージチャネルに分離しパケットの衝突確率を低減化しマルチアクセス方法を機能させる
			特開2000-316183	H04Q 7/36	障害対策	電波干渉の情報に基づき、干渉が発生しないチャンネルを割当てる
			特開2001-189954	H04Q 7/22	通信効率化	通信サービスエリアに設置した複数の基地局を非階層的に所定の網にて接続する
			特開2001-203740	H04L 12/46	通信効率化	LAN接続装置に対してダイヤルアップにより回線接続を行い、パケット転送のためのコネクションを形成する
		通信性能	特開平11-205387	H04L 12/66	ネットワーク間接続	移動通信端末情報により目的のパケット交換網を選択する
			特開2001-24700	H04L 12/56	アクセス簡略化	配信サーバからノード経由で配信し、ノードは、配信エリア情報とサービス品質情報を含む制御パケットの受信手段と、受信情報の内容に従って制御パケットのルーチングノードを決める手段を持つ、この決定でルーチングノードが複数の場合は分割処理後階層的に決める
		通信品質	特開2001-160018	G06F 13/00 354	信頼性向上	キャッシュすることができるデータサイズを移動通信網を介してサーバに通知する手段を備える
			特開2001-196986	H04B 7/15	信頼性向上	加入者系処理装置に移動機へのサントランジット情報の送信指示手段と移行命令送信指示手段を備える
		システム構成	特開2001-211487	H04Q 9/00 321	設備簡略化	複数の端末装置の端末情報を収集して記憶させパケット通信網を介してセンタ装置に送信する
		その他	特開平11-313070	H04L 12/28	その他	無線端末にデータ処理計算機からスケジュールデータを送る
			特開2001-4385	G01C 21/00	その他	携帯電話機からの要求に従って地図サーバが、経路案内文と経路案内地図を作成して無線回線経由で送付して表示させる、この送付画面にはアクセスキーを含む
			特開2001-4386	G01C 21/00	その他	端末からの要求に基づき、情報コンテンツ提供サーバが特定タグを付した情報を含む情報コンテンツを該端末に送信して、端末側で特定タグ部分を選択させる
			特開2001-156986	H04N 1/00 107	その他	携帯端末から取得したデータを画像データに変換する信号変換器を携帯端末と情報出力装置間に介挿

表2.15.3-1 NTTドコモの保有特許(2/2)

	技術要素		特許番号	特許分類	課題	概要
5	プロトコル関係	通信性能	特開平11-205370	H04L 12/46	通信効率	同一レベルの層間においてデータの相互交換を行うゲートウェイ装置を具備する
			特開2000-216808	H04L 12/54	通信速度	ゲートウェイが下り受信、送信、通信端末が端末受信、表示ステップを有する電子メール受信方法
			特開2000-341330	H04L 12/56	通信効率	通知、付与、トネリングパケット転送、トネリングヘッダ除去、宛先変換、パケット転送ステップを有する
		通信品質	特開2001-186125	H04L 12/14	機能性	事業者サーバとユーザ端末間に、記憶、受信、判断、実行ステップを備えた中継装置を含む
			特開2001-45534	H04Q 7/22	信頼性向上	複数の基地局をクラスタ化し、総括局は回線制御局と接続し、直接間接に基地局と接続する
		通信障害	特開平10-13469	H04L 12/66	通信路確保	マルチプロトコルに対応するデータ通信システム
			特開平10-13470	H04L 12/66	通信路確保	ネットワーク上に互いに異なる論理ネッタワーク番号を有する論理ネットワークを定義する
6	誤り制御	伝送効率の向上	特許第2934279号	H04Q 7/38	その他	移動機あるいは交換局までのパケットの受信が完了するまで、そのパケットを保持する(図)
		信頼性の向上	特開2001-156704	H04B 7/26	システムの信頼性	送信信号の誤り訂正方式を変更し、エラー率を劣化させ、近距離以外は受信できないようにする
7	トラフィック制御	トラフィック低減、スループット向上	特開2000-13823	H04Q 3/58 101	トラフィック変動抑止、分散	回線制御装置はネット情報を端末に送り、端末はこの情報で最適経路を選択して通信を行う(図)
		通信回線の利用率向上	特開2000-307660	H04L 12/66	通信回線の利用率向上	パケット交換の回線を用いるか、回線交換の回線を用いるかを通信データ量低減、通信困難で切換える
		チャネル割当適正化、処理時間短縮	特開2001-186573	H04Q 7/38	呼びから応答までの処理時間短縮	無線基地局は移動ホストにIPアドレスを割当てた結果、手持ちが無くなった時サーバから取得する
			特開2001-197124	H04L 12/66	呼びから応答までの処理時間短縮	セルラか衛星パケットかを判断し、この結果で無線区間の応答待ちタイマ値を設定する
		その他	特開2001-16201	H04L 12/18	サービス、通信品質向上及び消費電力低減	蓄積装置側はユーザIDと共に蓄積情報を分割して送信し、端末側は受信情報を結合して表示させる
			特開2001-28591	H04L 12/28	その他	基地局からの無線単位時間に発生する一連の複数のATMセルの先頭に識別子と品質を表す情報を設定
			特開2001-157257	H04Q 7/38	サービス、通信品質向上及び消費電力低減	特定の発信先番号をDBに登録し移動局の発信番号を照合して一致しない時には通信を行わせない
			特開2001-148884	H04Q 7/38	その他	接続状況をネットが検出し、移動局の接続状況を、他の通信接続中の移動局に通知する
8	同期	通信障害	特開2001-204073	H04Q 7/38	通信不能・干渉防止	基地局が移動局に対する送信出力を停止している期間中、アイドルデータを所定のタイミングで出力する
10	機密保護	不正アクセス・盗聴の防止	特開平11-355355	H04L 12/56	端末への不正アクセス防止	配信情報の受け付け時に端末の認証を行う
		情報の保護	特開2000-216887	H04M 3/42	加入者情報の保護	通信端末の使用者に関する個人情報を接続ノードの一時格納手段に格納する

図2.15.3-1 NTTドコモ保有特許の代表図面

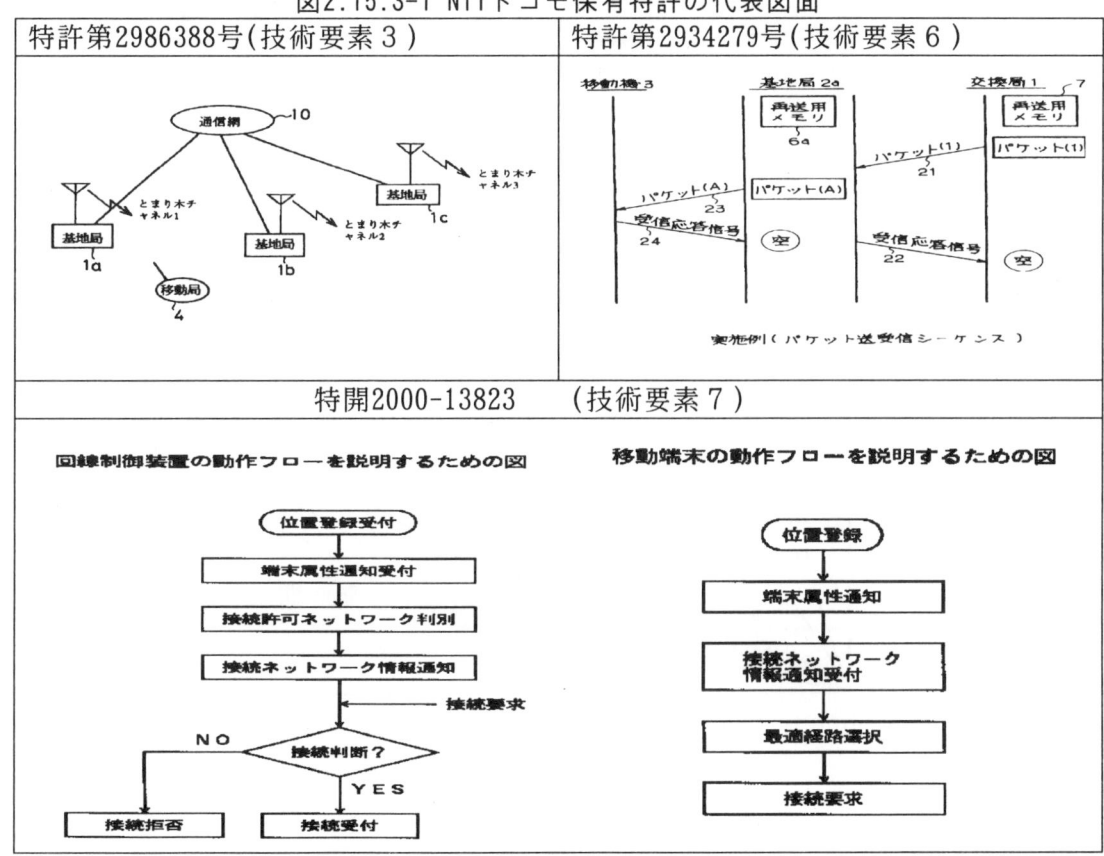

2.15.4 技術開発拠点

表2.15.4-1にNTTドコモの技術開発拠点を示す。

表2.15.4-1 NTTドコモの技術開発拠点

東京都	本社
愛知県	ドコモ東海

2.15.5 研究開発者

　図2.15.5-1に出願年に対する発明者数と出願件数の推移を示す。1995年から99年にかけて発明者数、出願件数は増加しているが、97年のみ出願がみられない。
　図2.15.5-2に発明者数に対する出願件数の推移を示す。1997年から99年にかけて出願件数が急増しており、発展期を呈している。

図2.15.5-1 出願年に対する発明者数と出願件数の推移

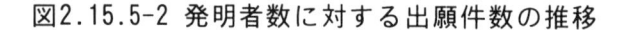

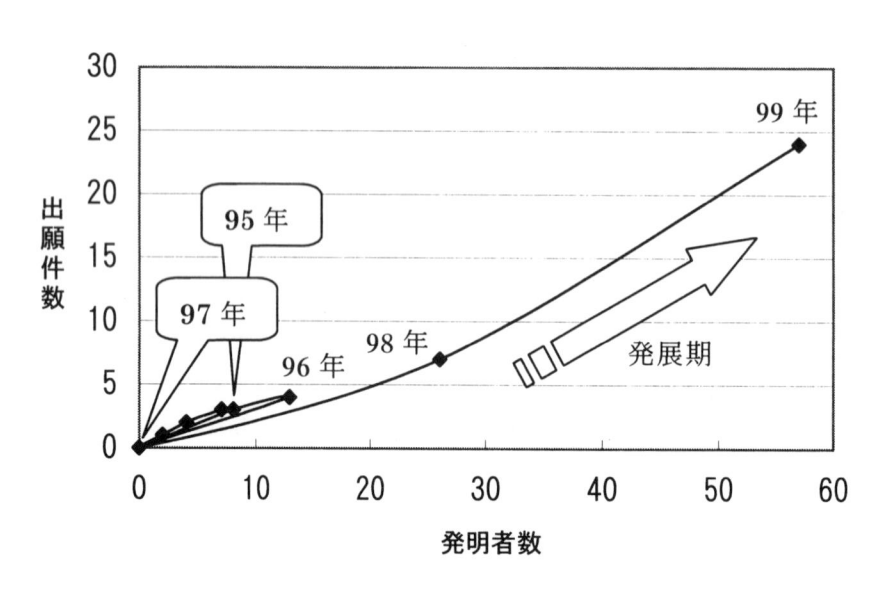

図2.15.5-2 発明者数に対する出願件数の推移

2.16 東芝テック

　東芝テックは、1991年以降に公開された、権利存続中あるいは係属中の特許についてみた場合、技術要素2と10における出願は無いが、これ以外は全ての技術要素において出願されている。最も出願件数が多いのは、誤り制御に関する技術要素である。
　出願件数は共同出願も含め36件有るが、このうち5件が特許登録されており、誤り制御での登録が2件と多い。
　なお、1996年から99年にかけて出願件数、発明者数ともに増加傾向が見られる。

2.16.1 企業の概要

表2.16.1-1に東芝テックの企業の概要を示す。

表2.16.1-1 東芝テックの企業の概要

1)	商号	東芝テック 株式会社
2)	設立年月	1950年2月
3)	資本金	3,997億円
4)	従業員	5,442名（2001年9月現在）
5)	事業内容	店舗用機器などの開発・製造・販売・サービス
6)	技術・資本提携関係	－
7)	事業所	本社/東京　工場/大仁、柳町、三島、秦野
8)	関連会社	テックエンジニアリング
9)	業績推移	2,969億2,600万円（1999.3）　3,488億7,100万円（2000.3）　3,372億700万円（2001.3）
10)	主要製品	POSシステム、電子レジスタ、事務用コンピュータ、ハンディターミナル、モータ
11)	主な取引先	－
12)	技術移転窓口	知的財産権部　TEL 03-3292-4020

2.16.2 無線LAN技術に関する製品・技術

無線LANに関する東芝テックの製品は見当たらなかった。

2.16.3 技術開発課題対応保有特許の概要

表2.16.3-1に東芝テックの保有特許を、図2.16.3-1に代表図面を示す。

表2.16.3-1 東芝テックの保有特許

	技術要素		特許番号	特許分類	課題	概要
1	電波障害対策	伝搬障害対策	特開平 8-251066	H04B 1/40	相互干渉低減	遅延回路からとキャリアセンス部からの信号の一方が搬送波受信ありの時自局の送信を禁止
			特開2000-332667	H04B 7/08	フェージング	端末局特定の後端末局に対応した重み付け値に基づいたアンテナ素子の指向性制御
		環境確保	特開平 8- 22496	G06F 17/60	伝搬環境確保	店舗内の電波伝播環境の変化の予測に従った通信装置の送信電力の制御
		ノイズ対策	特開2000-134220	H04L 12/28	他機器からの妨害対策	受信状態記憶部が状態信号を保持している間は無線タグに対する質問波の送信を禁止
3	占有制御	通信障害	特開平 9- 64788	H04B 1/713	衝突防止	無線ゾーンの中の全ての無線局はある時間間隔で待受周波数を切替え、通信時には待受周波数で送受信を行い各無線ゾーンにおけるホッピング周波数の数を同一にする(図)
			特開2000-165401	H04L 12/28	干渉防止	スペクトル拡散した信号を中継装置にて逆拡散して狭帯域信号に変換し、この狭帯域信号を各室の中継アンテナから無線局に送信
4	端局間の接続手順	通信障害	特開平10-190670	H04L 12/28	障害対策	被制御端末と上位機器との通信回路を確保する無線データ通信と二重化方法
		通信性能	特開2000-339551	G07G 1/14	通信効率化	情報量の多いデータの通信には電力線を、リアルタイム性が要求されるデータには通信回線を利用する
		通信品質	特許第2984551号	H04B 7/24	信頼性向上	親局との通信異常を検知すると自動的に他の子局に親局との中継を要求する(図)
			特開平10-107800	H04L 12/28	信頼性向上	無線通信に必要な最小レベルの無線出力を設定する
			特開2000-332666	H04B 7/08	信頼性向上	受信レベル検出手段と、受信系・送信系の重み付け値書き換え手段を備える
			特開平11-275658	H04Q 7/38	時間削減	システム制御装置の基地局と携帯無線端末機を回線接続する
		その他	特開平11-243392	H04L 12/28	その他	端末への無線データ種類を解読し光の色でデータ種類を示す
5	プロトコル関係	通信性能	特開2000- 59380	H04L 12/28	通信効率	各無線基地局よりＡＲＰ要求伝文を受信したホスト装置は送信元の物理アドレスに更新する
		通信品質	特開平11-136257	H04L 12/28	信頼性向上	ブロードキャストウウ通信用の解決プロトコルコマンドフレームを利用して伝送確認をする
			特開2001- 36564	H04L 12/46	信頼性向上	物理通信アドレスと論理通信アドレスを対応付けし、アドレス管理とデータパケット相互通信の可能化
6	誤り制御	伝送効率の向上	特許第3096568号	G06F 17/60 120	衝突・混信の回避	第1のチャネルで注文情報を、第2のチャネルで品切れ情報を伝送する
			特開平11-177530	H04J 13/06	回線品質変動への対応	親局及び全ての子局が予備のホッピングパターンを保持し、通信品質により変更する
			特開平11-187039	H04L 12/28	その他	中継局に受付条件を記憶し、受付データと受付条件の適合を判別し、適合時はホストへ送信
			特開平11- 77531	H04J 13/06	衝突・混信の回避	障害ゾーンのホッピングパターンを第1のパターンに、他ゾーンを第2のパターンに変更
		信頼性の向上	特開平 8-329352	G07G 1/14	システムの信頼性	無線通信が異常になった場合、電力供給線を利用した有線通信に切り替える
			特開平11-284631	H04L 12/28	システムの信頼性	最端端末と無線接続した制御装置を設け、応答なしの時、制御装置がデータを送信
			特開平11-191747	H04B 17/13	システムの信頼性	ホッピングパターンの周波数毎に通信品質情報を取得、記憶する
		その他	特許第2524661号	H04L 12/28	その他	サテライト親機は、受信データをマスタ親機に送信し、マスタ親機での参照結果に応じて有効か否かを判断(図)
7	トラフィック制御	トラフィック低減、スループット向上	特開2001-218255	H04Q 7/36	無駄なトラフィック発生を抑制	制御装置が、各基地局から放射される電磁波の周波数、出力タイミングが各基地局間で互いに重複しないよう制御
			特許第3100285号	H04L 12/28	チャネル割当要求の回数低減	トラフィック量が閾値を超えるとデータ格納しトラフィック量が閾値以下の時、格納された通信データを送信
		チャネル割当適正化、処理時間短縮	特開平10- 98414	H04B 1/713	通信速度、周波数、チャネル等の適正化	無線親局は周囲の無線ゾーンの無線親局がどのパターンを使用しているか検出し、このパターン以外で通信開始(図)
			特開平10-154275	G07G 1/14	通信速度、周波数、チャネル等の適正化	子局が同期フレームを受信監視時間以内に受信できなかった時、同期フレームに対応する次の無線周波数に切換
			特開2000-232449	H04L 12/28	通信速度、周波数、チャネル等の適正化	送信データを蓄積し所定数を超えると送信、送信先ビジーではデータ送信間隔広げ送信頻度を低くする
			特開平 9- 18484	H04L 12/28 303	呼びから応答までの処理時間短縮	伝送データ長が所定長を超える時、親機は制御装置からのデータ受信が終わる前にデータ分割し子機に送信
8	同期	通信性能	特開平 8- 51434	H04L 12/28	通信効率の向上	通信アドレスコードが予め設定された無チェックコードか否かを判断する
			特許第2835285号	H04J 13/06	通信効率の向上	ホッピングの初期同期を簡単な制御でしかも高速に可能にする
		通信障害	特開平10- 98450	H04J 13/06	通信不能・干渉防止	同期外れから同期回復までの時間を短縮する
		システム構成	特開2000-307505	H04B 7/26	構成の簡略化	中継局の使用する周波数チャネルの拡散率を均一化する
			特開2000-307550	H04J 13/06	省電力	無線局からの制御信号の受信処理が終了し、次の受信まで受信部への電力供給を停止させる
9	優先制御	通信の確保	特開平 9- 93178	H04B 7/24	局や端末の選択	優先順位テーブルの順位に従い送信が正常に完了するまで局を順次選択してデータ送信

124

図2.16.3-1 東芝テック保有特許の代表図面

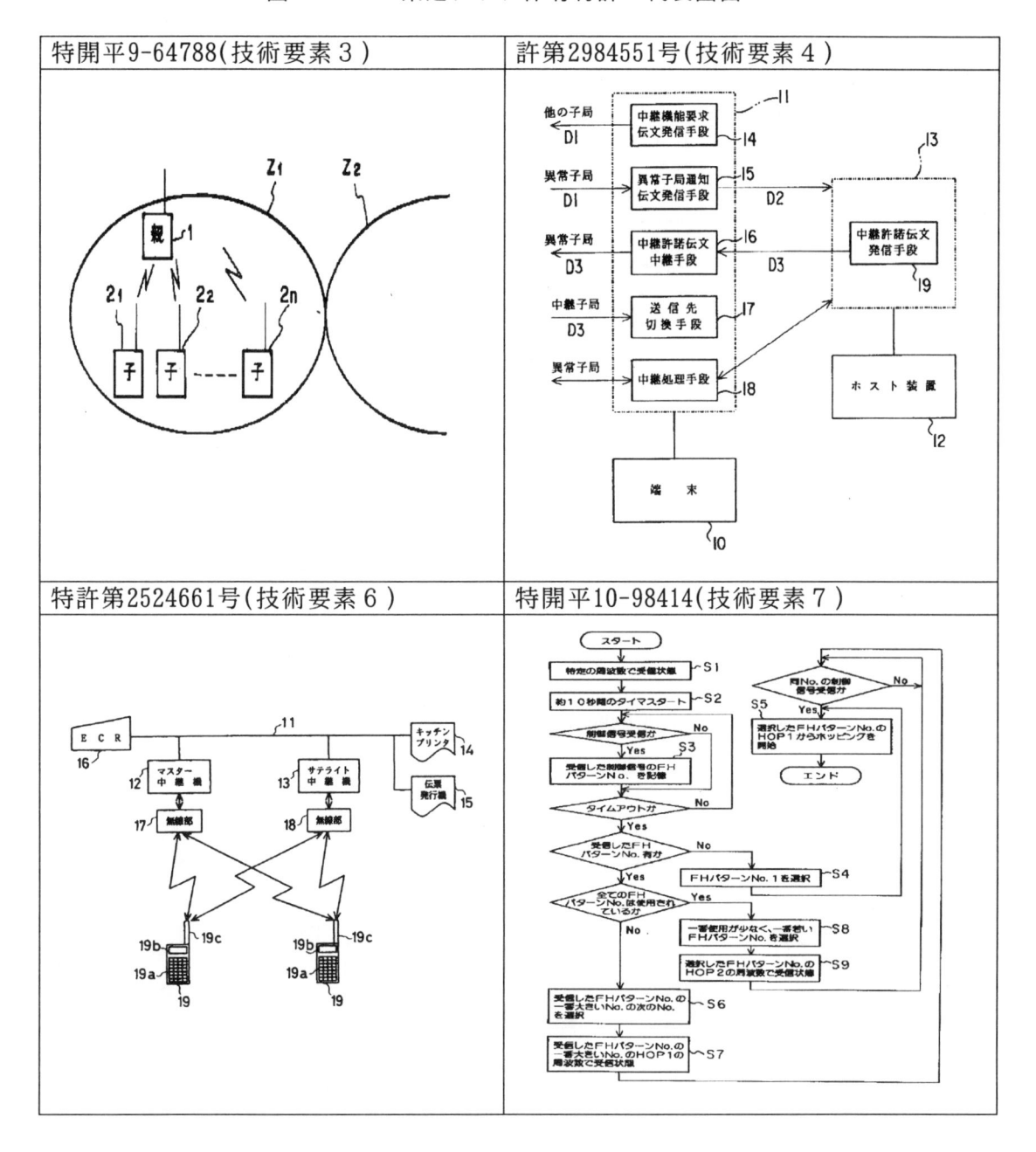

2.16.4 技術開発拠点

表2.16.4-1に東芝テックの技術開発拠点を示す。

表2.16.4-1 東芝テックの技術開発拠点

東京都	本社
神奈川県	－(＊)
静岡県	－(＊)
静岡県	テック技術研究所
静岡県	テック三島事業所
静岡県	三島工場
静岡県	大仁事業所
静岡県	大仁工場

(＊)特許公報に事業所名の記載なし。

2.16.5 研究開発者

図2.16.5-1に出願年に対する発明者数と出願件数の推移を示す。1994年から96年にかけて発明者数は減少しているが、96年からは回復している。
図2.16.5-2に発明者数に対する出願件数の推移を示す。1992年から94年にかけて出願件数が増加しており、発展期を呈している。

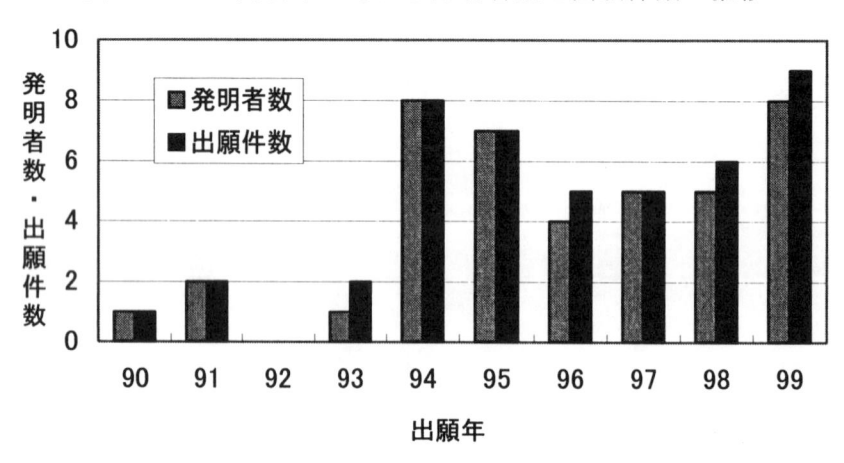

図2.16.5-1 出願年に対する発明者数と出願件数の推移

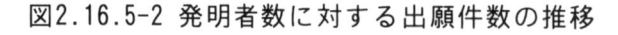

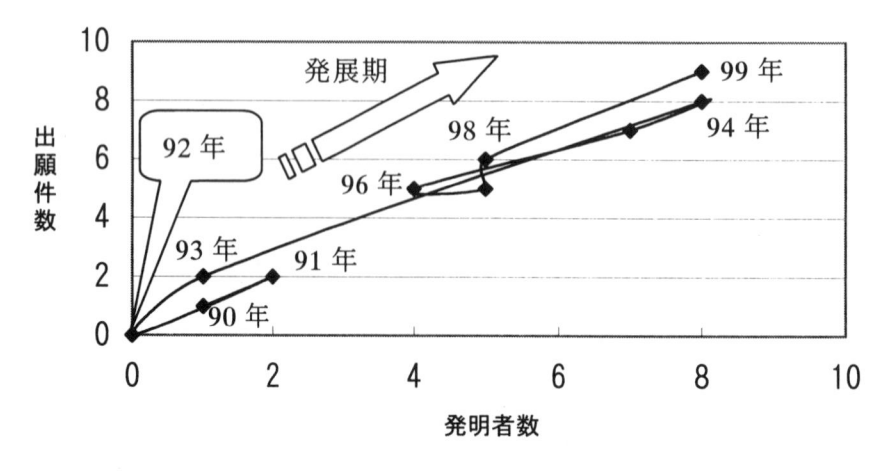

図2.16.5-2 発明者数に対する出願件数の推移

2.17 沖電気工業

　沖電気工業は、1991年以降に公開された、権利存続中あるいは係属中の特許についてみた場合、技術要素1、9および10における出願は無いが、これ以外は全ての技術要素において出願されている。最も出願件数が多いのは、占有制御に関する技術要素である。
　出願件数は共同出願を含め22件有るが、このうち4件が特許登録されている。
　なお、1998年から99年にかけて出願件数、発明者数ともに急増傾向が見られる。

2.17.1 企業の概要

表2.17.1-1に沖電気工業の企業の概要を示す。

表2.17.1-1 沖電気工業の企業の概要

1)	商号	沖電気工業株式会社
2)	設立年月	1949年11月
3)	資本金	678億6,200万円
4)	従業員	8,105名（2001年9月現在）
5)	事業内容	通信機器、電子デバイスなどの開発・製造・販売・サービス
6)	技術・資本提携関係	－
7)	事業所	本社/東京　支社/関西、東北、中部、九州他　工場/沼津、高崎、八王子、本庄、富岡
8)	関連会社	沖電気工事、沖データ、沖カスタマアドテック他
9)	業績推移	6,731億7,000万円（1999.3）　6,697億7,600万円（2000.3）　7,402億5,000万円（2001.3）
10)	主要製品	コンピュータ・テレフォニー統合システム、電話機、PBX、交換機、ルータ、TV会議システム、半導体
11)	主な取引先	－
12)	技術移転窓口	法務・知的財産部　TEL 03-3455-2988

2.17.2 無線LAN技術に関する製品・技術

無線LANに関する沖電気工業の製品は見当たらなかった。

2.17.3 技術開発課題対応保有特許の概要

表2.17.3-1に沖電気工業の保有特許を、図2.17.3-1に代表図面を示す。

表2.17.3-1 沖電気工業の保有特許

	技術要素	特許番号	特許分類	課題	概要
2	移動端末ローミング / 高速ローミング	特開2000-209265	H04L 12/56	パケットの確実送信、転送	移動局はルータにパケット送信し、ルータは後続ルータに地域内の地形を考慮してコピーパケットを転送する
		特開2000-209281	H04L 12/66	パケットの確実送信、転送	移動局はルータにパケット送信し、ルータは後続ルータにコピーパケットを転送する
		特開2000-244550	H04L 12/46	パケットの確実送信、転送	端末がネットワーク移動時に登録用のパケットを送信し、HAは受信パケットプログラムを実行し登録処理する
3	占有制御 / 通信性能	特開2001-78254	H04Q 7/38	通信効率	端末局が、データパケット送信に先立って転送予約用タイムスロットにおいてデータパケットより短い制御パケットを送信するようにした
		特許第2566015号	H04B 7/26	通信速度	同時の多数の、瞬時に特定のTRCとの情報交換(図)
		特許第3054613号	H04L 12/28	高速通信	受信側は受信したパケットの誤り検出符号に基づいて受信誤りを検出すると、送信側へ受信したパケットの再送要求を通知する誤り検出器を備えた
	通信障害	特開平9-16501	G06F 13/00	通信不能・障害防止	近接配置された端末は連続してポーリングされないようにし、端末の配置が原因で局所的に一時的に通信不能となるような場合に連続して失敗する回数を減少させる
		特開2000-68895	H04B 1/707	通信不能・障害防止	パケットが送信できなかった回数に応じて送信する確率を高くする
	通信の品質	特開平11-345290	G06K 17/00	信頼性向上	初期応答が得られない場合には新たな時間を設定し、初期応答を受信できたときにデータの通信を行う
4	端局間の接続手順 / 通信障害	特許第2742160号	B41J 29/00	障害対策	グループ番号とプリンタ番号のテーブルを持ち印字不可能の場合には他のプリンタIDを読み込んでアクセスする
	通信性能	特開2001-136174	H04L 12/28	通信効率化	ATMセルを呼接続情報毎に振り分け、呼接続情報毎に変調して送信する
	通信性能	特開平10-155167	H04Q 3/58 101	ネットワーク間接続	公衆網での無線電話と事業所内の子機として使用可能なコードレス電話を収容する構内交換機を設置しPCと接続する
5	プロトコル関係 / 通信品質	特開2000-316021	H04L 12/56	信頼性向上	受信した通信プロトコルに応じて中継プロトコルを選択し、通信パケットを中継する
6	制御誤り / 伝送効率の向上	特開2001-36586	H04L 12/66	回線品質変動への対応	受信確認信号の返送を、上り通信パケットに相乗りさせる
		特開2001-138915	B61L 23/06	衝突・混信の回避	自己IDの下位ビットに対応したタイミングスロットでACK信号を返送する(図)
7	トラフィック制御 / 通信回線の利用率向上	特開2001-125860	G06F 13/00 357	ネットワーク異常の検出、回避	有線LANに接続したサーバと、異種LAN接続でルータ経由で上記サーバにデータ転送するAP装置を備える
	チャネル割当適正化、処理時間短縮	特開2001-45013	H04L 12/28	通信速度、周波数、チャネル等の適正化	チャネルアイドル時は自車両情報と自車両IDを送信、ビジー時は車両台数で最大キャリアセンス時間間隔設定
	その他	特開平7-312610	H04L 12/28	サービス、通信品質向上及び消費電力低減	無線リンク要求元ノードは、要求先ノードからの受信強度通知信号で送信電波出力を制御する
		特許第2750207号	H04L 12/28	その他	通信妨害発生しやすさ指標となるエリア多重度を求め、多重度の最低から順にチャネル割当てを選択
8	同期 / 通信障害	特開平10-190664	H04L 12/28	通信不能・干渉防止	基準位相情報に基づくパケット長に等しいスロット期間内のどの位相から送信するかを決定
	システム構成	特開平10-23531	H04Q 7/38	操作性・作業性の改善	受信タイミングを複数の受信タイミング回路に個別に保持する
		特開2001-186133	H04L 12/28	構成の簡略化	即時性通信チャンネルに応じてフレームの1周期を分割し、非即時性単位信号を一時蓄積し、即時性単位信号が無い場合に非即時性単位信号を呼び出して送る

図2.17.3-1 沖電気工業保有特許の代表図面

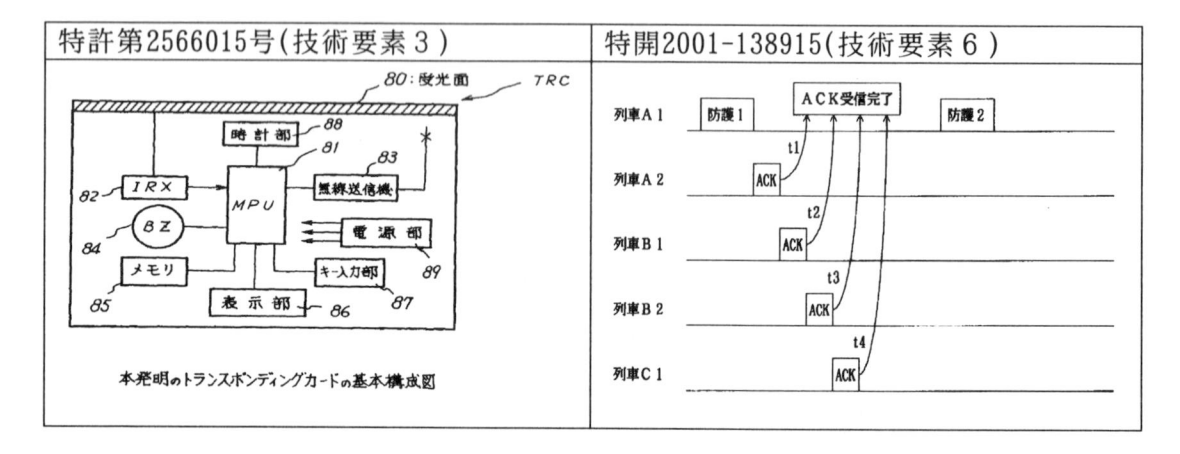

2.17.4 技術開発拠点

表2.17.4-1に沖電気工業の発明者が存在する技術開発拠点を示す。
表における、慶應義塾大学日吉校舎内は、ある1件の特許（出願人は沖電気工業の単独出願）の発明者のうちの一人の住所として公報に記載されているものであり、詳細は不明である。

表2.17.4-1 沖電気工業の技術開発拠点

東京都	本社
神奈川県	－(*)
神奈川県	慶應義塾大学日吉校舎内

(*) 特許公報に事業所名の記載なし。

2.17.5 研究開発者

図2.17.5-1に出願年に対する発明者数と出願件数の推移を示す。1990年から91年と、98年から99年にかけて発明者数、出願件数共に増加している。
図2.17.5-2に発明者数に対する出願件数の推移を示す。1998年から99年にかけて発明者数及び出願件数が増加しており、発展期を呈している。

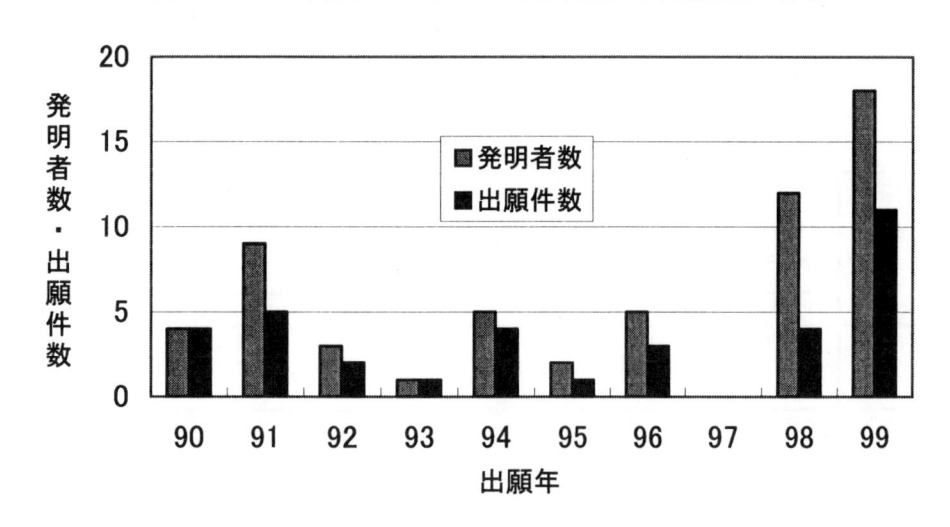

図2.17.5-1 出願年に対する発明者数と出願件数の推移

図2.17.5-2 発明者数に対する出願件数の推移

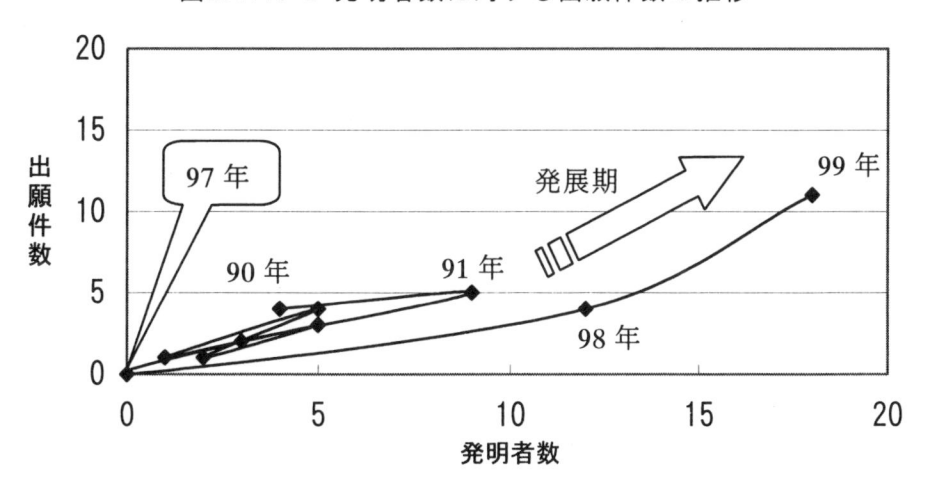

2.18 リコー

　リコーは、1991年以降に公開された、権利存続中あるいは係属中の特許についてみた場合、技術要素2と8における出願は無いが、これ以外は全ての技術要素において出願されている。最も出願件数が多いのは、占有制御に関する技術要素である。
　出願件数は共同出願も含め30件有るが、このうち2件が特許登録されている。
　なお、1994年に出願件数の、96年に発明者数のピークが見られる。

2.18.1 企業の概要

　表2.18.1-1にリコーの企業の概要を示す。

表2.18.1-1 リコーの企業の概要

1)	商号	株式会社リコー
2)	設立年月日	1936年2月
3)	資本金	1,034億3,400万円(2001年3月31日現在)
4)	従業員	12,242名
5)	事業内容	OA機器、カメラ、電子部品、機器関連消耗品の製造・販売
6)	技術・資本提携関係	[技術援助契約先] Xerox(米国)、International Business Machines(米国)、ADOBE Systems(米国)、Jerome H. Lemelson(米国)、Texas Instrument(米国)、日本IBM、シャープ、キヤノン、ブラザー工業
7)	事業所	本社／東京都港区南青山1-15-5　リコービル 工場／兵庫県加東郡、神奈川県厚木市、静岡県沼津市、大阪府池田市、神奈川県秦野市、福井県坂井市、静岡県御殿場市
8)	関連会社	東北リコー、迫リコー、リコーユニテクノ、リコーエレメックス、リコー計器、リコーマイクロエレクトロニクス、その他
9)	業績推移		H11.3	H12.3	H13.3
	売上高(百万円)	720,502	777,501	855,499
	当期利益(千円)	18,977,000	22,613,000	34,404,000
10)	主要製品	デジタル／アナログ複写機、マルチ・ファンクション・プリンター、レーザプリンター、ファクシミリ、デジタル印刷機、光ディスク応用商品、デジタルカメラ、アナログカメラ、光学レンズ
11)	主な取引先	東京リコー、エヌビーエスリコー、大阪リコー、神奈川リコー、リコーリース

2.18.2 無線LAN技術に関する製品・技術

無線LANに関するリコーの製品は見当たらなかった。

2.18.3 技術開発課題対応保有特許の概要

表2.18.3-1にリコーの保有特許を、図2.18.3-1に代表図面を示す。なお、掲載の特許については開放していない。

表2.18.3-1 リコーの保有特許

	技術要素		特許番号	特許分類	課題	概 要
1	障害電波対策	環境確保	特開平11-317708	H04B 10/105	伝搬環境確保	円弧状に回転する送信部を有する光アクセスステーション
			特開平 9-130381	H04L 12/28	障害物影響除去	遮蔽物による電波遮断の場合不通区間にOAMセルを形成し擬似的に接続性を維持
3	占有制御	通信性能	特開平 8-307315	H04B 1/707	通信効率	各サブネットワーク間の回線の分離をスペクトル拡散通信における符号分割方式によって行うことにより複雑な送信電力制御を必要とせず、周波数利用効率を向上できる
		通信障害	特開平11-205346	H04L 12/28	通信不能・障害防止	保守管理情報の通知をポーリング方式で行う時間と、機器の故障あるいは異常等を子局側から親局側に通知する時間を設定し、アラームパケットを確実に通知
			特開平10-135965	H04L 12/28	干渉防止	2つのグループを1つにまとめる時にグループのホスト間でチャネル設定の取り決めを行うための通信手段を備え、異なる無線LANを統合LANとして再編成する
		システム構成	特開平 9-121216	H04L 12/28	設備の簡略化	移動局と基地局が通信中である場合、他移動局からのラッチされたリンク要求を、一定時間通信を中断したときに基地局において管理テーブルに記憶させる
			特開平 9-130352	H04J 3/00	設備の簡略化	親局から伝送されたTDMAの指定されたスロットに対応するデータ種別を認識
			特開平10- 32574	H04L 12/28	省電力化	間欠受信でトランシーバの消費電力を大幅に低減でき、バッテリ駆動されている無線端末の動作時間を大幅に長くできる
			特開平11-234284	H04L 12/28	省電力化	ホスト端末は検索した信号強度に応じてそのグループ内の送信電力を設定する
			特開平11-112526	H04L 12/28	作業性	OA機器の識別アドレスを、機器固有の機種、機番または製造番号とする
			特開平11-243373	H04B 10/105	作業性	各端末装置を管理する中継装置同士が管理アドレスを用いて無線通信することにより、基幹系ネットワークからの影響を受けることなく通信可能となり、使い勝手が向上する
		通信の品質	特許第3043958号	H04L 12/28	機能性	無線端末が当該グループ内の空き通信チャネルを検出連絡し、他の端末が使用する(図)
			特開平 8-125655	H04L 12/28	機能性	当該グループホスト端末は確認パケットを送出、他グループの応答有無でグループ内拡散コードを決定
			特開平 8-125656	H04L 12/28	機能性	グループ個別の拡散コードにより符号分割多重する、拡散信号の有無で送信する
4	端局間の接続手順	通信障害	特開平 8-125663	H04L 12/28	障害対策	無線端末同士で対等分散型ネットワーク通信を行うネットワークを形成
		通信性能	特開平 8-125662	H04L 12/28	通信効率化	複数グループがそれぞれの無線端末同士で対等分散型ネットワークを形成する
		通信性能	特開平 8-213984	H04L 12/28	通信効率化	情報をキャッシュするテーブルとチャネルを指すボタンを具備した制御局、端末局の設置
		通信性能	特開平 9-247171	H04L 12/28	アクセス簡略化	親機と子機間のCS-NOと子機PS-ID登録の構成IDパケットのBCCH信号からCS-NO抽出による子機指定親機へのデータ伝送
		システム構成	特開2001-160859	H04M 11/00 301	無線化	データ通信装置と遠隔管理装置との間の通信回線を無線化する無線化装置を設ける
		その他	特開平10- 23028	H04L 12/28	その他	アドホックな対等分散型ネットワーク通信を行いアドレスの確認を可能にする
		その他	特開2001-156936	H04M 11/00 303	その他	移動体通信端末より提供情報の出力を指定し、対応した出力情報を電子メールで送信する
5	ブロトコル関係	システム構成	特開平 9-284301	H04L 12/28	設備の簡略化	赤外線信号と有線信号を相互に変換する手段を設ける
		通信障害	特許第2846393号	H04L 12/28	衝突防止	あらゆる種類の端末や外線からの情報を各々専用のアダプタを用いて1つの共通伝送形式に変換する(図)
6	誤り制御	伝送効率の向上	特開平11-239150	H04L 12/28	衝突・混信の回避	乱数を発生し、その乱数によりグループIDコードを生成
		その他	特開2000-124968	H04L 29/08	その他	無線装置が有線区間からの受信データを識別し、長いデータは分割する
7	トラフィック制御	その他	特開2000-307626	H04L 12/54	サービス、通信品質向上及び消費電力低減	移動局は呼出信号中で時局の呼出信号が含まれる時間で間欠的に受信しヘッダ内容から呼出判断し無い時に読込
9	優先制御	通信の確保	特開平 9-261253	H04L 12/28	障害への対応	自己OA装置の優先順位が高い場合障害が発生した装置の場所を移動部に伝達して移動を行う
			特開平 8-102740	H04L 12/28	局や端末の選択	親局が子局に対するデータ受信の優先順位付加手段を有する無線通信システム
		優先順位の制御	特開平 8-186567	H04L 12/28	順位の決定、衝突の防止	通信要求に優先度を持たせ優先度の高い要求を待ち行列の前方につなぐ
10	機密保護	不正アクセス・盗聴の防止	特開平10-257064	H04L 12/28	グループ単位での秘匿	会議参加者全員が会議グループメンバリストファイルを持ち、離脱した端末のメンバ名を削除する

図2.18.3-1 リコー保有特許の代表図面

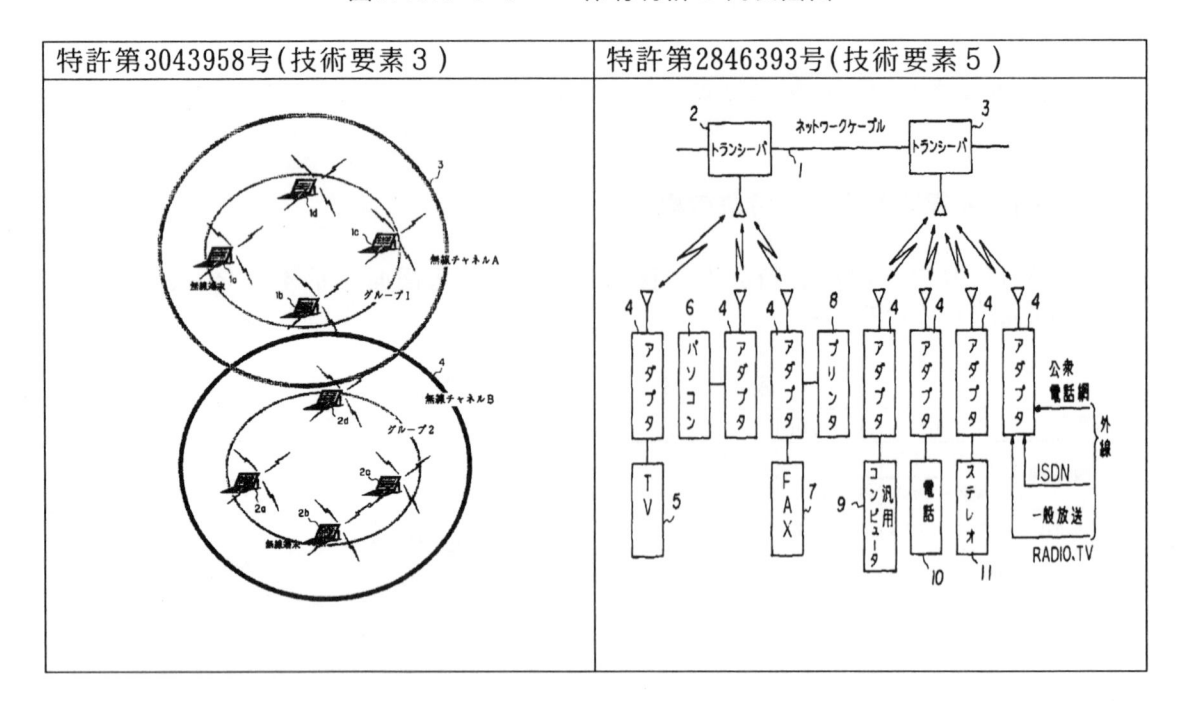

2.18.4 技術開発拠点

表2.18.4-1にリコーの技術開発拠点を示す。

表2.18.4-1 リコーの技術開発拠点

| 東京都 | 本社 |

2.18.5 研究開発者

図2.18.5-1に出願年に対する発明者数と出願件数の推移を示す。1994年から95年にかけて発明者数及び出願件数が減少しているが、96年からは回復している。

図2.18.5-2に発明者数に対する出願件数の推移を示す。1992年から94年にかけて出願件数が増加しており、発展期を呈している。

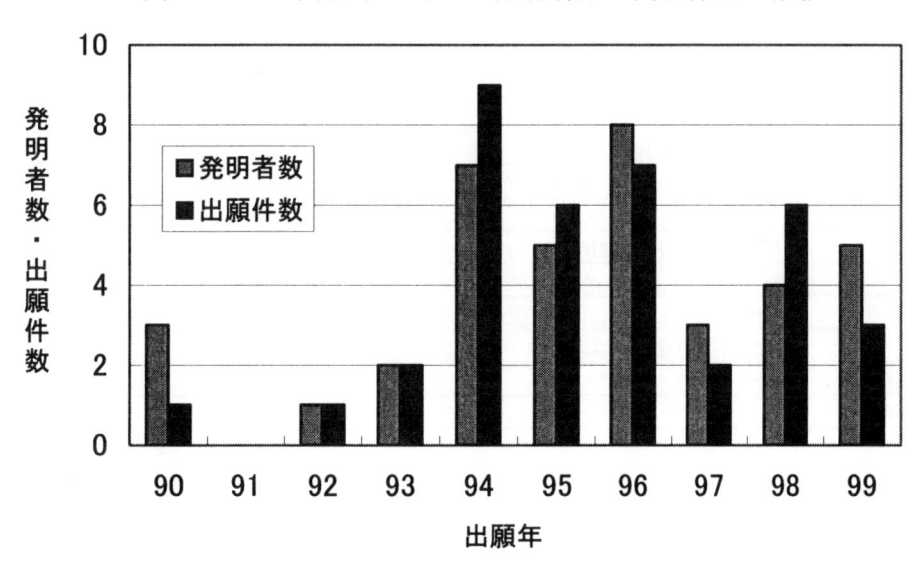

図2.18.5-1 出願年に対する発明者数と出願件数の推移

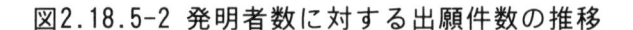

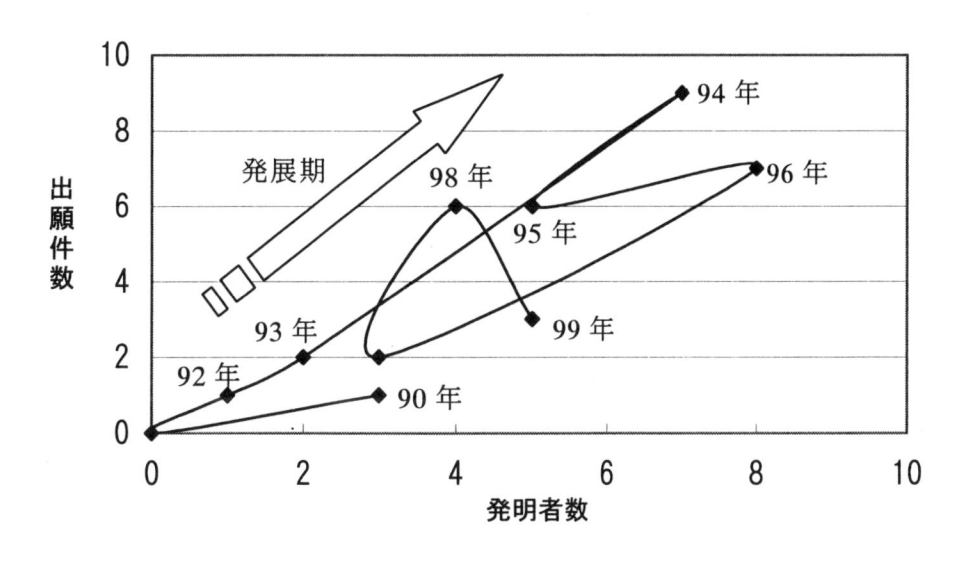

図2.18.5-2 発明者数に対する出願件数の推移

2.19 日本ビクター

　日本ビクターは、1991年以降に公開された、権利存続中あるいは係属中の特許についてみた場合、技術要素1、3、4、5および7において出願されている。最も出願件数が多いのは、端局間の接続手順、トラフィック制御に関する技術要素である。
　出願件数は共同出願も含め20件有るが、このうち6件が特許登録されている。
　なお、1992年に出願件数、発明者数のピークが見られる。

2.19.1 企業の概要

表2.19.1-1に日本ビクターの企業の概要を示す。

表2.19.1-1 日本ビクターの企業の概要

1)	商号	日本ビクター 株式会社
2)	設立年月	1927年9月
3)	資本金	341億1,500万円
4)	従業員	9,795名 (2001年9月現在)
5)	事業内容	AV機器、放送業務用機器、電子デバイスなどの開発・製造・販売・サービス
6)	技術・資本提携関係	－
7)	事業所	本社/横浜　工場/横浜、横須賀、八王子、前橋他
8)	関連会社	ビクターエンタテインメント、JVCアメリカズ、コープ
9)	業績推移	9,466億1,700万円 (1999.3)　8,702億3,400万円 (2000.3)　9,343億4,900万円 (2001.3)
10)	主要製品	AV機器、業務用AV機器、記録メディア、モバイルPC
11)	主な取引先	－
12)	技術移転窓口	－

2.19.2 無線LAN技術に関する製品・技術

表2.19.2-1に無線LANに関する日本ビクターの製品を示す。

表2.19.2-1 日本ビクターの無線LAN関連製品

製品	製品名	発売時期	出典
光無線MOIL、COIL	VIPSLAN-E	-	http://www.jvc-victor.co.jp/pro/lan/office10/index.html
光無線ハブ、ノード	VIPSLAN-100	2001年7月	JVC ニュースリリース 2001.6.13

2.19.3 技術開発課題対応保有特許の概要

表2.19.3-1に日本ビクターの保有特許を、図2.19.3-1に代表図面を示す。

表2.19.3-1 日本ビクターの保有特許

	技術要素		特許番号	特許分類	課題	概要
1	電波障害対策	環境確保	特許第2848981号	H04L 12/28	伝搬環境確保	キャリア周波数を変換し送信を行う第1及び第2の中継部の具備
3	占有制御	通信障害	特許第3157679号	H04L 12/28	衝突防止	キャリア検出部、交信状態監視部、タイミング信号発生部と光発信手段を備えた親機とタイミング信号検出部と光発信手段を備えた子機(図)
			特開平 9-162903	H04L 12/28	衝突防止	無線端末が送信信号とリピータによりリピートされて受信した信号を比較し、比較結果が不一致の場合に無線回線の衝突と判断するようにした
		システム構成	特許第2751739号	H04L 12/28	設備の簡略化	端末器に接続したモデムを介した複数の端末器間の光無線データ伝送システム
			特開平11- 74900	H04L 12/28	設備の簡略化	管理装置から有線を介して各親機に供給する電源電圧を管理装置側で制御する
4	端局間の接続手順	通信性能	特開平10-224489	H04M 9/00	通信効率化	複数のインタフェース部とこれからの音声信号とマスタ装置の音声信号を混合する
		通信品質	特許第2942123号	H04B 10/105	信頼性向上	管理装置と総ての中継機に管理装置を最上位とする階層的アドレスをあらかじめ付与する(図)
			特開2001-189695	H04B 10/02	信頼性向上	非拡散型の光無線装置側に偏光フィルターの偏光面の位置合わせ機構を設ける
		その他	特開平11-220478	H04L 12/28	その他	黒板の画像情報を読み取り無線により送信しLANと接続する
			特開2000-101724	H04M 3/44	その他	移動電話端末の要求情報を回線コントローラのデータベースから検索して発呼する
			特開2000-312183	H04B 10/105	その他	全ての光送受信手段に光の指向性を制御する光学系を有し、出射光を高密度ビーム径に保つ
5	プロトコル関係	システム構成	特開平11- 98156	H04L 12/28	設備の簡略化	音声データを含むデータの送受信をシームレスに行える
			特開2000- 49800	H04L 12/28	設備の簡略化	制御端末と被制御端末が接続端末を介して無線プロトコルにより通信する
		通信障害	特許第3107966号	H04L 12/28	衝突防止	光通信における複数の子機同士の衝突の防止(図)
7	トラフィック制御	トラフィック低減、スループット	特開平11-220477	H04L 12/28	トラフィック変動抑止、分散	LAN構内交換機はトラフィック量を測定し発呼制限時にはその旨を端末に通知
			特開平11-234299	H04L 12/28	通信、データの衝突回避	制御装置からのブロードキャスト信号をトリガとしタイマでカウントして所定タイミング一致時にデータ送信
		通信回線の利用率向上	特開平 6-168188	G06F 13/00 301	ネットワーク異常の検出、回避	ストローブ信号が所定時間を超えて有効レベルになったら対応するホストコンピュータの異常を検出する
			特開平11-252117	H04L 12/28	通信システムの伝送率向上	音声データを送信用リングバッファに一旦格納しデータ送出部でLANに送出
		チャネル割当適正化、処理時間短縮	特開2001- 24665	H04L 12/28	通信速度、周波数、チャネル等の適正化	CSMA/CD完全準拠の光送受信全二重に替えて半二重とする
			特許第3003975号	H04L 12/28	呼びから応答までの処理時間短縮	子機と接続され子機との間で信号を相互授受する端末機を備える(図)

図2.19.3-1 日本ビクター保有特許の代表図面

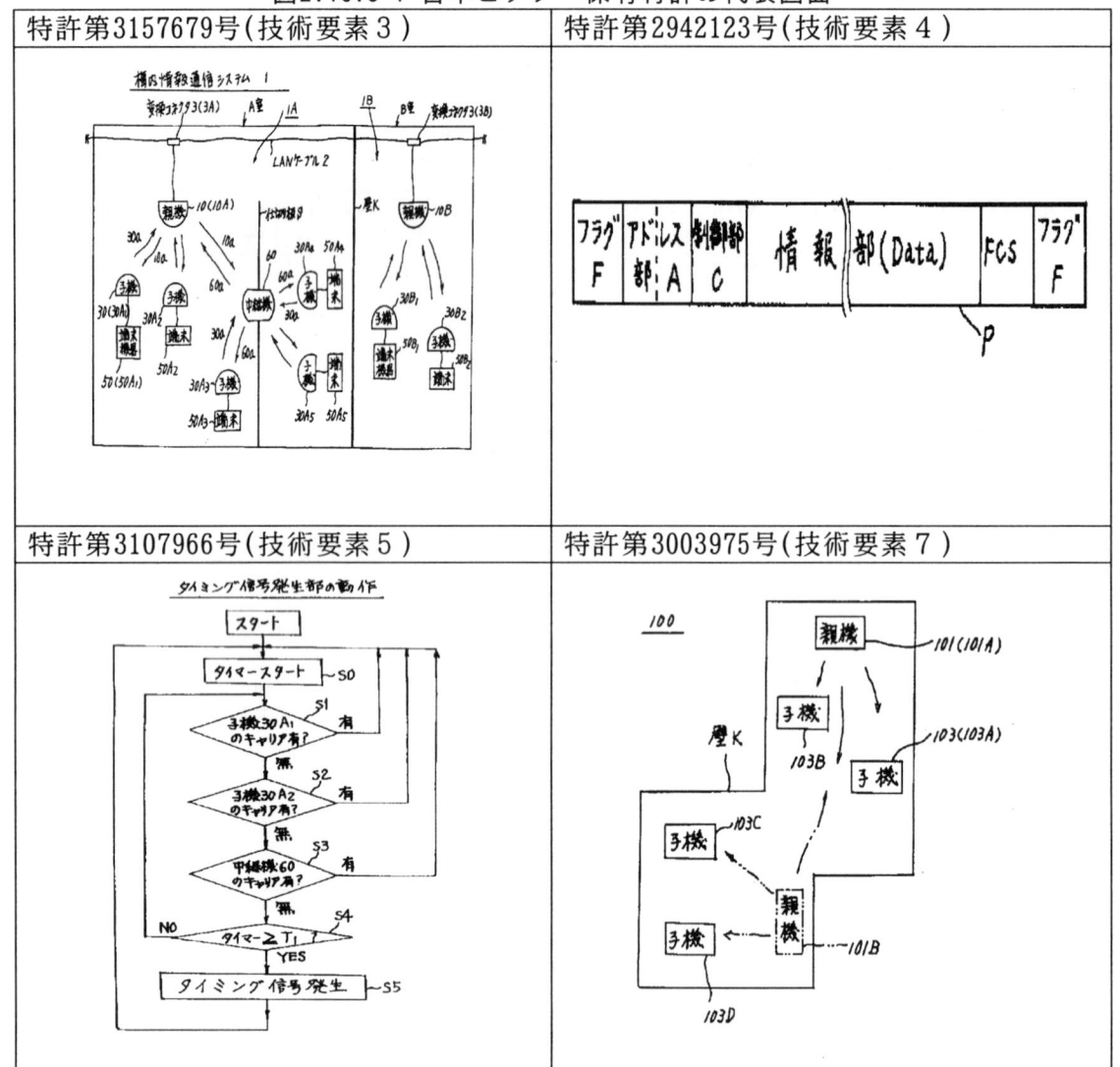

特許第3157679号（技術要素3）	特許第2942123号（技術要素4）
特許第3107966号（技術要素5）	特許第3003975号（技術要素7）

2.19.4 技術開発拠点

表2.19.4-1に日本ビクターの技術開発拠点を示す。

表2.19.4-1 日本ビクターの技術開発拠点

神奈川県	本社

2.19.5 研究開発者

図2.19.5-1に出願年に対する発明者数と出願件数の推移を示す。1992年に発明者数及び出願件数のピークがある。

図2.19.5-2に発明者数に対する出願件数の推移を示す。1990年から92年にかけて出願件数が増加しており、発展期を呈しているが、97年から99年にかけては発明者数が減少している。

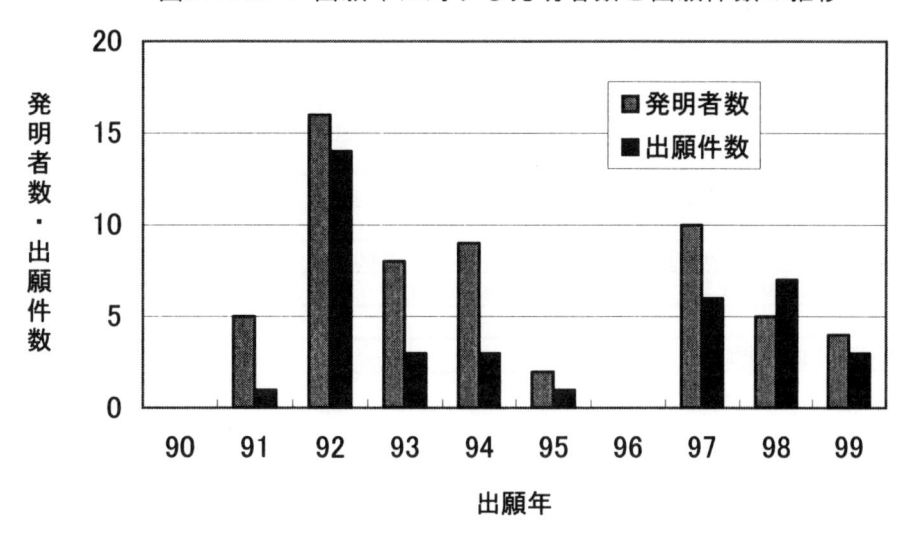

図2.19.5-1 出願年に対する発明者数と出願件数の推移

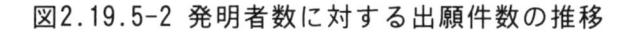

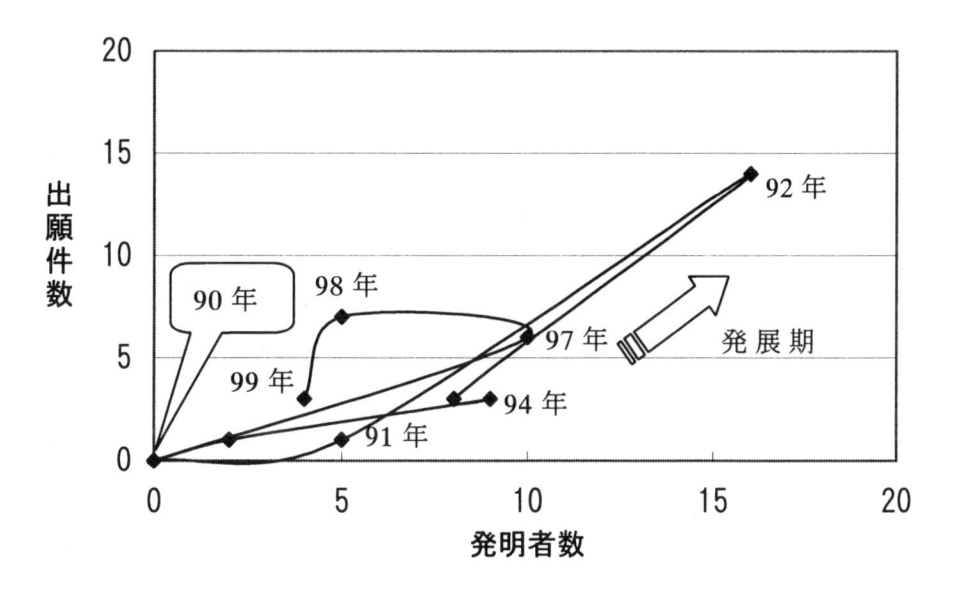

図2.19.5-2 発明者数に対する出願件数の推移

2.20 クボタ

　クボタは、1991年以降に公開された、権利存続中あるいは係属中の特許についてみた場合、技術要素4、6、7および9において出願されている。最も出願件数が多いのは、優先制御に関する技術要素である。
　出願件数は共同出願も含め16件有るが、このうち1件が特許登録されている。
　なお、1998年に出願件数の、また99年に発明者数のピークが見られる。

2.20.1 企業の概要

表2.20.1-1にクボタの企業の概要を示す。

表2.20.1-1　クボタの企業の概要

1)	商号	株式会社　クボタ
2)	設立年月	1930年12月
3)	資本金	781億5,600万円
4)	従業員	12,065名（2001年9月現在）
5)	事業内容	農業・産業機械、パイプ・バルブ、環境施設・ポンプなどの開発・製造・販売・サービス
6)	技術・資本提携関係	－
7)	事業所	本社/大阪、東京　工場/堺、宇都宮、筑波、枚方、武庫川他
8)	関連会社	クボタハウス、クボタ建設、クボタリース
9)	業績推移	9,766億5,200万円（1999.3）　9,872億6,500万円（2000.3）　9,944億9,300万円（2001.3）
10)	主要製品	農業機械、エンジン、建設機械、パーソナルCAD、パイプ、バルブ
11)	主な取引先	－
12)	技術移転窓口	知的財産部

2.20.2 無線LAN技術に関する製品・技術

無線LANに関するクボタの製品は見当たらなかった。

2.20.3 技術開発課題対応保有特許の概要

表2.20.3-1にクボタの保有特許を、図2.20.3-1に代表図面を示す。

表2.20.3-1 クボタの保有特許

	技術要素		特許番号	特許分類	課題	概要
4	接続手順局間の	通信性能	特開2001-126176	G08B 25/10	アクセス簡略化	複数個所に点在設置された複数の無線通報装置夫々に入力されるデータを他の無線通報装置経由で準じセンタに伝送可能に構成し、各無線通報装置は送受信可能状態にある無線機と受信情報の表示手段をもつ携帯端末を備え、携帯端末には各無線通報装置に対するデータ送信可能装置の問合せ手段と交信手段、無線通報装置側には要データ取得装置と交信可能装置情報を持たす
6	誤り制御	信頼性の向上	特開平11-355296	H04L 12/28	システムの信頼性	自局からの送信への応答信号と、中継子局からの送信への応答信号の両方を受けるまでデータを保持
7	トラフィック制御	その他	特許第2644100号	H04L 12/28	サービス、通信品質向上及び消費電力低減	外部から入力された他端末固有の通信経路データを他端末専用の伝送コマンドで送信し他端末のメモリに格納(図)
9	優先制御	通信の確保	特開平11-355299	H04L 12/28	経路の選択、伝送効率の向上	2つの子局から送信される2つのデータ信号のうち、先に到達するデータ信号のみを親局は取り出す
			特開平11-355832	H04Q 7/28	経路の選択、伝送効率の向上	送信元子局の送信チャネルと送信先子局の受信チャネルが一致した時、両子局間の通信リンクを確立しデータ送受信
			特開2000-341197	H04B 7/26	経路の選択、伝送効率の向上	エリア内の親局及び子局が自局から最終局までの複数の経路情報を有し予め優先順位を付与(図)
			特開2000-341198	H04B 7/26	経路の選択、伝送効率の向上	親及び子局は優先経路情報を持ち親局は保守テスト信号により子局及び通信経路状態を監視
			特開2001-36450	H04B 7/24	経路の選択、伝送効率の向上	無線局が自局から最終局までに亘る優先順位が付けられた通信経路情報を持つ通信システム
			特開平11-355295	H04L 12/28	障害への対応	イベントの親局への送信に際し電波受信可能範囲内の子局に対し優先順位に基づいて送信
			特開平11-355298	H04L 12/28	障害への対応	送信元子局は送信先子局からの応答がなかった場合優先順位が次位の子局にデータを送信
			特開平11-355300	H04L 12/28	障害への対応	子局において受信モード時はエラーのないデータ信号を選択受信可能なコントローラを具備
			特開2000-341199	H04B 7/26	障害への対応	子局に通信エラーが発生した時発信局は次の優先順位の通信経路に切替えて送信
			特開2000-341200	H04B 7/26	障害への対応	親子局いずれも優先通信経路情報を有し子局エラー発生時経路情報を反転させてデータ返送
			特開2000-341201	H04B 7/26	障害への対応	親子局いずれも優先通信経路情報を有し最終局からの応答信号受信にて通信成功とみなす
		資源の確保	特開平11-275101	H04L 12/28	省電力化	電波の届く範囲にある複数の送信先子局に対し送信優先順位を予め付与
			特開平11-355297	H04L 12/28	省電力化	送信元子局は他の優先度の最も高い他の子局に応答信号を返信させ他は待機状態に移行させる

図2.20.3-1 クボタ保有特許の代表図面

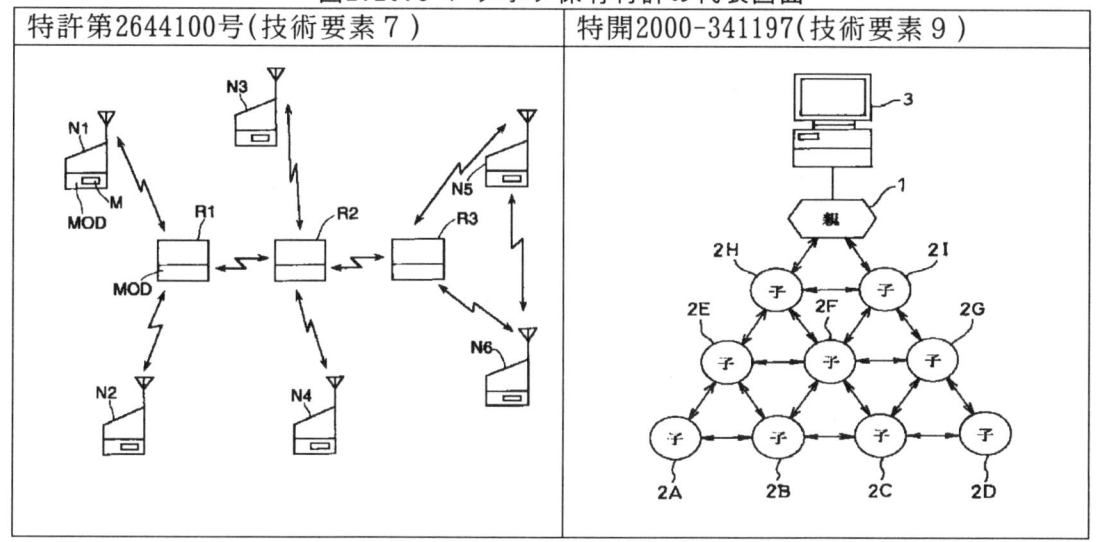

2.20.4 技術開発拠点

表2.20.4-1にクボタの技術開発拠点を示す。

表2.20.4-1 クボタの技術開発拠点

大阪府	枚方製造所
大阪府	久宝寺工場
兵庫県	技術開発研究所

2.20.5 研究開発者

図2.20.5-1に出願年に対する発明者数と出願件数の推移を示す。1998年に出願件数のピークがある。
図2.20.5-2に発明者数に対する出願件数の推移を示す。1991年から97年にかけて出願件数が減少しているが、98年から99年にかけては発明者数が増加しており発展期を呈している。

図2.20.5-1 出願年に対する発明者数と出願件数の推移

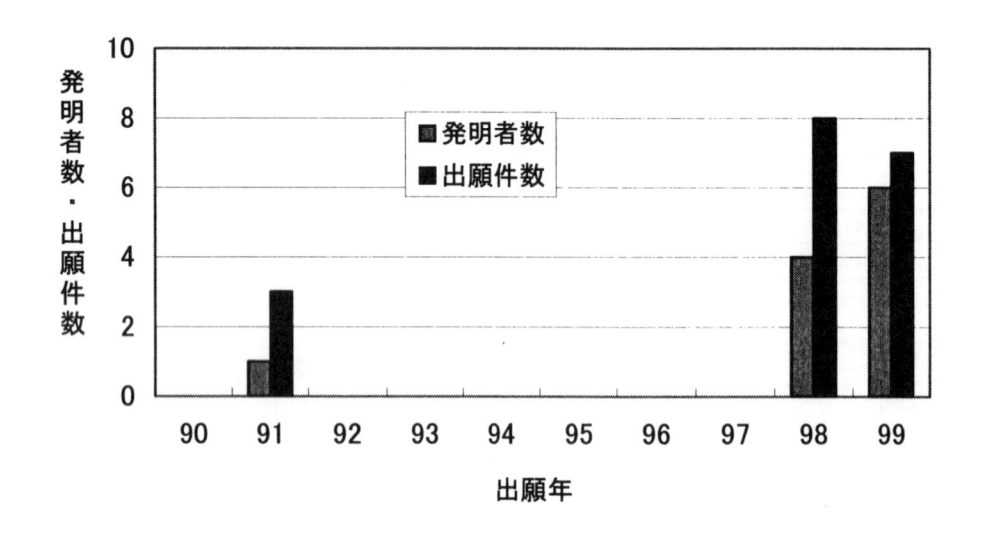

図2.20.5-2 発明者数に対する出願件数の推移

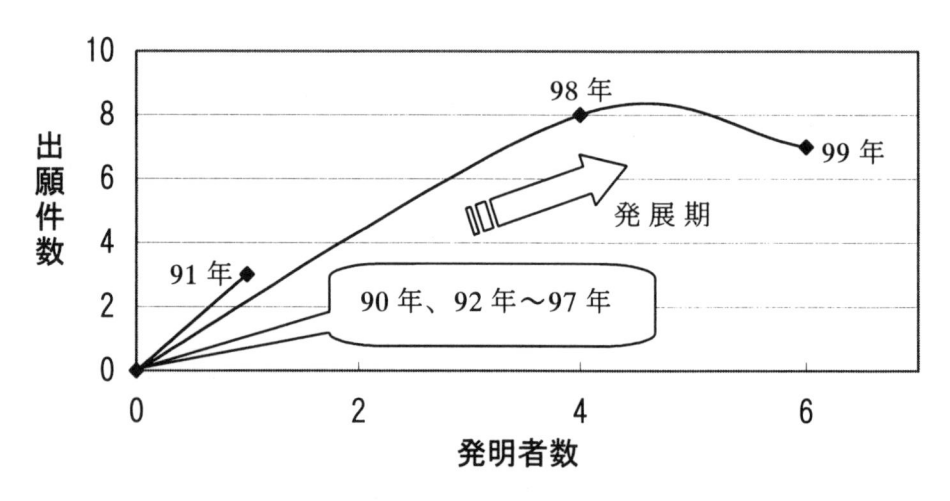

2.21 オープンウェーブシステムズ

　オープンウェーブシステムズは、1991年以降に公開された、権利存続中あるいは係属中の特許についてみた場合、技術要素4、5、7、8および10において出願されている。最も出願件数が多いのは、機密保護に関する技術要素である。
　出願件数は共同出願も含め15件有るが、現在、特許登録されているものはない。
　なお、出願は1998年以降のみであり、97年以前の出願は1件もない。

2.21.1 企業の概要

表2.21.1-1にオープンウェーブシステムズの企業の概要を示す。

表2.21.1-1 オープンウェーブシステムズの企業の概要

1)	商号	オープンウェーブシステムズ株式会社
2)	設立年月	－
3)	資本金	－
4)	従業員	－
5)	事業内容	回線サービス技術、ソフトウェアなどの開発・製造・販売・サービス
6)	技術・資本提携関係	－
7)	事業所	日本オフィス/東京、本社/米国CA
8)	関連会社	－
9)	業績推移	－
10)	主要製品	モバイルコミュニケーション用ソフトウェア
11)	主な取引先	－
12)	技術移転窓口	－

2.21.2 無線LAN技術に関する製品・技術

無線LANに関するオープンウェーブシステムズの製品は見当たらなかった。

2.21.3 技術開発課題対応保有特許の概要

表2.21.3-1にオープンウェーブシステムズの保有特許を、図2.21.3-1に代表図面を示す。なお、特許は全て、合併（2001年末）前の企業名のフォンドット　コムジャパンで出願されている。

表2.21.3-1 オープンウェーブシステムズの保有特許

技術要素			特許番号	特許分類	課題	概要
4	端局間の接続手順	通信性能	特開2000- 92117	H04L 12/54	通信効率化	画面コンフィギュレーション情報に基づいてコンテンツ情報をディスプレイ画面に表示する
			特開2000-215143	G06F 13/00 354	通信効率化	移動サービスプランに対するオファーを効率的・可視的・対話的に見せる
		通信品質	特開2000- 83061	H04L 12/56	信頼性向上	更新された特定の情報を識別するアドレス及び動作により狭帯域及び広帯域チャンネルを統合する
		その他	特開2000- 83285	H04Q 7/38	その他	２方向対話式通信デバイスによりワイヤレスデータネットワーク上のサーバデバイスと通信を行う
5	プロトコル関係	通信性能	特開2000- 78207	H04L 12/66	通信効率	複数の無線通信装置、ネットワークキャリア、ネットワーク、多重ネットワークゲートウェイからなる(図)
			特開2000-163367	G06F 15/00 310	通信効率	大量コンピューティングパワー、メモリー必要な制御エンジンと不要なインタフェースエンジンを有する
			特開2000-236349	H04L 12/46	通信効率	ブックマークの選択により無線装置から中間サーバへコンパクトリクエストを用いる
7	トラフィック制御	通信回線の利用率向上	特開2000- 49698	H04B 7/26	メッセージ利用で円滑通信実現	宛先のグループでサイズを小さくした参照番号を共有する
		チャネル割当適正化、処理時間短縮	特開2000-148572	G06F 12/00 546	呼びから応答までの処理時間短縮	要求資源がキャッシュに有る時はこれを供給し、無い時は無線ネットを介してサーバに資源要求する
8	同期	通信性能	特開2000-115196	H04L 12/28	通信効率の向上	サーバー装置が新たにタイミングパラメータを無線クライアントに送信し、これを処理し、または再調整する
10	機密保護	接続・認証処理	特開2000- 69572	H04Q 7/38	安全・確実な認証	プロキシサーバはリクエストが認証された後にフリートデータを複数の移動局にプッシュする(図)
			特開2000- 92050	H04L 12/22	安全・確実な認証	承認されたサービスのみが移動装置のローカルサービスを遠隔的に変更できる
			特開2000-148685	G06F 15/00 330	安全・確実な認証	プロキシ・サーバに証明情報を保管する
		情報の保護	特開2001- 78272	H04Q 7/38	加入者情報の保護	移動装置のユーザが自分の動作状態情報の開放を制御
			特開2001- 78273	H04Q 7/38	加入者情報の保護	プロキシサーバをプライバシーの同意の確立に使用

図2.21.3-1 オープンウェーブシステムズ保有特許の代表図面

特開2000-78207(技術要素5)

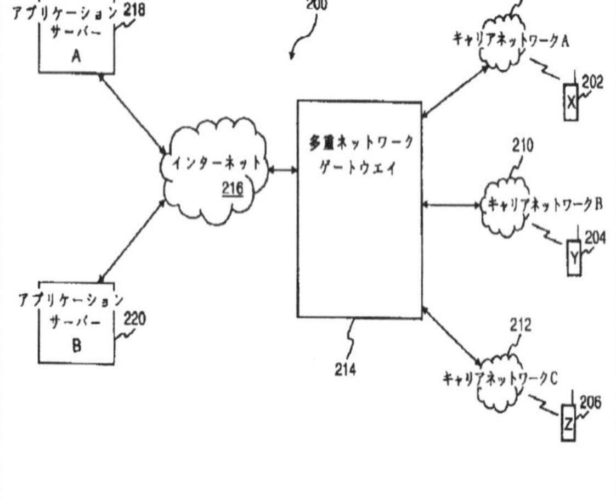

特開2000-69572(技術要素10)

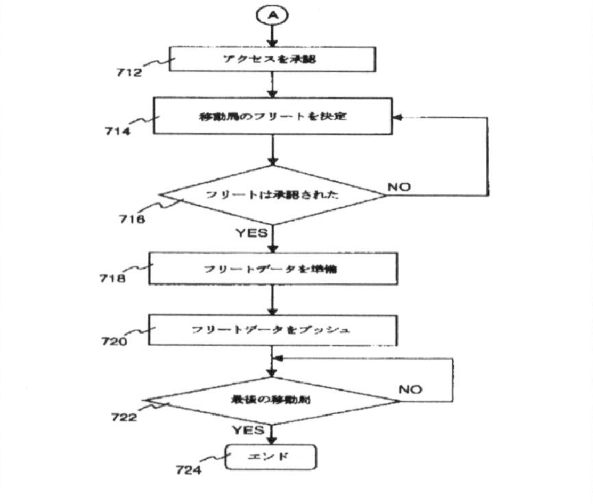

2.21.4 技術開発拠点

表2.21.4-1にオープンウェーブシステムズの技術開発拠点を示す。

表2.21.4-1 オープンウェーブシステムズの技術開発拠点

米国	-(*)

(*)特許公報に事業所名の記載なし。

2.21.5 研究開発者

図2.21.5-1に出願年に対する発明者数と出願件数の推移を示す。
図2.21.5-2に発明者数に対する出願件数の推移を示す。
出願は1998年以降のみであり、97年以前の出願は1件もない。

図2.21.5-1 出願年に対する発明者数と出願件数の推移

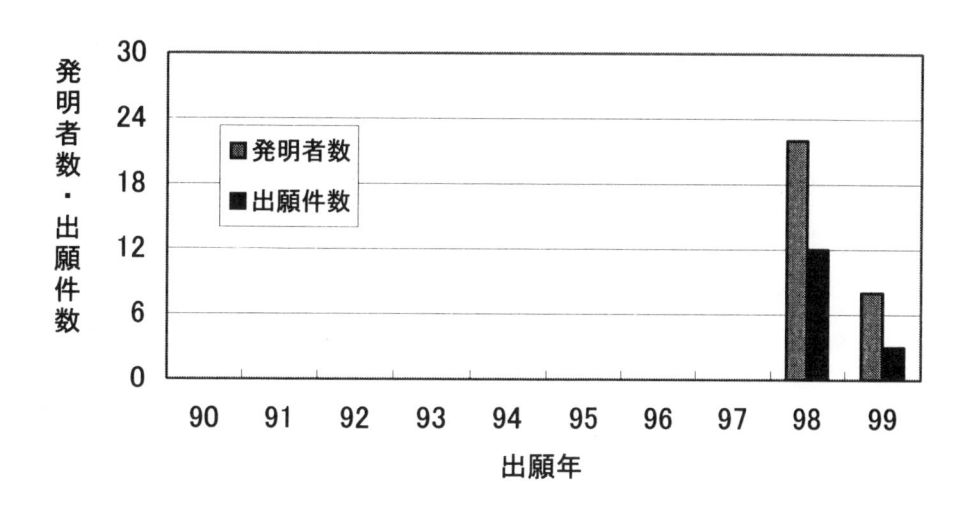

図2.21.5-2 発明者数に対する出願件数の推移

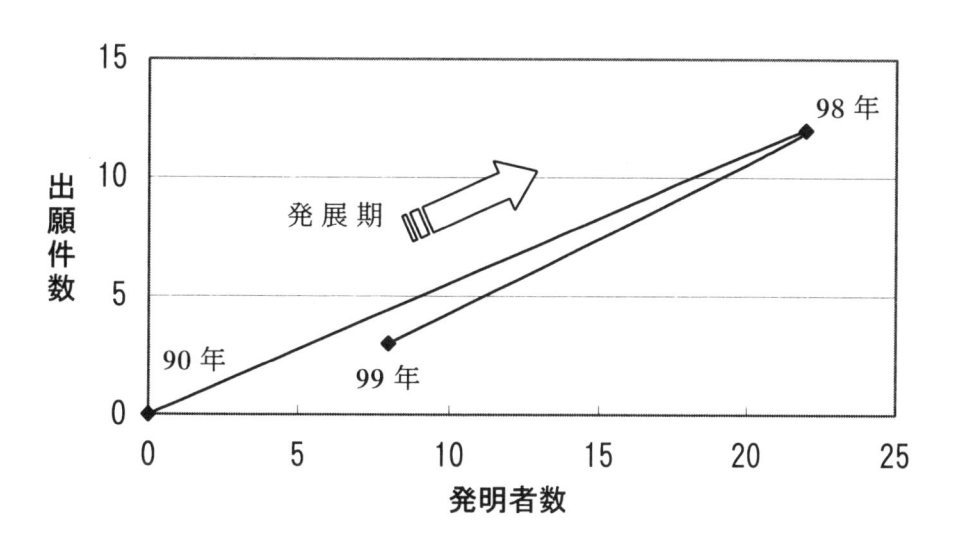

3. 主要企業の技術開発拠点

3.1 電波障害対策

3.2 移動端末ローミング

3.3 占有制御

3.4 端局間の接続手順

3.5 プロトコル関連

3.6 誤り制御

3.7 トラフィック制御

3.8 同期

3.9 優先制御

3.10 機密保護

> 特許流通
> 支援チャート
>
> # 3．主要企業の技術開発拠点
>
> 日本では東京都を中心に北は宮城県から南は熊本県まで
> 分布しており、さらに海外では北米や欧州などにも及び、
> 幅広く展開されている。

　本章では、前述の主要企業20社の技術開発拠点を抽出し地図上に記載した。
具体的には、10技術要素のそれぞれに分類された主要企業20社の公報より、事業所名・住所・発明者人数を抽出しそれらを纏めたものである。事業所名および住所は、公報の発明者欄に記載されている内容により特定した。発明者数のカウントに関しては、各企業に属する同一人が複数の公報に記載されていた場合でも、同一人である限りは発明者数1とした。

3.1 電波障害対策

図3.1-1 技術開発拠点図

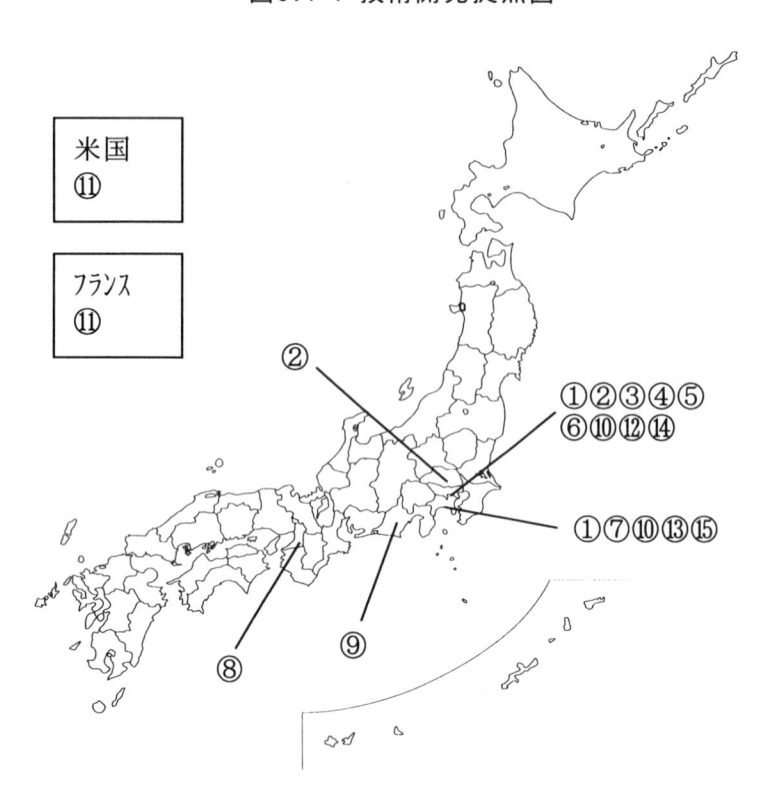

表3.1-1 技術開発拠点一覧表

NO.	企業名	特許件数(件)	事業所名	住所	発明者数(人)
①	東芝	10	研究開発センター	神奈川県	6
			柳町工場	神奈川県	4
			日野工場	東京都	4
			小向工場	神奈川県	2
			青梅工場	東京都	1
			住空間システム技術研究所	神奈川県	1
②	日立国際電気	10	本社	東京都	9
			小金井工場	東京都	9
			大宮工場	埼玉県	1
③	日本電気	6	本社	東京都	7
④	日本電信電話	6	本社	東京都	9
⑤	ソニー	4	本社	東京都	7
⑥	キヤノン	4	本社	東京都	5
⑦	富士通	4	本店	神奈川県	6
⑧	シャープ	4	本社	大阪府	6
⑨	東芝テック	4	テック技術研究所	静岡県	2
			－(*)	静岡県	1
			大仁工場	静岡県	1
⑩	日立製作所	3	マルチメディアシステム開発本部	神奈川県	5
			システム開発研究所	神奈川県	2
			映像情報メディア事業部	神奈川県	2
			情報通信事業部	神奈川県	1
			システム事業部	東京都	1
⑪	ルーセント テクノロジーズ	2	本社	米国	1
			－(*)	フランス	1
⑫	リコー	2	本社	東京都	2
⑬	三菱電機	1	電子システム研究所	神奈川県	2
⑭	NTTドコモ	1	本社	東京都	1
⑮	日本ビクター	1	本社	神奈川県	1

(*)は、特許公報に事業所名の記載がないもの。

3.2 移動端末ローミング

図3.2-1 技術開発拠点図

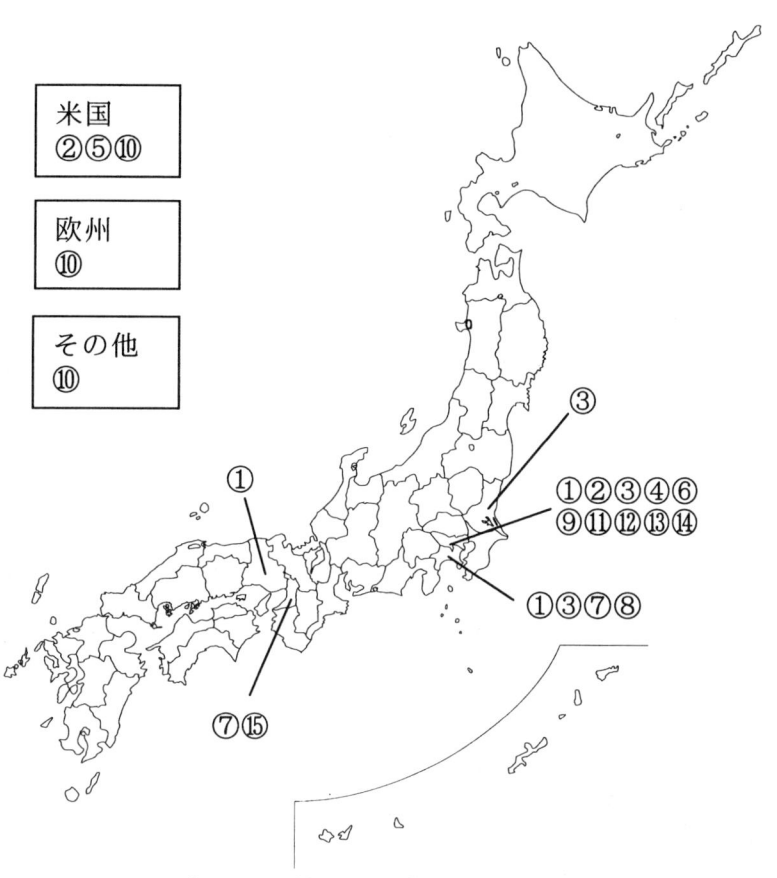

表3.2-1 技術開発拠点一覧表

NO.	企業名	特許件数(件)	事業所名	住所	発明者数(人)
①	東芝	16	研究開発センター	神奈川県	18
			柳町工場	神奈川県	6
			日野工場	東京都	4
			府中工場	東京都	2
			関西研究所	兵庫県	2
②	日本電気	13	本社	東京都	11
			－(*)	米国	2
③	日立製作所	11	中央研究所	東京都	5
			システム開発研究所	神奈川県	5
			デジタルメディア開発本部	神奈川県	5
			情報通信事業部	神奈川県	4
			オフィスシステム事業部	神奈川県	3
			通信システム事業本部	神奈川県	2
			電化機器事業部多賀本部	茨城県	1
			自動車機器グループ	茨城県	1
④	日本電信電話	10	本社	東京都	15
⑤	ルーセント テクノロジーズ	8	本社	米国	10
⑥	日立国際電気	8	本社	東京都	7
			小金井工場	東京都	1
⑦	松下電器産業	4	松下通信工業	神奈川県	9
			本社	大阪府	3
			松下技研	神奈川県	2
⑧	富士通	4	本店	神奈川県	13
⑨	三菱電機	4	本社	東京都	5
⑩	IBM	4	本社	米国	8
			－(*)	フランス	4
			－(*)	イギリス	2
			－(*)	台湾	1
			－(*)	イスラエル	1
⑪	ソニー	3	本社	東京都	2
⑫	沖電気工業	3	本社	東京都	5
⑬	NTTドコモ	2	本社	東京都	5
⑭	キヤノン	1	本社	東京都	1
⑮	シャープ	1	本社	大阪府	1

(*)は、特許公報に事業所名の記載がないもの。

3.3 占有制御

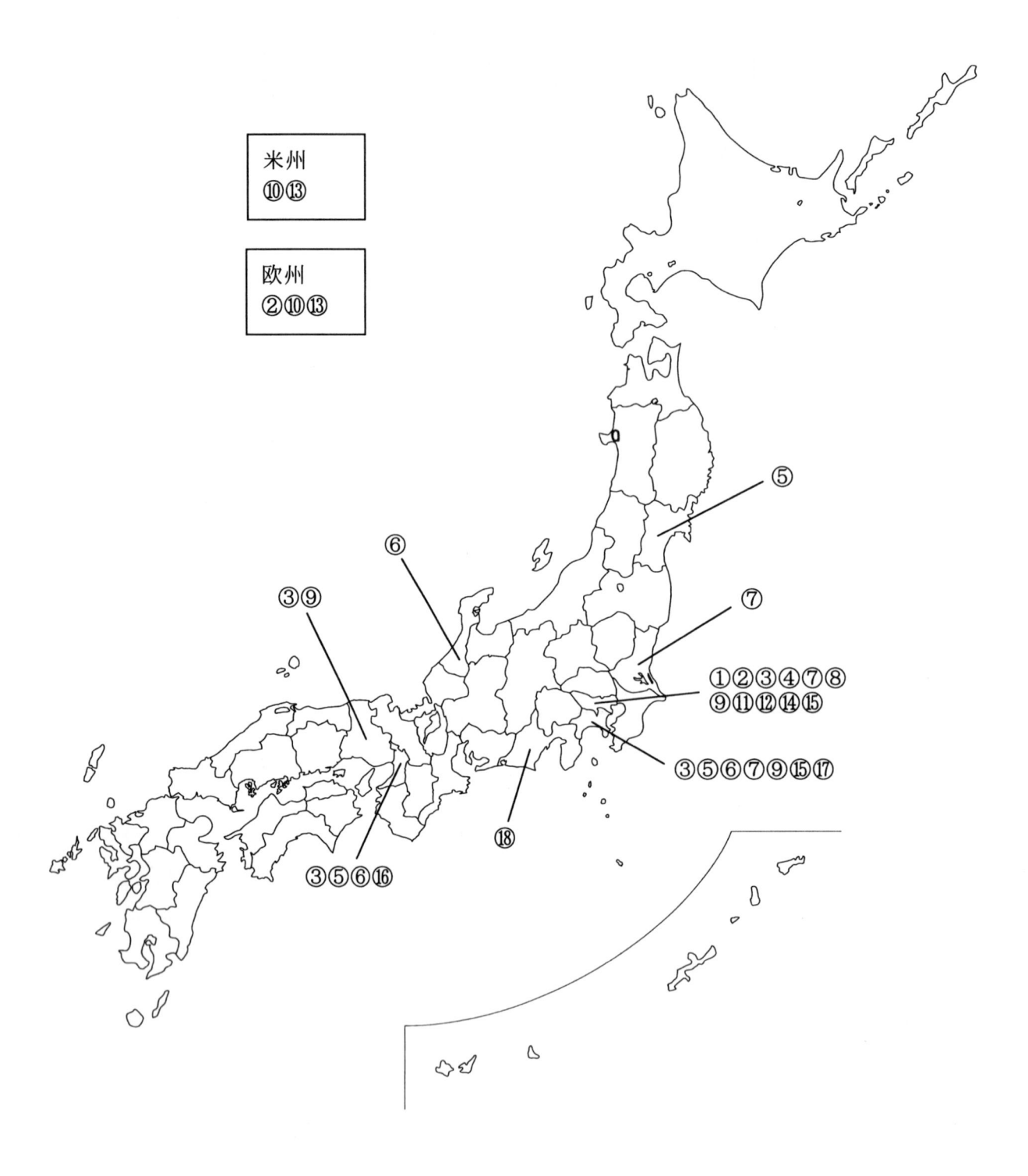

図3.3-1 技術開発拠点図

米州
⑩⑬

欧州
②⑩⑬

⑤

⑥

③⑨

⑦

①②③④⑦⑧
⑨⑪⑫⑭⑮

③⑤⑥⑦⑨⑮⑰

⑱

③⑤⑥⑯

表3.3-1 技術開発拠点一覧表

NO.	企業名	特許件数(件)	事業所名	住所	発明者数(人)
①	日本電気	32	本社	東京都	32
②	キヤノン	20	本社	東京都	16
			−(*)	フランス	4
③	東芝	18	柳町工場	神奈川県	11
			研究開発センター	神奈川県	7
			関西支社	大阪府	7
			日野工場	東京都	3
			本社	東京都	2
			総合研究所	神奈川県	1
			関西研究所	兵庫県	1
			青梅工場	東京都	1
④	日本電信電話	15	本社	東京都	35
⑤	富士通	14	本店	神奈川県	31
			−(*)	大阪府	3
			−(*)	宮城県	3
⑥	松下電器産業	13	本社	大阪府	25
			−(*)	神奈川県	5
			−(*)	石川県	4
⑦	日立製作所	12	オフィスシステム事業部	神奈川県	6
			マルチメディアシステム開発本部	神奈川県	6
			中央研究所	東京都	3
			デジタルメディア開発本部	神奈川県	3
			大みか工場	茨城県	3
			映像情報メディア事業部	神奈川県	3
			システム開発研究所	神奈川県	2
			デザイン研究所	東京都	1
			ＡＶ機器事業部	神奈川県	1
			戸塚工場	神奈川県	1
			マイコンシステム	東京都	1
			日立コンピュータエンジニアリング	神奈川県	1
			日立プロセスコンピュータエンジニアリング	神奈川県	1
⑧	リコー	12	本社	東京都	8
⑨	三菱電機	10	本社	東京都	12
			−(*)	兵庫県	2
			通信システム研究所	神奈川県	1
⑩	ＩＢＭ	10	本社	米国	13
			−(*)	フランス	6
			−(*)	カナダ	5
			−(*)	台湾	1
⑪	ＮＴＴドコモ	10	本社	東京都	13
⑫	ソニー	9	本社	東京都	12
⑬	ルーセント テクノロジーズ	8	−(*)	イギリス	7
			本社	米国	3
			−(*)	オランダ	1
⑭	日立国際電気	8	本社	東京都	10
⑮	沖電気工業	6	本社	東京都	10
			−(*)	神奈川県	1
⑯	シャープ	4	本社	大阪府	6
⑰	日本ビクター	4	本社	神奈川県	5
⑱	東芝テック	2	テック技術研究所	静岡県	2
			三島工場	静岡県	1

（*）は、特許公報に事業所名の記載がないもの。

3.4 端局間の接続手順

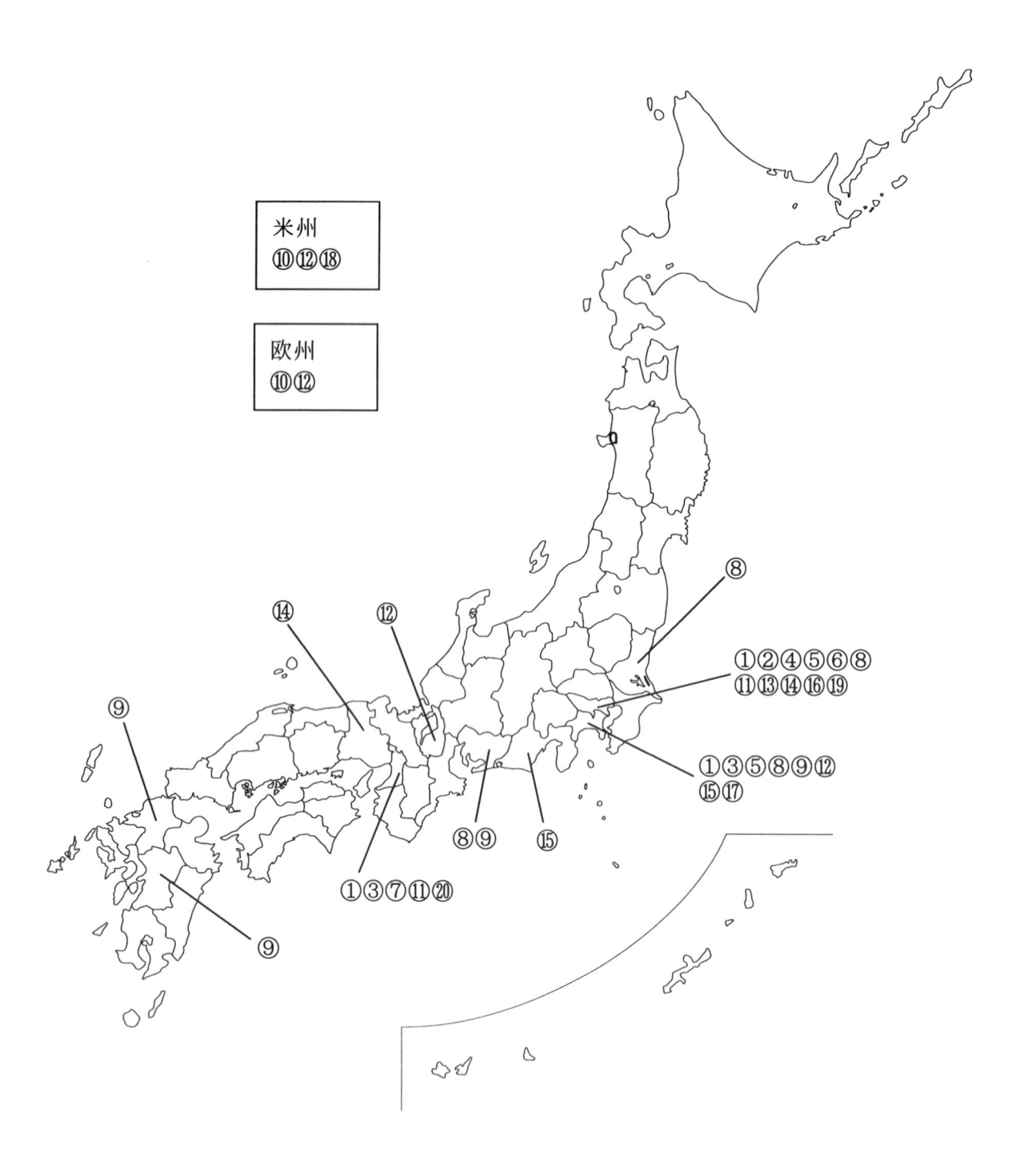

図3.4-1 技術開発拠点図

表3.4-1 技術開発拠点一覧表

NO.	企業名	特許件数(件)	事業所名	住所	発明者数(人)
①	東芝	47	研究開発センター	神奈川県	19
			日野工場	東京都	12
			関西支社	大阪府	8
			本社	東京都	5
			青梅工場	東京都	5
			府中工場	東京都	4
			柳町工場	神奈川県	2
			東芝コミュニケーションテクノロジー	東京都	1
②	日本電気	44	本社	東京都	38
③	松下電器産業	44	本社	大阪府	58
			松下通信工業	神奈川県	25
			松下技研	神奈川県	2
④	ソニー	33	本社	東京都	49
			コンピュータサイエンス研究所	東京都	3
⑤	日本電信電話	30	本社	東京都	62
			−(*)	神奈川県	1
⑥	キヤノン	26	本社	東京都	43
⑦	シャープ	20	本社	大阪府	25
⑧	日立製作所	19	中央研究所	東京都	9
			システム開発研究所	神奈川県	8
			マルチメディアシステム開発本部	神奈川県	8
			映像メディア研究所	神奈川県	7
			公共情報事業部	東京都	4
			デジタルメディア開発本部	神奈川県	4
			情報通信事業部	神奈川県	3
			情報システム事業部	神奈川県	3
			日立研究所	茨城県	2
			水戸工場	茨城県	2
			通信システム事業本部	神奈川県	1
			オフィスシステム事業部	神奈川県	1
			映像情報メディア事業部	茨城県	1
			デバイス開発センタ	東京都	1
			日立通信システム	神奈川県	1
			日立旭エレクトロニクス	愛知県	1
⑨	富士通	19	本店	神奈川県	33
			ネットワークエンジニアリング	神奈川県	4
			九州通信システム	福岡県	4
			名古屋通信システム	愛知県	2
			プログラム技研	神奈川県	1
			南九州システムエンジニアリング	熊本県	1
⑩	ルーセント テクノロジーズ	17	本社	米国	13
			−(*)	オランダ	8
			−(*)	イギリス	7
⑪	日立国際電気	15	本社	東京都	22
			−(*)	大阪府	1
⑫	IBM	14	本社	米国	19
			−(*)	スイス	12
			−(*)	カナダ	8
			東京基礎研究所	神奈川県	4
			大和事業所	神奈川県	2
			−(*)	イギリス	1
			野洲事業所	滋賀県	1
⑬	NTTドコモ	13	本社	東京都	34
⑭	三菱電機	12	本社	東京都	18
			セミコンダクタソフトウェア	兵庫県	1
⑮	東芝テック	7	テック三島事業所	静岡県	2
			−(*)	神奈川県	1
			−(*)	静岡県	1
			大仁事業所	静岡県	1
			大仁工場	静岡県	1
⑯	リコー	7	本社	東京都	9
⑰	日本ビクター	6	本社	神奈川県	7
⑱	オープンウェーブシステムズ	4	−(*)	米国	11
⑲	沖電気工業	3	本社	東京都	3
⑳	クボタ	1	枚方製造所	大阪府	3
			久宝寺工場	大阪府	3

(*)は、特許公報に事業所名の記載がないもの。

3.5 プロトコル関連

図3.5-1 技術開発拠点図

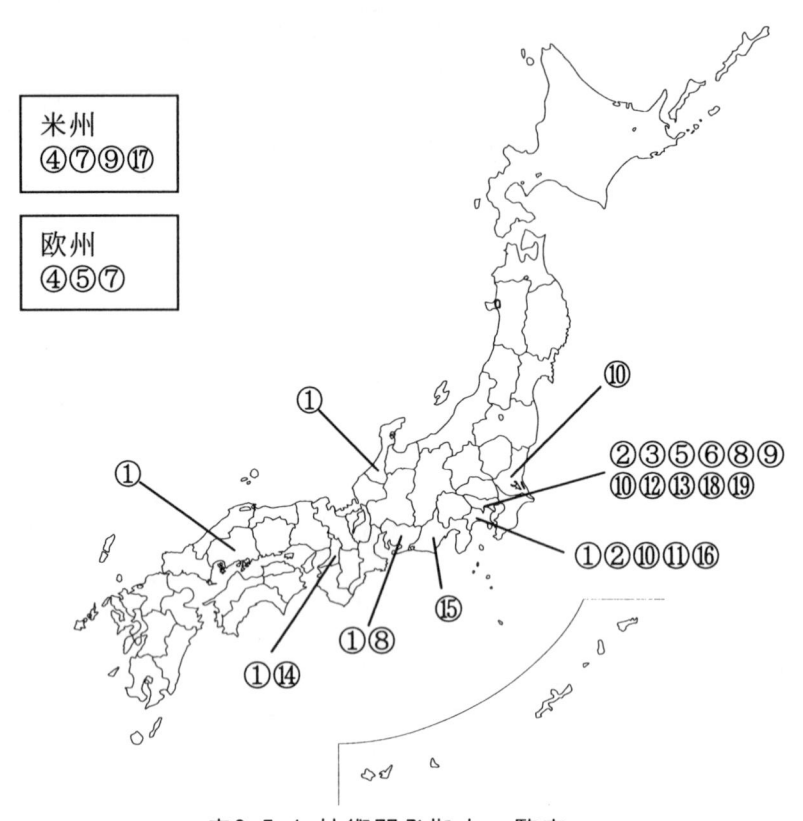

米州
④⑦⑨⑰

欧州
④⑤⑦

表3.5-1 技術開発拠点一覧表

NO.	企業名	特許件数（件）	事業所名	住所	発明者数（人）
①	松下電器産業	25	本社	大阪府	38
			情報システム広島研究所	広島県	5
			松下通信工業	神奈川県	4
			情報システム名古屋研究所	愛知県	3
			−（*）	神奈川県	1
			松下通信金沢研究所	石川県	1
②	東芝	11	研究開発センター	神奈川県	17
			日野工場	東京都	4
			柳町工場	神奈川県	4
			府中工場	東京都	3
			住空間システム技術研究所	神奈川県	2
			東芝エー・ブイ・イー	東京都	1
③	ソニー	10	本社	東京都	18
④	ルーセント テクノロジーズ	10	本社	米国	14
			−（*）	イギリス	6
			−（*）	オランダ	4
⑤	キヤノン	9	本社	東京都	16
			−（*）	フランス	6
⑥	日本電信電話	8	本社	東京都	27
⑦	IBM	8	本社	米国	5
			−（*）	カナダ	4
			−（*）	イギリス	2
⑧	NTTドコモ	7	本社	東京都	20
			ドコモ東海	愛知県	1
⑨	日本電気	6	本社	東京都	9
			−（*）	米国	4
⑩	日立製作所	6	情報通信事業部	神奈川県	7
			日立研究所	茨城県	5
			中央研究所	東京都	4
			情報・通信開発本部	神奈川県	2
			オフィスシステム事業部	神奈川県	1
⑪	富士通	5	本店	神奈川県	10
⑫	三菱電機	4	本社	東京都	4
⑬	日立国際電気	3	本社	東京都	4
⑭	シャープ	3	本社	大阪府	3
⑮	東芝テック	3	大仁事業所	静岡県	2
⑯	日本ビクター	3	本社	神奈川県	10
⑰	オープンウェーブシステムズ	3	−（*）	米国	9
⑱	リコー	2	本社	東京都	4
⑲	沖電気工業	1	本社	東京都	2

（*）は、特許公報に事業所名の記載がないもの。

154

3.6 誤り制御

図3.6-1 技術開発拠点図

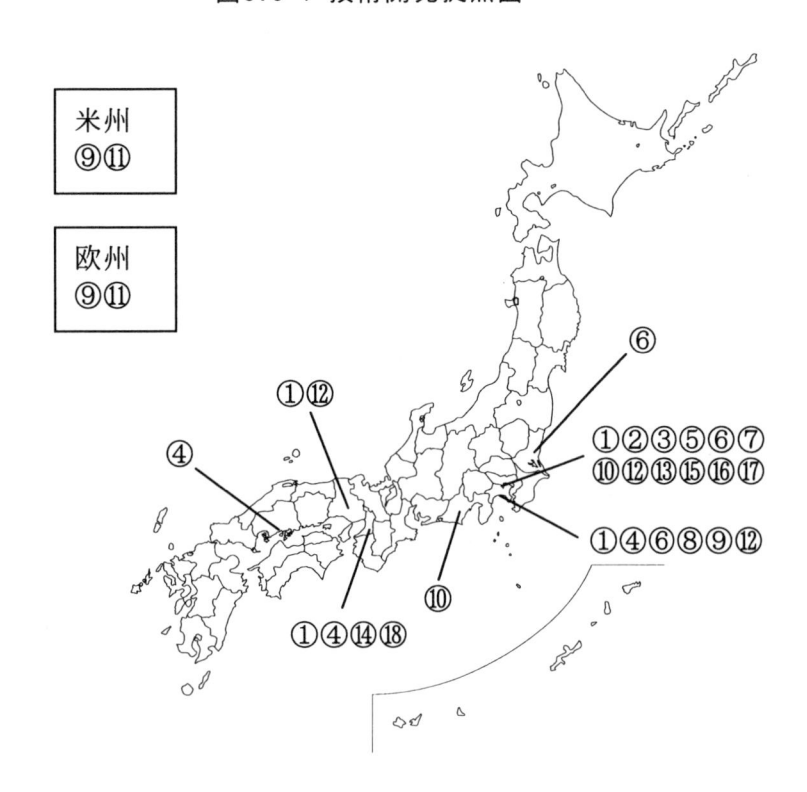

表3.6-1 技術開発拠点一覧表

NO.	企業名	特許件数(件)	事業所名	住所	発明者数(人)
①	東芝	14	日野工場	東京都	13
			研究開発センター	神奈川県	8
			本社	東京都	4
			柳町工場	神奈川県	4
			関西研究所	兵庫県	2
			府中工場	東京都	1
			住空間システム技術研究所	神奈川県	1
			青梅工場	東京都	1
			関西支社	大阪府	1
②	日本電信電話	14	本社	東京都	31
③	ソニー	14	本社	東京都	13
④	松下電器産業	13	本社	大阪府	17
			情報システム広島研究所	広島県	4
			松下通信工業	神奈川県	3
			松下技研	神奈川県	3
⑤	キヤノン	13	本社	東京都	11
⑥	日立製作所	13	システム開発研究所	神奈川県	10
			中央研究所	東京都	6
			オフィスシステム事業部	神奈川県	6
			大みか事業所	茨城県	5
			マルチメディア開発本部	神奈川県	2
			本社	東京都	1
			半導体事業部	東京都	1
⑦	日本電気	10	本社	東京都	20
⑧	富士通	8	本店	神奈川県	10
⑨	IBM	8	本社	米国	15
			日本IBM 東京基礎研究所	神奈川県	3
			－(*)	カナダ	1
			－(*)	イギリス	1
⑩	東芝テック	8	大仁事業所	静岡県	5
			大仁工場	静岡県	1
			三島工場	静岡県	1
			テック技術研究所	静岡県	1
			本社	東京都	1
⑪	ルーセント テクノロジーズ	6	本社	米国	14
			－(*)	オランダ	8
⑫	三菱電機	5	本社	東京都	6
			通信システム研究所	神奈川県	2
			通信機製作所	兵庫県	1
⑬	日立国際電気	4	小金井工場	東京都	3
			本社	東京都	2
⑭	シャープ	4	本社	大阪府	5
⑮	NTTドコモ	2	本社	東京都	5
⑯	沖電気工業	2	本社	東京都	3
⑰	リコー	2	本社	東京都	2
⑱	クボタ	1	枚方製造所	大阪府	2
			久宝寺工場	大阪府	2

(*)は、特許公報に事業所名の記載がないもの。

3.7 トラフィック制御

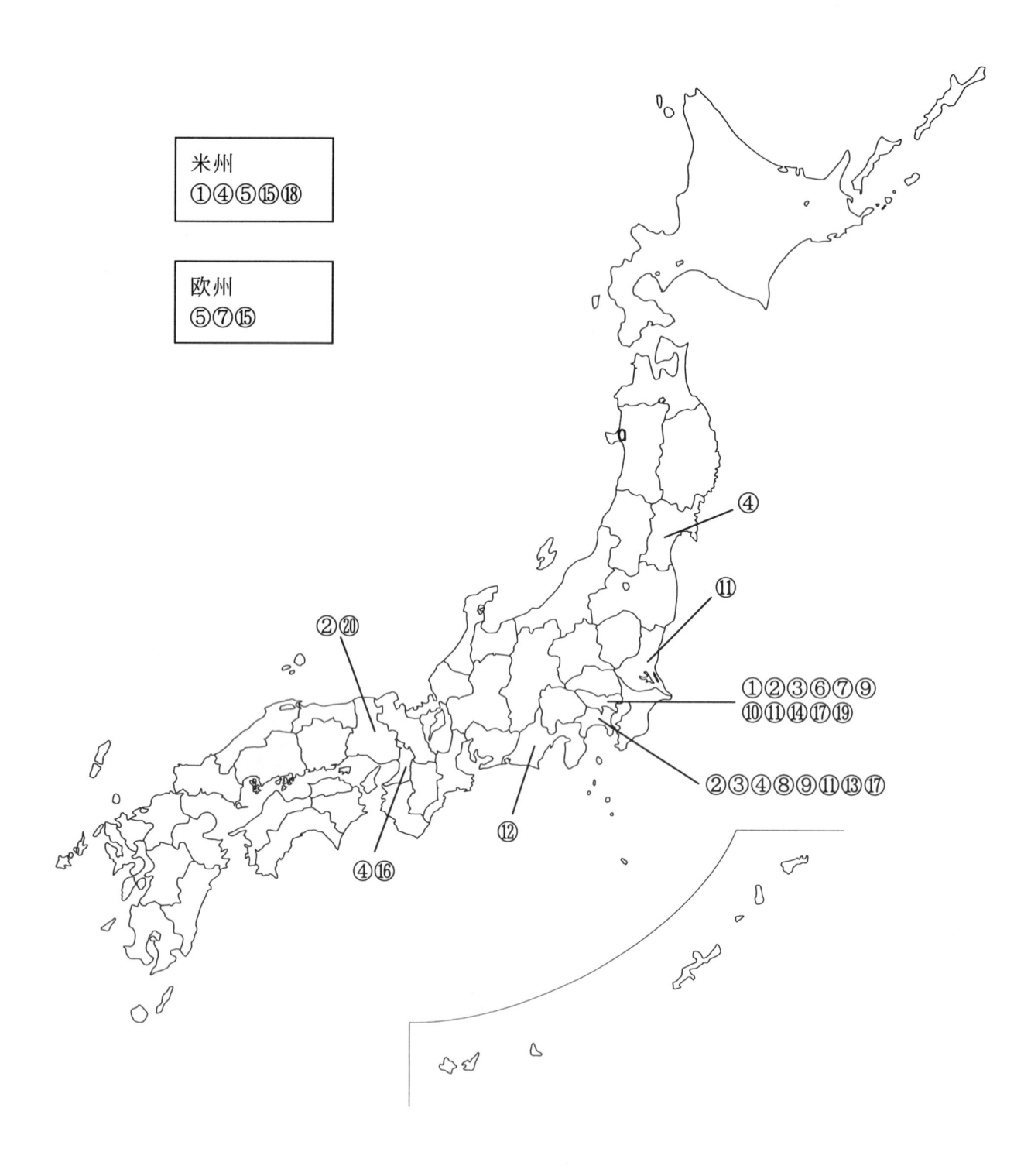

図3.7-1 技術開発拠点図

米州
①④⑤⑮⑱

欧州
⑤⑦⑮

④

⑪

②⑳

①②③⑥⑦⑨
⑩⑪⑭⑰⑲

②③④⑧⑨⑪⑬⑰

⑫

④⑯

表3.7-1 技術開発拠点一覧表

NO.	企業名	特許件数(件)	事業所名	住所	発明者数(人)
①	日本電気	33	本社	東京都	34
			−(*)	米国	3
②	東芝	31	研究開発センター	神奈川県	26
			日野工場	東京都	10
			青梅工場	東京都	4
			関西研究所	兵庫県	4
			住空間システム技術研究所	神奈川県	2
			府中工場	東京都	2
			東芝コミュニケーションテクノロジー	東京都	2
			本社	東京都	1
③	日本電信電話	28	本社	東京都	49
			−(*)	神奈川県	1
④	松下電器産業	25	本社	大阪府	28
			松下通信工業	神奈川県	13
			−(*)	米国	5
			松下技研	神奈川県	3
			松下通信仙台研究所	宮城県	1
⑤	ルーセント テクノロジーズ	19	本社	米国	24
			−(*)	イギリス	8
			−(*)	オランダ	1
			−(*)	マルタ	1
⑥	ソニー	10	本社	東京都	10
⑦	キヤノン	10	本社	東京都	7
			−(*)	フランス	3
⑧	富士通	10	本店	神奈川県	17
⑨	三菱電機	10	本社	東京都	14
			通信システム研究所	神奈川県	2
			通信・放送機構	東京都	1
⑩	NTTドコモ	8	本社	東京都	27
⑪	日立製作所	7	情報通信事業部	神奈川県	8
			システム開発研究所	神奈川県	7
			大みか事業所	茨城県	6
			中央研究所	東京都	5
			公共情報事業部	東京都	3
			デジタルメディア開発本部	神奈川県	3
			オフィスシステム事業部	神奈川県	2
			マイコンシステム	東京都	2
⑫	東芝テック	6	大仁事業所	静岡県	4
⑬	日本ビクター	6	本社	神奈川県	8
⑭	日立国際電気	5	本社	東京都	6
			小金井工場	東京都	1
⑮	IBM	5	本社	米国	5
			−(*)	カナダ	3
			−(*)	フランス	2
⑯	シャープ	4	本社	大阪府	5
⑰	沖電気工業	4	本社	東京都	8
			慶應義塾大学日吉校舎内	神奈川県	1
⑱	オープンウェーブシステムズ	2	−(*)	米国	6
⑲	リコー	1	本社	東京都	3
⑳	クボタ	1	技術開発研究所	兵庫県	1

(*)は、特許公報に事業所名の記載がないもの。

3.8 同期

図3.8-1 技術開発拠点図

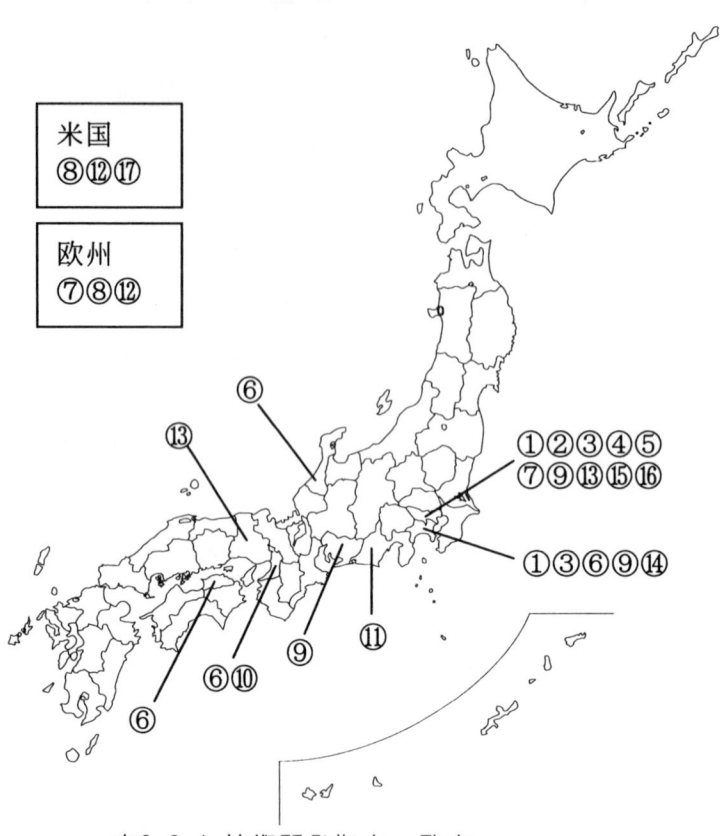

表3.8-1 技術開発拠点一覧表

NO.	企業名	特許件数(件)	事業所名	住所	発明者数(人)
①	日本電気	23	本社	東京都	29
			日本電気テレコムシステム	神奈川県	1
②	ソニー	21	本社	東京都	19
③	東芝	11	研究開発センター	神奈川県	11
			日野工場	東京都	5
			柳町工場	神奈川県	2
			本社	東京都	1
			横浜事業所	神奈川県	1
④	日本電信電話	11	本社	東京都	12
⑤	日立国際電気	10	本社	東京都	8
			小金井工場	東京都	7
⑥	松下電器産業	7	松下通信工業	神奈川県	8
			本社	大阪府	5
			松下技研	神奈川県	2
			松下通信金沢研究所	石川県	1
			松下寿電子工業	香川県	1
⑦	キヤノン	7	本社	東京都	4
			-(*)	フランス	6
⑧	IBM	7	本社	米国	9
			-(*)	フランス	5
			-(*)	スイス	3
⑨	日立製作所	6	中央研究所	東京都	5
			情報通信事業部	神奈川県	5
			システム開発研究所	神奈川県	3
			オフィスシステム事業部	神奈川県	3
			旭工場	愛知県	2
⑩	シャープ	6	本社	大阪府	8
⑪	東芝テック	5	-(*)	静岡県	4
			大仁事業所	静岡県	1
			大仁工場	静岡県	1
⑫	ルーセント テクノロジーズ	4	-(*)	オランダ	9
			本社	米国	1
⑬	三菱電機	4	本社	東京都	2
			通信機製作所	兵庫県	2
⑭	富士通	3	本店	神奈川県	5
⑮	沖電気工業	3	本社	東京都	4
⑯	NTTドコモ	1	本社	東京都	4
⑰	オープンウェーブシステムズ	1	-(*)	米国	2

(*)は、特許公報に事業所名の記載がないもの。

3.9 優先制御

図3.9-1 技術開発拠点図

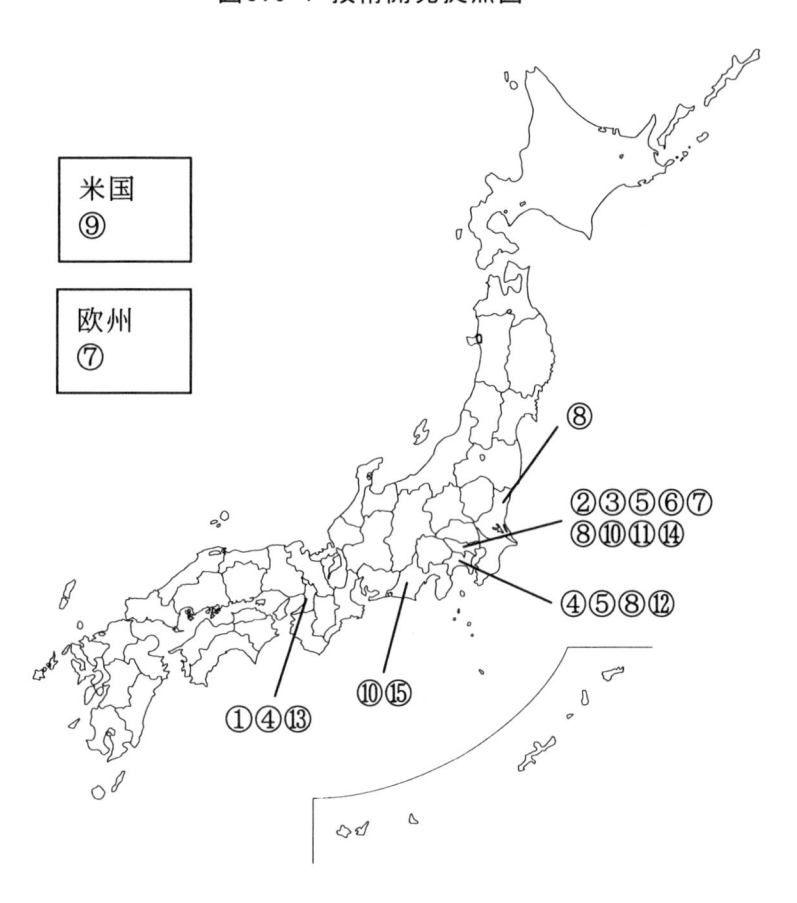

表3.9-1 技術開発拠点一覧表

NO.	企業名	特許件数(件)	事業所名	住所	発明者数(人)
①	クボタ	13	久宝寺工場	大阪府	3
			枚方製造所	大阪府	2
②	日本電信電話	9	本社	東京都	19
③	日本電気	7	本社	東京都	8
④	松下電器産業	7	本社	大阪府	10
			松下技研	神奈川県	2
			松下通信工業	神奈川県	1
⑤	東芝	5	研究開発センター	神奈川県	8
			日野工場	東京都	3
			青梅工場	東京都	1
⑥	ソニー	5	本社	東京都	8
			コンピュータサイエンス研究所	東京都	1
⑦	キヤノン	5	本社	東京都	3
			－(*)	フランス	3
⑧	日立製作所	5	中央研究所	東京都	4
			機械研究所	茨城県	4
			情報通信事業部	神奈川県	4
			デジタルメディア開発本部	神奈川県	1
			大みか工場	茨城県	1
⑨	ルーセント テクノロジーズ	5	本社	米国	4
⑩	三菱電機	4	本社	東京都	6
			－(*)	静岡県	3
⑪	リコー	3	本社	東京都	3
⑫	富士通	2	本店	神奈川県	3
			富士通プログラム技研	神奈川県	1
⑬	シャープ	2	本社	大阪府	3
⑭	日立国際電気	1	本社	東京都	1
⑮	東芝テック	1	大仁事業所	静岡県	1

(*)は、特許公報に事業所名の記載がないもの。

3.10 機密保護

図3.10-1 技術開発拠点図

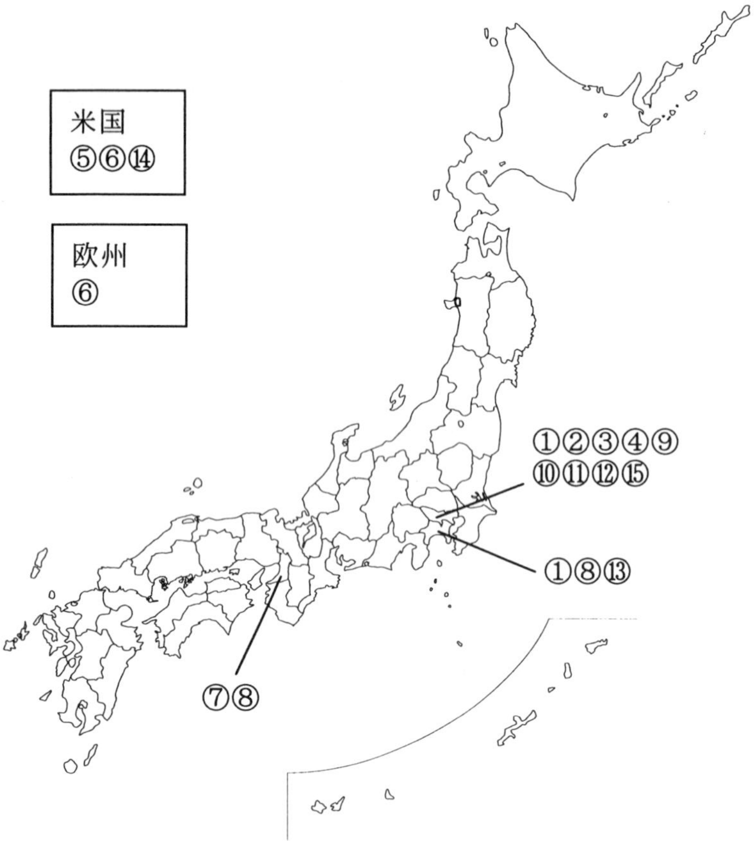

米国
⑤⑥⑭

欧州
⑥

表3.10-1 技術開発拠点一覧表

NO.	企業名	特許件数(件)	事業所名	住所	発明者数(人)
①	東芝	12	研究開発センター	神奈川県	8
			青梅工場	東京都	7
			本社	東京都	2
			東芝ソシオエンジニアリング	神奈川県	1
			府中工場	東京都	1
②	日本電信電話	9	本社	東京都	20
③	日本電気	6	本社	東京都	9
④	ソニー	6	本社	東京都	9
			コンピュータサイエンス研究所	東京都	1
⑤	オープンウェーブシステムズ	5	－(*)	米国	10
⑥	ＩＢＭ	4	本社	米国	7
			－(*)	フランス	3
			－(*)	スイス	2
			－(*)	ドイツ	1
⑦	シャープ	4	本社	大阪府	5
⑧	松下電器産業	3	本社	大阪府	4
			松下通信工業	神奈川県	1
⑨	三菱電機	2	本社	東京都	5
⑩	日立国際電気	2	本社	東京都	2
⑪	ＮＴＴドコモ	2	本社	東京都	7
⑫	キヤノン	1	本社	東京都	1
⑬	富士通	1	本店	神奈川県	2
⑭	ルーセント テクノロジーズ	1	本社	米国	1
⑮	リコー	1	本社	東京都	2

(*)は、特許公報に事業所名の記載がないもの。

資料

1. 工業所有権総合情報館と特許流通促進事業
2. 特許流通アドバイザー一覧
3. 特許電子図書館情報検索指導アドバイザー一覧
4. 知的所有権センター一覧
5. 平成13年度25技術テーマの特許流通の概要
6. 特許番号一覧

資料1．工業所有権総合情報館と特許流通促進事業

　特許庁工業所有権総合情報館は、明治20年に特許局官制が施行され、農商務省特許局庶務部内に図書館を置き、図書等の保管・閲覧を開始したことにより、組織上のスタートを切りました。

　その後、我が国が明治32年に「工業所有権の保護等に関するパリ同盟条約」に加入することにより、同条約に基づく公報等の閲覧を行う中央資料館として、国際的な地位を獲得しました。

　平成9年からは、工業所有権相談業務と情報流通業務を新たに加え、総合的な情報提供機関として、その役割を果たしております。さらに平成13年4月以降は、独立行政法人工業所有権総合情報館として生まれ変わり、より一層の利用者ニーズに機敏に対応する業務運営を目指し、特許公報等の情報提供及び工業所有権に関する相談等による出願人支援、審査審判協力のための図書等の提供、開放特許活用等の特許流通促進事業を推進しております。

1　事業の概要
(1) 内外国公報類の収集・閲覧
　下記の公報閲覧室でどなたでも内外国公報等の調査を行うことができる環境と体制を整備しています。

閲覧室	所在地	TEL
札幌閲覧室	北海道札幌市北区北7条西2-8　北ビル7F	011-747-3061
仙台閲覧室	宮城県仙台市青葉区本町3-4-18　太陽生命仙台本町ビル7F	022-711-1339
第一公報閲覧室	東京都千代田区霞が関3-4-3　特許庁2F	03-3580-7947
第二公報閲覧室	東京都千代田区霞が関1-3-1　経済産業省別館1F	03-3581-1101（内線3819）
名古屋閲覧室	愛知県名古屋市中区栄2-10-19　名古屋商工会議所ビルB2F	052-223-5764
大阪閲覧室	大阪府大阪市天王寺区伶人町2-7　関西特許情報センター1F	06-4305-0211
広島閲覧室	広島県広島市中区上八丁堀6-30　広島合同庁舎3号館	082-222-4595
高松閲覧室	香川県高松市林町2217-15　香川産業頭脳化センタービル2F	087-869-0661
福岡閲覧室	福岡県福岡市博多区博多駅東2-6-23　住友博多駅前第2ビル2F	092-414-7101
那覇閲覧室	沖縄県那覇市前島3-1-15　大同生命那覇ビル5F	098-867-9610

(2) 審査審判用図書等の収集・閲覧
　審査に利用する図書等を収集・整理し、特許庁の審査に提供すると同時に、「図書閲覧室（特許庁2F）」において、調査を希望する方々へ提供しています。【TEL：03-3592-2920】

(3) 工業所有権に関する相談
　相談窓口（特許庁 2F）を開設し、工業所有権に関する一般的な相談に応じています。

手紙、電話、e-mail等による相談も受け付けています。
　【TEL：03-3581-1101(内線2121〜2123)】【FAX：03-3502-8916】
　【e-mail：PA8102@ncipi.jpo.go.jp】

(4) 特許流通の促進
　特許権の活用を促進するための特許流通市場の整備に向け、各種事業を行っています。
（詳細は2項参照）【TEL：03-3580-6949】

2　特許流通促進事業
　先行き不透明な経済情勢の中、企業が生き残り、発展して行くためには、新しいビジネスの創造が重要であり、その際、知的資産の活用、とりわけ技術情報の宝庫である特許の活用がキーポイントとなりつつあります。
　また、企業が技術開発を行う場合、まず自社で開発を行うことが考えられますが、商品のライフサイクルの短縮化、技術開発のスピードアップ化が求められている今日、外部からの技術を積極的に導入することも必要になってきています。
　このような状況下、特許庁では、特許の流通を通じた技術移転・新規事業の創出を促進するため、特許流通促進事業を展開していますが、2001年4月から、これらの事業は、特許庁から独立をした「独立行政法人　工業所有権総合情報館」が引き継いでいます。

(1) 特許流通の促進
① 特許流通アドバイザー
　全国の知的所有権センター・TLO等からの要請に応じて、知的所有権や技術移転についての豊富な知識・経験を有する専門家を特許流通アドバイザーとして派遣しています。
　知的所有権センターでは、地域の活用可能な特許の調査、当該特許の提供支援及び大学・研究機関が保有する特許と地域企業との橋渡しを行っています。（資料2参照）

② 特許流通促進説明会
　地域特性に合った特許情報の有効活用の普及・啓発を図るため、技術移転の実例を紹介しながら特許流通のプロセスや特許電子図書館を利用した特許情報検索方法等を内容とした説明会を開催しています。

(2) 開放特許情報等の提供
① 特許流通データベース
　活用可能な開放特許を産業界、特に中小・ベンチャー企業に円滑に流通させ実用化を推進していくため、企業や研究機関・大学等が保有する提供意思のある特許をデータベース化し、インターネットを通じて公開しています。（http://www.ncipi.go.jp）

② 開放特許活用例集
　特許流通データベースに登録されている開放特許の中から製品化ポテンシャルが高い案

件を選定し、これら有用な開放特許を有効に使ってもらうためのビジネスアイデア集を作成しています。

③ 特許流通支援チャート
　企業が新規事業創出時の技術導入・技術移転を図る上で指標となりうる国内特許の動向を技術テーマごとに、分析したものです。出願上位企業の特許取得状況、技術開発課題に対応した特許保有状況、技術開発拠点等を紹介しています。

④ 特許電子図書館情報検索指導アドバイザー
　知的財産権及びその情報に関する専門的知識を有するアドバイザーを全国の知的所有権センターに派遣し、特許情報の検索に必要な基礎知識から特許情報の活用の仕方まで、無料でアドバイス・相談を行っています。(資料3参照)

(3) 知的財産権取引業の育成
① 知的財産権取引業者データベース
　特許を始めとする知的財産権の取引や技術移転の促進には、欧米の技術移転先進国に見られるように、民間の仲介事業者の存在が不可欠です。こうした民間ビジネスが質・量ともに不足し、社会的認知度も低いことから、事業者の情報を収集してデータベース化し、インターネットを通じて公開しています。

② 国際セミナー・研修会等
　著名海外取引業者と我が国取引業者との情報交換、議論の場（国際セミナー）を開催しています。また、産学官の技術移転を促進して、企業の新商品開発や技術力向上を促進するために不可欠な、技術移転に携わる人材の育成を目的とした研修事業を開催しています。

資料２．特許流通アドバイザー一覧 （平成14年3月1日現在）

○経済産業局特許室および知的所有権センターへの派遣

派遣先	氏名	所在地	TEL
北海道経済産業局特許室	杉谷 克彦	〒060-0807 札幌市北区北7条西2丁目8番地1北ビル7階	011-708-5783
北海道知的所有権センター (北海道立工業試験場)	宮本 剛汎	〒060-0819 札幌市北区北19条西11丁目 北海道立工業試験場内	011-747-2211
東北経済産業局特許室	三澤 輝起	〒980-0014 仙台市青葉区本町3-4-18 太陽生命仙台本町ビル7階	022-223-9761
青森県知的所有権センター ((社)発明協会青森県支部)	内藤 規雄	〒030-0112 青森市大字八ツ役字芦谷202-4 青森県産業技術開発センター内	017-762-3912
岩手県知的所有権センター (岩手県工業技術センター)	阿部 新喜司	〒020-0852 盛岡市飯岡新田3-35-2 岩手県工業技術センター内	019-635-8182
宮城県知的所有権センター (宮城県産業技術総合センター)	小野 賢悟	〒981-3206 仙台市泉区明通二丁目2番地 宮城県産業技術総合センター内	022-377-8725
秋田県知的所有権センター (秋田県工業技術センター)	石川 順三	〒010-1623 秋田市新屋町字砂奴寄4-11 秋田県工業技術センター内	018-862-3417
山形県知的所有権センター (山形県工業技術センター)	冨樫 富雄	〒990-2473 山形市松栄1-3-8 山形県産業創造支援センター内	023-647-8130
福島県知的所有権センター ((社)発明協会福島県支部)	相澤 正彬	〒963-0215 郡山市待池台1-12 福島県ハイテクプラザ内	024-959-3351
関東経済産業局特許室	村上 義英	〒330-9715 さいたま市上落合2-11 さいたま新都心合同庁舎1号館	048-600-0501
茨城県知的所有権センター ((財)茨城県中小企業振興公社)	齋藤 幸一	〒312-0005 ひたちなか市新光町38 ひたちなかテクノセンタービル内	029-264-2077
栃木県知的所有権センター ((社)発明協会栃木県支部)	坂本 武	〒322-0011 鹿沼市白桑田516-1 栃木県工業技術センター内	0289-60-1811
群馬県知的所有権センター ((社)発明協会群馬県支部)	三田 隆志	〒371-0845 前橋市鳥羽町190 群馬県工業試験場内	027-280-4416
	金井 澄雄	〒371-0845 前橋市鳥羽町190 群馬県工業試験場内	027-280-4416
埼玉県知的所有権センター (埼玉県工業技術センター)	野口 満	〒333-0848 川口市芝下1-1-56 埼玉県工業技術センター内	048-269-3108
	清水 修	〒333-0848 川口市芝下1-1-56 埼玉県工業技術センター内	048-269-3108
千葉県知的所有権センター ((社)発明協会千葉県支部)	稲谷 稔宏	〒260-0854 千葉市中央区長洲1-9-1 千葉県庁南庁舎内	043-223-6536
	阿草 一男	〒260-0854 千葉市中央区長洲1-9-1 千葉県庁南庁舎内	043-223-6536
東京都知的所有権センター (東京都城南地域中小企業振興センター)	鷹見 紀彦	〒144-0035 大田区南蒲田1-20-20 城南地域中小企業振興センター内	03-3737-1435
神奈川県知的所有権センター支部 ((財)神奈川高度技術支援財団)	小森 幹雄	〒213-0012 川崎市高津区坂戸3-2-1 かながわサイエンスパーク内	044-819-2100
新潟県知的所有権センター ((財)信濃川テクノポリス開発機構)	小林 靖幸	〒940-2127 長岡市新産4-1-9 長岡地域技術開発振興センター内	0258-46-9711
山梨県知的所有権センター (山梨県工業技術センター)	廣川 幸生	〒400-0055 甲府市大津町2094 山梨県工業技術センター内	055-220-2409
長野県知的所有権センター ((社)発明協会長野県支部)	徳永 正明	〒380-0928 長野市若里1-18-1 長野県工業試験場内	026-229-7688
静岡県知的所有権センター ((社)発明協会静岡県支部)	神長 邦雄	〒421-1221 静岡市牧ヶ谷2078 静岡工業技術センター内	054-276-1516
	山田 修寧	〒421-1221 静岡市牧ヶ谷2078 静岡工業技術センター内	054-276-1516
中部経済産業局特許室	原口 邦弘	〒460-0008 名古屋市中区栄2-10-19 名古屋商工会議所ビルB2F	052-223-6549
富山県知的所有権センター (富山県工業技術センター)	小坂 郁雄	〒933-0981 高岡市二上町150 富山県工業技術センター内	0766-29-2081
石川県知的所有権センター (財)石川県産業創出支援機構	一丸 義次	〒920-0223 金沢市戸水町イ65番地 石川県地場産業振興センター新館1階	076-267-8117
岐阜県知的所有権センター (岐阜県科学技術振興センター)	松永 孝義	〒509-0108 各務原市須衛町4-179-1 テクノプラザ5F	0583-79-2250
	木下 裕雄	〒509-0108 各務原市須衛町4-179-1 テクノプラザ5F	0583-79-2250
愛知県知的所有権センター (愛知県工業技術センター)	森 孝和	〒448-0003 刈谷市一ツ木町西新割 愛知県工業技術センター内	0566-24-1841
	三浦 元久	〒448-0003 刈谷市一ツ木町西新割 愛知県工業技術センター内	0566-24-1841

派遣先	氏名	所在地	TEL
三重県知的所有権センター (三重県工業技術総合研究所)	馬渡 建一	〒514-0819 津市高茶屋5-5-45 三重県科学振興センター工業研究部内	059-234-4150
近畿経済産業局特許室	下田 英宣	〒543-0061 大阪市天王寺区伶人町2-7 関西特許情報センター1階	06-6776-8491
福井県知的所有権センター (福井県工業技術センター)	上坂 旭	〒910-0102 福井市川合鷲塚町61字北稲田10 福井県工業技術センター内	0776-55-2100
滋賀県知的所有権センター (滋賀県工業技術センター)	新屋 正男	〒520-3004 栗東市上砥山232 滋賀県工業技術総合センター別館内	077-558-4040
京都府知的所有権センター ((社)発明協会京都支部)	衣川 清彦	〒600-8813 京都市下京区中堂寺南町17番地 京都リサーチパーク京都高度技術研究所ビル4階	075-326-0066
大阪府知的所有権センター (大阪府立特許情報センター)	大空 一博	〒543-0061 大阪市天王寺区伶人町2-7 関西特許情報センター内	06-6772-0704
	梶原 淳治	〒577-0809 東大阪市永和1-11-10	06-6722-1151
兵庫県知的所有権センター ((財)新産業創造研究機構)	園田 憲一	〒650-0047 神戸市中央区港島南町1-5-2 神戸キメックセンタービル6F	078-306-6808
	島田 一男	〒650-0047 神戸市中央区港島南町1-5-2 神戸キメックセンタービル6F	078-306-6808
和歌山県知的所有権センター ((社)発明協会和歌山県支部)	北澤 宏造	〒640-8214 和歌山県寄合町25 和歌山市発明館4階	073-432-0087
中国経済産業局特許室	木村 郁男	〒730-8531 広島市中区上八丁堀6-30 広島合同庁舎3号館1階	082-502-6828
鳥取県知的所有権センター ((社)発明協会鳥取県支部)	五十嵐 善司	〒689-1112 鳥取市若葉台南7-5-1 新産業創造センター1階	0857-52-6728
島根県知的所有権センター ((社)発明協会島根県支部)	佐野 馨	〒690-0816 島根県松江市北陵町1 テクノアークしまね内	0852-60-5146
岡山県知的所有権センター ((社)発明協会岡山県支部)	横田 悦造	〒701-1221 岡山市芳賀5301 テクノサポート岡山内	086-286-9102
広島県知的所有権センター ((社)発明協会広島県支部)	壹岐 正弘	〒730-0052 広島市中区千田町3-13-11 広島発明会館2階	082-544-2066
山口県知的所有権センター ((社)発明協会山口県支部)	滝川 尚久	〒753-0077 山口市熊野町1-10 NPYビル10階 (財)山口県産業技術開発機構内	083-922-9927
四国経済産業局特許室	鶴野 弘章	〒761-0301 香川県高松市林町2217-15 香川産業頭脳化センタービル2階	087-869-3790
徳島県知的所有権センター ((社)発明協会徳島県支部)	武岡 明夫	〒770-8021 徳島市雑賀町西開11-2 徳島県立工業技術センター内	088-669-0117
香川県知的所有権センター ((社)発明協会香川県支部)	谷田 吉成	〒761-0301 香川県高松市林町2217-15 香川産業頭脳化センタービル2階	087-869-9004
	福家 康矩	〒761-0301 香川県高松市林町2217-15 香川産業頭脳化センタービル2階	087-869-9004
愛媛県知的所有権センター ((社)発明協会愛媛県支部)	川野 辰己	〒791-1101 松山市久米窪田町337-1 テクノプラザ愛媛	089-960-1489
高知県知的所有権センター ((財)高知県産業振興センター)	吉本 忠男	〒781-5101 高知市布師田3992-2 高知県中小企業会館2階	0888-46-7087
九州経済産業局特許室	簗田 克志	〒812-8546 福岡市博多区博多駅東2-11-1 福岡合同庁舎内	092-436-7260
福岡県知的所有権センター ((社)発明協会福岡県支部)	道津 毅	〒812-0013 福岡市博多区博多駅東2-6-23 住友博多駅前第2ビル1階	092-415-6777
福岡県知的所有権センター北九州支部 ((株)北九州テクノセンター)	沖 宏治	〒804-0003 北九州市戸畑区中原新町2-1 (株)北九州テクノセンター内	093-873-1432
佐賀県知的所有権センター (佐賀県工業技術センター)	光武 章二	〒849-0932 佐賀市鍋島町大字八戸溝114 佐賀県工業技術センター内	0952-30-8161
	村上 忠郎	〒849-0932 佐賀市鍋島町大字八戸溝114 佐賀県工業技術センター内	0952-30-8161
長崎県知的所有権センター ((社)発明協会長崎県支部)	嶋北 正俊	〒856-0026 大村市池田2-1303-8 長崎県工業技術センター内	0957-52-1138
熊本県知的所有権センター ((社)発明協会熊本県支部)	深見 毅	〒862-0901 熊本市東町3-11-38 熊本県工業技術センター内	096-331-7023
大分県知的所有権センター (大分県産業科学技術センター)	古崎 宣	〒870-1117 大分市高江西1-4361-10 大分県産業科学技術センター内	097-596-7121
宮崎県知的所有権センター ((社)発明協会宮崎県支部)	久保田 英世	〒880-0303 宮崎県宮崎郡佐土原町東上那珂16500-2 宮崎県工業技術センター内	0985-74-2953
鹿児島県知的所有権センター (鹿児島県工業技術センター)	山田 式典	〒899-5105 鹿児島県姶良郡隼人町小田1445-1 鹿児島県工業技術センター内	0995-64-2056
沖縄総合事務局特許室	下司 義雄	〒900-0016 那覇市前島3-1-15 大同生命那覇ビル5階	098-867-3293
沖縄県知的所有権センター (沖縄県工業技術センター)	木村 薫	〒904-2234 具志川市州崎12-2 沖縄県工業技術センター内1階	098-939-2372

○技術移転機関(TLO)への派遣

派遣先	氏名	所在地	TEL
北海道ティー・エル・オー(株)	山田 邦重	〒060-0808 札幌市北区北8条西5丁目 北海道大学事務局分館2館	011-708-3633
	岩城 全紀	〒060-0808 札幌市北区北8条西5丁目 北海道大学事務局分館2館	011-708-3633
(株)東北テクノアーチ	井硲 弘	〒980-0845 仙台市青葉区荒巻字青葉468番地 東北大学未来科学技術共同センター	022-222-3049
(株)筑波リエゾン研究所	関 淳次	〒305-8577 茨城県つくば市天王台1-1-1 筑波大学共同研究棟A303	0298-50-0195
	綾 紀元	〒305-8577 茨城県つくば市天王台1-1-1 筑波大学共同研究棟A303	0298-50-0195
(財)日本産業技術振興協会 産総研イノベーションズ	坂 光	〒305-8568 茨城県つくば市梅園1-1-1 つくば中央第二事業所D-7階	0298-61-5210
日本大学国際産業技術・ビジネス育成センター	斎藤 光史	〒102-8275 東京都千代田区九段南4-8-24	03-5275-8139
	加根魯 和宏	〒102-8275 東京都千代田区九段南4-8-24	03-5275-8139
学校法人早稲田大学知的財産センター	菅野 淳	〒162-0041 東京都新宿区早稲田鶴巻町513 早稲田大学研究開発センター120-1号館1F	03-5286-9867
	風間 孝彦	〒162-0041 東京都新宿区早稲田鶴巻町513 早稲田大学研究開発センター120-1号館1F	03-5286-9867
(財)理工学振興会	鷹巣 征行	〒226-8503 横浜市緑区長津田町4259 フロンティア創造共同研究センター内	045-921-4391
	北川 謙一	〒226-8503 横浜市緑区長津田町4259 フロンティア創造共同研究センター内	045-921-4391
よこはまティーエルオー(株)	小原 郁	〒240-8501 横浜市保土ヶ谷区常盤台79-5 横浜国立大学共同研究推進センター内	045-339-4441
学校法人慶応義塾大学知的資産センター	道井 敏	〒108-0073 港区三田2-11-15 三田川崎ビル3階	03-5427-1678
	鈴木 泰	〒108-0073 港区三田2-11-15 三田川崎ビル3階	03-5427-1678
学校法人東京電機大学産官学交流センター	河村 幸夫	〒101-8457 千代田区神田錦町2-2	03-5280-3640
タマティーエルオー(株)	古瀬 武弘	〒192-0083 八王子市旭町9-1 八王子スクエアビル11階	0426-31-1325
学校法人明治大学知的資産センター	竹田 幹男	〒101-8301 千代田区神田駿河台1-1	03-3296-4327
(株)山梨ティー・エル・オー	田中 正男	〒400-8511 甲府市武田4-3-11 山梨大学地域共同開発研究センター内	055-220-8760
(財)浜松科学技術研究振興会	小野 義光	〒432-8561 浜松市城北3-5-1	053-412-6703
(財)名古屋産業科学研究所	杉本 勝	〒460-0008 名古屋市中区栄二丁目十番十九号 名古屋商工会議所ビル	052-223-5691
	小西 富雅	〒460-0008 名古屋市中区栄二丁目十番十九号 名古屋商工会議所ビル	052-223-5694
関西ティー・エル・オー(株)	山田 富義	〒600-8813 京都市下京区中堂寺南町17 京都リサーチパークサイエンスセンタービル1号館2階	075-315-8250
	斎田 雄一	〒600-8813 京都市下京区中堂寺南町17 京都リサーチパークサイエンスセンタービル1号館2階	075-315-8250
(財)新産業創造研究機構	井上 勝彦	〒650-0047 神戸市中央区港島南町1-5-2 神戸キメックセンタービル6F	078-306-6805
	長冨 弘充	〒650-0047 神戸市中央区港島南町1-5-2 神戸キメックセンタービル6F	078-306-6805
(財)大阪産業振興機構	有馬 秀平	〒565-0871 大阪府吹田市山田丘2-1 大阪大学先端科学技術共同研究センター4F	06-6879-4196
(有)山口ティー・エル・オー	松本 孝三	〒755-8611 山口県宇部市常盤2-16-1 山口大学地域共同研究開発センター内	0836-22-9768
	熊原 尋美	〒755-8611 山口県宇部市常盤2-16-1 山口大学地域共同研究開発センター内	0836-22-9768
(株)テクノネットワーク四国	佐藤 博正	〒760-0033 香川県高松市丸の内2-5 ヨンデンビル別館4F	087-811-5039
(株)北九州テクノセンター	乾 全	〒804-0003 北九州市戸畑区中原新町2番1号	093-873-1448
(株)産学連携機構九州	堀 浩一	〒812-8581 福岡市東区箱崎6-10-1 九州大学技術移転推進室内	092-642-4363
(財)くまもとテクノ産業財団	桂 真郎	〒861-2202 熊本県上益城郡益城町田原2081-10	096-289-2340

資料3．特許電子図書館情報検索指導アドバイザー一覧 （平成14年3月1日現在）

〇知的所有権センターへの派遣

派遣先	氏名	所在地	TEL
北海道知的所有権センター （北海道立工業試験場）	平野 徹	〒060-0819 札幌市北区北19条西11丁目	011-747-2211
青森県知的所有権センター （(社)発明協会青森県支部）	佐々木 泰樹	〒030-0112 青森市第二問屋町4-11-6	017-762-3912
岩手県知的所有権センター （岩手県工業技術センター）	中嶋 孝弘	〒020-0852 盛岡市飯岡新田3-35-2	019-634-0684
宮城県知的所有権センター （宮城県産業技術総合センター）	小林 保	〒981-3206 仙台市泉区明通2-2	022-377-8725
秋田県知的所有権センター （秋田県工業技術センター）	田嶋 正夫	〒010-1623 秋田市新屋町字砂奴寄4-11	018-862-3417
山形県知的所有権センター （山形県工業技術センター）	大澤 忠行	〒990-2473 山形市松栄1-3-8	023-647-8130
福島県知的所有権センター （(社)発明協会福島県支部）	栗田 広	〒963-0215 郡山市待池台1-12 福島県ハイテクプラザ内	024-963-0242
茨城県知的所有権センター （(財)茨城県中小企業振興公社）	猪野 正己	〒312-0005 ひたちなか市新光町38 ひたちなかテクノセンタービル1階	029-264-2211
栃木県知的所有権センター （(社)発明協会栃木県支部）	中里 浩	〒322-0011 鹿沼市白桑田516-1 栃木県工業技術センター内	0289-65-7550
群馬県知的所有権センター （(社)発明協会群馬県支部）	神林 賢蔵	〒371-0845 前橋市鳥羽町190 群馬県工業試験場内	027-254-0627
埼玉県知的所有権センター （(社)発明協会埼玉県支部）	田中 廣雅	〒331-8669 さいたま市桜木町1-7-5 ソニックシティ10階	048-644-4806
千葉県知的所有権センター （(社)発明協会千葉県支部）	中原 照義	〒260-0854 千葉市中央区長洲1-9-1 千葉県庁南庁舎R3階	043-223-7748
東京都知的所有権センター （(社)発明協会東京支部）	福澤 勝義	〒105-0001 港区虎ノ門2-9-14	03-3502-5521
神奈川県知的所有権センター （神奈川県産業技術総合研究所）	森 啓次	〒243-0435 海老名市下今泉705-1	046-236-1500
神奈川県知的所有権センター支部 （(財)神奈川高度技術支援財団）	大井 隆	〒213-0012 川崎市高津区坂戸3-2-1 かながわサイエンスパーク西棟205	044-819-2100
神奈川県知的所有権センター支部 （(社)発明協会神奈川県支部）	蓮見 亮	〒231-0015 横浜市中区尾上町5-80 神奈川中小企業センター10階	045-633-5055
新潟県知的所有権センター （(財)信濃川テクノポリス開発機構）	石谷 速夫	〒940-2127 長岡市新産4-1-9	0258-46-9711
山梨県知的所有権センター （山梨県工業技術センター）	山下 知	〒400-0055 甲府市大津町2094	055-243-6111
長野県知的所有権センター （(社)発明協会長野県支部）	岡田 光正	〒380-0928 長野市若里1-18-1 長野県工業試験場内	026-228-5559
静岡県知的所有権センター （(社)発明協会静岡県支部）	吉井 和夫	〒421-1221 静岡市牧ヶ谷2078 静岡工業技術センター資料館内	054-278-6111
富山県知的所有権センター （富山県工業技術センター）	齋藤 靖雄	〒933-0981 高岡市二上町150	0766-29-1252
石川県知的所有権センター （財)石川県産業創出支援機構	辻 寛司	〒920-0223 金沢市戸水町イ65番地 石川県地場産業振興センター	076-267-5918
岐阜県知的所有権センター （岐阜県科学技術振興センター）	林 邦明	〒509-0108 各務原市須衛町4-179-1 テクノプラザ5F	0583-79-2250
愛知県知的所有権センター （愛知県工業技術センター）	加藤 英昭	〒448-0003 刈谷市一ツ木町西新割	0566-24-1841
三重県知的所有権センター （三重県工業技術総合研究所）	長峰 隆	〒514-0819 津市高茶屋5-5-45	059-234-4150
福井県知的所有権センター （福井県工業技術センター）	川・好昭	〒910-0102 福井市川合鷲塚町61字北稲田10	0776-55-1195
滋賀県知的所有権センター （滋賀県工業技術センター）	森 久子	〒520-3004 栗東市上砥山232	077-558-4040
京都府知的所有権センター （(社)発明協会京都支部）	中野 剛	〒600-8813 京都市下京区中堂寺南町17 京都リサーチパーク内 京都高度技研ビル4階	075-315-8686
大阪府知的所有権センター （大阪府立特許情報センター）	秋田 伸一	〒543-0061 大阪市天王寺区伶人町2-7	06-6771-2646
大阪府知的所有権センター支部 （(社)発明協会大阪支部知的財産センター）	戎 邦夫	〒564-0062 吹田市垂水町3-24-1 シンプレス江坂ビル2階	06-6330-7725
兵庫県知的所有権センター （(社)発明協会兵庫県支部）	山口 克己	〒654-0037 神戸市須磨区行平町3-1-31 兵庫県立産業技術センター4階	078-731-5847
奈良県知的所有権センター （奈良県工業技術センター）	北田 友彦	〒630-8031 奈良市柏木町129-1	0742-33-0863

派遣先	氏名	所在地	TEL
和歌山県知的所有権センター ((社)発明協会和歌山県支部)	木村 武司	〒640-8214 和歌山県寄合町25 和歌山市発明館4階	073-432-0087
鳥取県知的所有権センター ((社)発明協会鳥取県支部)	奥村 隆一	〒689-1112 鳥取市若葉台南7-5-1 新産業創造センター1階	0857-52-6728
島根県知的所有権センター ((社)発明協会島根県支部)	門脇 みどり	〒690-0816 島根県松江市北陵町1番地 テクノアークしまね1F内	0852-60-5146
岡山県知的所有権センター ((社)発明協会岡山県支部)	佐藤 新吾	〒701-1221 岡山市芳賀5301 テクノサポート岡山内	086-286-9656
広島県知的所有権センター ((社)発明協会広島県支部)	若木 幸蔵	〒730-0052 広島市中区千田町3-13-11 広島発明会館内	082-544-0775
広島県知的所有権センター支部 ((社)発明協会広島県支部備後支会)	渡部 武徳	〒720-0067 福山市西町2-10-1	0849-21-2349
広島県知的所有権センター支部 (呉地域産業振興センター)	三上 達矢	〒737-0004 呉市阿賀南2-10-1	0823-76-3766
山口県知的所有権センター ((社)発明協会山口県支部)	大段 恭二	〒753-0077 山口市熊野町1-10 NPYビル10階	083-922-9927
徳島県知的所有権センター ((社)発明協会徳島県支部)	平野 稔	〒770-8021 徳島市雑賀町西開11-2 徳島県立工業技術センター内	088-636-3388
香川県知的所有権センター ((社)発明協会香川県支部)	中元 恒	〒761-0301 香川県高松市林町2217-15 香川産業頭脳化センタービル2階	087-869-9005
愛媛県知的所有権センター ((社)発明協会愛媛県支部)	片山 忠徳	〒791-1101 松山市久米窪田町337-1 テクノプラザ愛媛	089-960-1118
高知県知的所有権センター (高知県工業技術センター)	柏井 富雄	〒781-5101 高知市布師田3992-3	088-845-7664
福岡県知的所有権センター ((社)発明協会福岡県支部)	浦井 正章	〒812-0013 福岡市博多区博多駅東2-6-23 住友博多駅前第2ビル2階	092-474-7255
福岡県知的所有権センター北九州支部 ((株)北九州テクノセンター)	重藤 務	〒804-0003 北九州市戸畑区中原新町2-1	093-873-1432
佐賀県知的所有権センター (佐賀県工業技術センター)	塚島 誠一郎	〒849-0932 佐賀市鍋島町八戸溝114	0952-30-8161
長崎県知的所有権センター ((社)発明協会長崎県支部)	川添 早苗	〒856-0026 大村市池田2-1303-8 長崎県工業技術センター内	0957-52-1144
熊本県知的所有権センター ((社)発明協会熊本県支部)	松山 彰雄	〒862-0901 熊本市東町3-11-38 熊本県工業技術センター内	096-360-3291
大分県知的所有権センター (大分県産業科学技術センター)	鎌田 正道	〒870-1117 大分市高江西1-4361-10	097-596-7121
宮崎県知的所有権センター ((社)発明協会宮崎県支部)	黒田 護	〒880-0303 宮崎県宮崎郡佐土原町東上那珂16500-2 宮崎県工業技術センター内	0985-74-2953
鹿児島県知的所有権センター (鹿児島県工業技術センター)	大井 敏民	〒899-5105 鹿児島県姶良郡隼人町小田1445-1	0995-64-2445
沖縄県知的所有権センター (沖縄県工業技術センター)	和田 修	〒904-2234 具志川市字州崎12-2 中城湾港新港地区トロピカルテクノパーク内	098-929-0111

資料4．知的所有権センター一覧 （平成14年3月1日現在）

都道府県	名　称	所　在　地	TEL
北海道	北海道知的所有権センター （北海道立工業試験場）	〒060-0819 札幌市北区北19条西11丁目	011-747-2211
青森県	青森県知的所有権センター （(社)発明協会青森県支部）	〒030-0112 青森市第二問屋町4-11-6	017-762-3912
岩手県	岩手県知的所有権センター （岩手県工業技術センター）	〒020-0852 盛岡市飯岡新田3-35-2	019-634-0684
宮城県	宮城県知的所有権センター （宮城県産業技術総合センター）	〒981-3206 仙台市泉区明通2-2	022-377-8725
秋田県	秋田県知的所有権センター （秋田県工業技術センター）	〒010-1623 秋田市新屋町字砂奴寄4-11	018-862-3417
山形県	山形県知的所有権センター （山形県工業技術センター）	〒990-2473 山形市松栄1-3-8	023-647-8130
福島県	福島県知的所有権センター （(社)発明協会福島県支部）	〒963-0215 郡山市待池台1-12 福島県ハイテクプラザ内	024-963-0242
茨城県	茨城県知的所有権センター （(財)茨城県中小企業振興公社）	〒312-0005 ひたちなか市新光町38 ひたちなかテクノセンタービル1階	029-264-2211
栃木県	栃木県知的所有権センター （(社)発明協会栃木県支部）	〒322-0011 鹿沼市白桑田516-1 栃木県工業技術センター内	0289-65-7550
群馬県	群馬県知的所有権センター （(社)発明協会群馬県支部）	〒371-0845 前橋市鳥羽町190 群馬県工業試験場内	027-254-0627
埼玉県	埼玉県知的所有権センター （(社)発明協会埼玉県支部）	〒331-8669 さいたま市桜木町1-7-5 ソニックシティ10階	048-644-4806
千葉県	千葉県知的所有権センター （(社)発明協会千葉県支部）	〒260-0854 千葉市中央区長洲1-9-1 千葉県庁南庁舎R3階	043-223-7748
東京都	東京都知的所有権センター （(社)発明協会東京支部）	〒105-0001 港区虎ノ門2-9-14	03-3502-5521
神奈川県	神奈川県知的所有権センター （神奈川県産業技術総合研究所）	〒243-0435 海老名市下今泉705-1	046-236-1500
	神奈川県知的所有権センター支部 （(財)神奈川高度技術支援財団）	〒213-0012 川崎市高津区坂戸3-2-1 かながわサイエンスパーク西棟205	044-819-2100
	神奈川県知的所有権センター支部 （(社)発明協会神奈川県支部）	〒231-0015 横浜市中区尾上町5-80 神奈川中小企業センター10階	045-633-5055
新潟県	新潟県知的所有権センター （(財)信濃川テクノポリス開発機構）	〒940-2127 長岡市新産4-1-9	0258-46-9711
山梨県	山梨県知的所有権センター （山梨県工業技術センター）	〒400-0055 甲府市大津町2094	055-243-6111
長野県	長野県知的所有権センター （(社)発明協会長野県支部）	〒380-0928 長野市若里1-18-1 長野県工業試験場内	026-228-5559
静岡県	静岡県知的所有権センター （(社)発明協会静岡県支部）	〒421-1221 静岡市牧ヶ谷2078 静岡工業技術センター資料館内	054-278-6111
富山県	富山県知的所有権センター （富山県工業技術センター）	〒933-0981 高岡市二上町150	0766-29-1252
石川県	石川県知的所有権センター （財)石川県産業創出支援機構	〒920-0223 金沢市戸水町イ65番地 石川県地場産業振興センター	076-267-5918
岐阜県	岐阜県知的所有権センター （岐阜県科学技術振興センター）	〒509-0108 各務原市須衛町4-179-1 テクノプラザ5F	0583-79-2250
愛知県	愛知県知的所有権センター （愛知県工業技術センター）	〒448-0003 刈谷市一ツ木町西新割	0566-24-1841
三重県	三重県知的所有権センター （三重県工業技術総合研究所）	〒514-0819 津市高茶屋5-5-45	059-234-4150
福井県	福井県知的所有権センター （福井県工業技術センター）	〒910-0102 福井市川合鷲塚町61字北稲田10	0776-55-1195
滋賀県	滋賀県知的所有権センター （滋賀県工業技術センター）	〒520-3004 栗東市上砥山232	077-558-4040
京都府	京都府知的所有権センター （(社)発明協会京都支部）	〒600-8813 京都市下京区中堂寺南町17 京都リサーチパーク内　京都高度技研ビル4階	075-315-8686
大阪府	大阪府知的所有権センター （大阪府立特許情報センター）	〒543-0061 大阪市天王寺区伶人町2-7	06-6771-2646
	大阪府知的所有権センター支部 （(社)発明協会大阪支部知的財産センター）	〒564-0062 吹田市垂水町3-24-1 シンプレス江坂ビル2階	06-6330-7725
兵庫県	兵庫県知的所有権センター （(社)発明協会兵庫県支部）	〒654-0037 神戸市須磨区行平町3-1-31 兵庫県立産業技術センター4階	078-731-5847

都道府県	名称	所在地		TEL
奈良県	奈良県知的所有権センター (奈良県工業技術センター)	〒630-8031	奈良市柏木町129-1	0742-33-0863
和歌山県	和歌山県知的所有権センター ((社)発明協会和歌山県支部)	〒640-8214	和歌山県寄合町25 和歌山市発明館4階	073-432-0087
鳥取県	鳥取県知的所有権センター ((社)発明協会鳥取支部)	〒689-1112	鳥取市若葉台南7-5-1 新産業創造センター1階	0857-52-6728
島根県	島根県知的所有権センター ((社)発明協会島根県支部)	〒690-0816	島根県松江市北陵町1番地 テクノアークしまね1F内	0852-60-5146
岡山県	岡山県知的所有権センター ((社)発明協会岡山県支部)	〒701-1221	岡山市芳賀5301 テクノサポート岡山内	086-286-9656
広島県	広島県知的所有権センター ((社)発明協会広島県支部)	〒730-0052	広島市中区千田町3-13-11 広島発明会館内	082-544-0775
	広島県知的所有権センター支部 ((社)発明協会広島県支部備後支会)	〒720-0067	福山市西町2-10-1	0849-21-2349
	広島県知的所有権センター支部 (呉地域産業振興センター)	〒737-0004	呉市阿賀南2-10-1	0823-76-3766
山口県	山口県知的所有権センター ((社)発明協会山口県支部)	〒753-0077	山口市熊野町1-10 NPYビル10階	083-922-9927
徳島県	徳島県知的所有権センター ((社)発明協会徳島県支部)	〒770-8021	徳島市雑賀町西開11-2 徳島県立工業技術センター内	088-636-3388
香川県	香川県知的所有権センター ((社)発明協会香川県支部)	〒761-0301	香川県高松市林町2217-15 香川産業頭脳化センタービル2階	087-869-9005
愛媛県	愛媛県知的所有権センター ((社)発明協会愛媛県支部)	〒791-1101	松山市久米窪田町337-1 テクノプラザ愛媛	089-960-1118
高知県	高知県知的所有権センター (高知県工業技術センター)	〒781-5101	高知市布師田3992-3	088-845-7664
福岡県	福岡県知的所有権センター ((社)発明協会福岡県支部)	〒812-0013	福岡市博多区博多駅東2-6-23 住友博多駅前第2ビル2階	092-474-7255
	福岡県知的所有権センター北九州支部 ((株)北九州テクノセンター)	〒804-0003	北九州市戸畑区中原新町2-1	093-873-1432
佐賀県	佐賀県知的所有権センター (佐賀県工業技術センター)	〒849-0932	佐賀市鍋島町八戸溝114	0952-30-8161
長崎県	長崎県知的所有権センター ((社)発明協会長崎県支部)	〒856-0026	大村市池田2-1303-8 長崎県工業技術センター内	0957-52-1144
熊本県	熊本県知的所有権センター ((社)発明協会熊本県支部)	〒862-0901	熊本市東町3-11-38 熊本県工業技術センター内	096-360-3291
大分県	大分県知的所有権センター (大分県産業科学技術センター)	〒870-1117	大分市高江西1-4361-10	097-596-7121
宮崎県	宮崎県知的所有権センター ((社)発明協会宮崎県支部)	〒880-0303	宮崎県宮崎郡佐土原町東上那珂16500-2 宮崎県工業技術センター内	0985-74-2953
鹿児島県	鹿児島県知的所有権センター (鹿児島県工業技術センター)	〒899-5105	鹿児島県姶良郡隼人町小田1445-1	0995-64-2445
沖縄県	沖縄県知的所有権センター (沖縄県工業技術センター)	〒904-2234	具志川市宇州崎12-2 中城湾港新港地区トロピカルテクノパーク内	098-929-0111

資料5. 平成13年度25技術テーマの特許流通の概要

5.1 アンケート送付先と回収率

平成13年度は、25の技術テーマにおいて「特許流通支援チャート」を作成し、その中で特許流通に対する意識調査として各技術テーマの出願件数上位企業を対象としてアンケート調査を行った。平成13年12月7日に郵送によりアンケートを送付し、平成14年1月31日までに回収されたものを対象に解析した。

表5.1-1に、アンケート調査表の回収状況を示す。送付数578件、回収数306件、回収率52.9%であった。

表5.1-1 アンケートの回収状況

送付数	回収数	未回収数	回収率
578	306	272	52.9%

表5.1-2に、業種別の回収状況を示す。各業種を一般系、機械系、化学系、電気系と大きく4つに分類した。以下、「〇〇系」と表現する場合は、各企業の業種別に基づく分類を示す。それぞれの回収率は、一般系56.5%、機械系63.5%、化学系41.1%、電気系51.6%であった。

表5.1-2 アンケートの業種別回収件数と回収率

業種と回収率	業種	回収件数
一般系 48/85=56.5%	建設	5
	窯業	12
	鉄鋼	6
	非鉄金属	17
	金属製品	2
	その他製造業	6
化学系 39/95=41.1%	食品	1
	繊維	12
	紙・パルプ	3
	化学	22
	石油・ゴム	1
機械系 73/115=63.5%	機械	23
	精密機器	28
	輸送機器	22
電気系 146/283=51.6%	電気	144
	通信	2

図 5.1 に、全回収件数を母数にして業種別に回収率を示す。全回収件数に占める業種別の回収率は電気系 47.7％、機械系 23.9％、一般系 15.7％、化学系 12.7％である。

図 5.1 回収件数の業種別比率

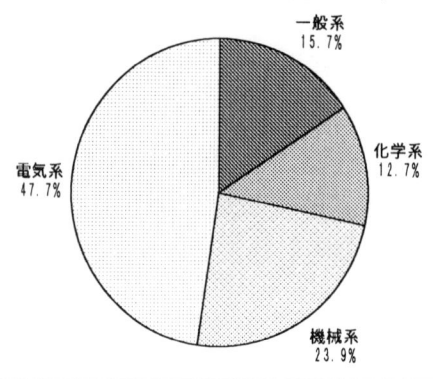

一般系	化学系	機械系	電気系	合計
48	39	73	146	306

表 5.1-3 に、技術テーマ別の回収件数と回収率を示す。この表では、技術テーマを一般分野、化学分野、機械分野、電気分野に分類した。以下、「〇〇分野」と表現する場合は、技術テーマによる分類を示す。回収率の最も良かった技術テーマは焼却炉排ガス処理技術の 71.4％で、最も悪かったのは有機 EL 素子の 34.6％である。

表 5.1-3 テーマ別の回収件数と回収率

分野	技術テーマ名	送付数	回収数	回収率
一般分野	カーテンウォール	24	13	54.2%
	気体膜分離装置	25	12	48.0%
	半導体洗浄と環境適応技術	23	14	60.9%
	焼却炉排ガス処理技術	21	15	71.4%
	はんだ付け鉛フリー技術	20	11	55.0%
化学分野	プラスティックリサイクル	25	15	60.0%
	バイオセンサ	24	16	66.7%
	セラミックスの接合	23	12	52.2%
	有機ＥＬ素子	26	9	34.6%
	生分解ポリエステル	23	12	52.2%
	有機導電性ポリマー	24	15	62.5%
	リチウムポリマー電池	29	13	44.8%
機械分野	車いす	21	12	57.1%
	金属射出成形技術	28	14	50.0%
	微細レーザ加工	20	10	50.0%
	ヒートパイプ	22	10	45.5%
電気分野	圧力センサ	22	13	59.1%
	個人照合	29	12	41.4%
	非接触型ＩＣカード	21	10	47.6%
	ビルドアップ多層プリント配線板	23	11	47.8%
	携帯電話表示技術	20	11	55.0%
	アクティブマトリックス液晶駆動技術	21	12	57.1%
	プログラム制御技術	21	12	57.1%
	半導体レーザの活性層	22	11	50.0%
	無線ＬＡＮ	21	11	52.4%

5.2 アンケート結果
5.2.1 開放特許に関して
(1) 開放特許と非開放特許

　他者にライセンスしてもよい特許を「開放特許」、ライセンスの可能性のない特許を「非開放特許」と定義した。その上で、各技術テーマにおける保有特許のうち、自社での実施状況と開放状況について質問を行った。

　306件中257件の回答があった（回答率84.0%）。保有特許件数に対する開放特許件数の割合を開放比率とし、保有特許件数に対する非開放特許件数の割合を非開放比率と定義した。

　図5.2.1-1に、業種別の特許の開放比率と非開放比率を示す。全体の開放比率は58.3%で、業種別では一般系が37.1%、化学系が20.6%、機械系が39.4%、電気系が77.4%である。化学系（20.6%）の企業の開放比率は、化学分野における開放比率（図5.2.1-2）の最低値である「生分解ポリエステル」の22.6%よりさらに低い値となっている。これは、化学分野においても、機械系、電気系の企業であれば、保有特許について比較的開放的であることを示唆している。

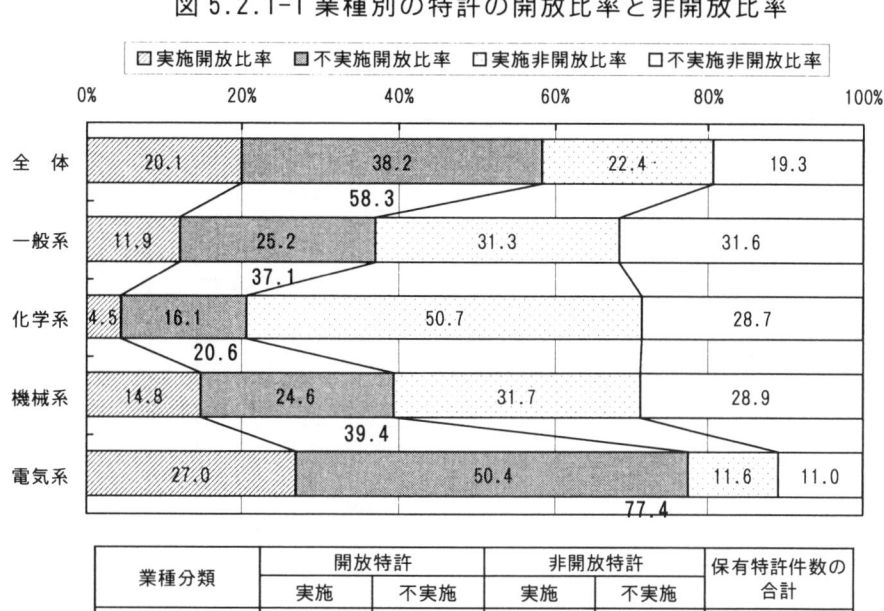

図5.2.1-1 業種別の特許の開放比率と非開放比率

業種分類	開放特許 実施	開放特許 不実施	非開放特許 実施	非開放特許 不実施	保有特許件数の合計
一般系	346	732	910	918	2,906
化学系	90	323	1,017	576	2,006
機械系	494	821	1,058	964	3,337
電気系	2,835	5,291	1,218	1,155	10,499
全体	3,765	7,167	4,203	3,613	18,748

　図5.2.1-2に、技術テーマ別の開放比率と非開放比率を示す。

　開放比率（実施開放比率と不実施開放比率を加算。）が高い技術テーマを見てみると、最高値は「個人照合」の84.7%で、次いで「はんだ付け鉛フリー技術」の83.2%、「無線LAN」の82.4%、「携帯電話表示技術」の80.0%となっている。一方、低い方から見ると、「生分解ポリエステル」の22.6%で、次いで「カーテンウォール」の29.3%、「有機EL」の30.5%である。

図 5.2.1-2 技術テーマ別の開放比率と非開放比率

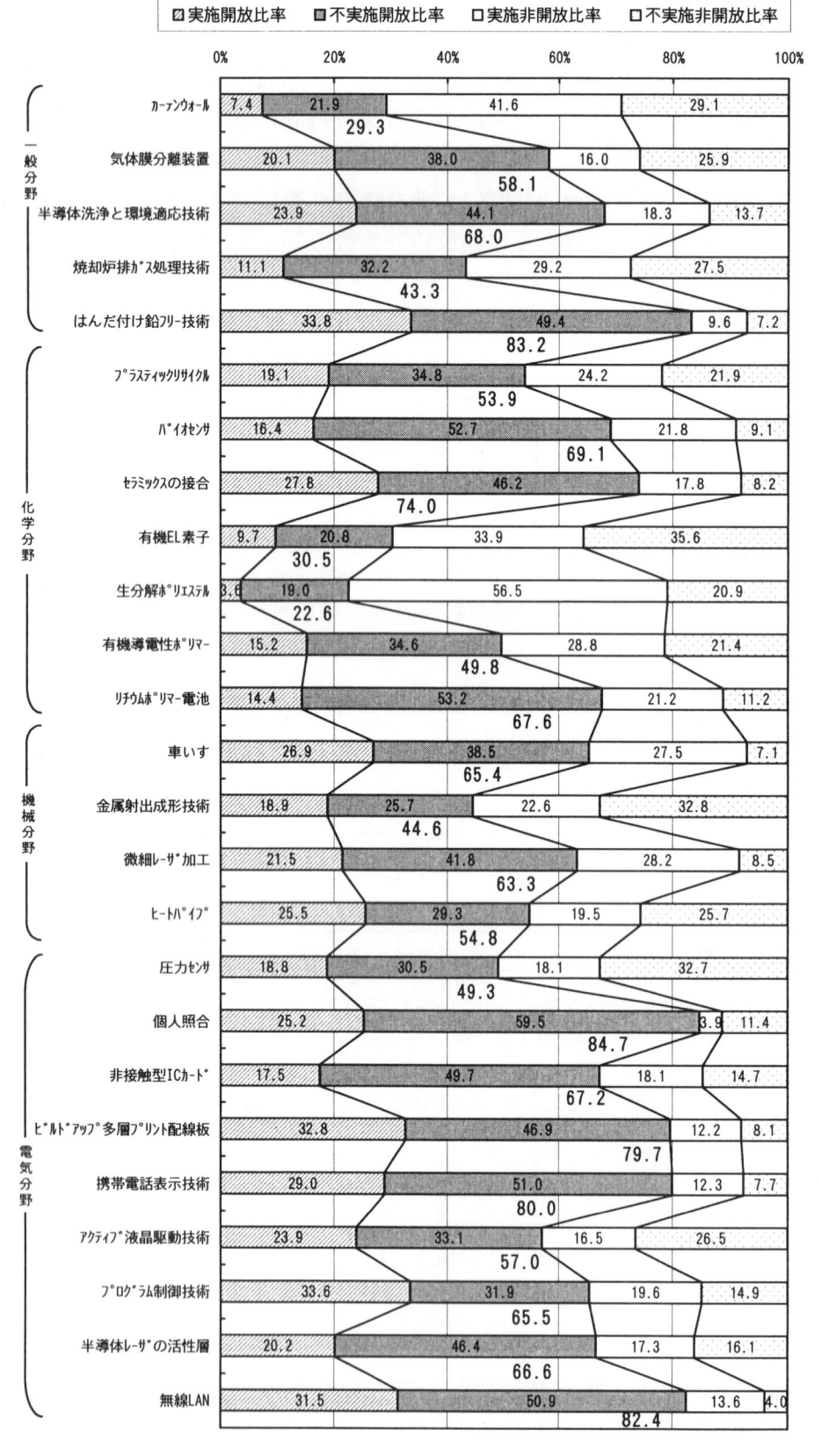

技術テーマ	分野	実施開放比率	不実施開放比率	実施非開放比率	不実施非開放比率	開放特許 実施	開放特許 不実施	非開放特許 実施	非開放特許 不実施	保有特許件数の合計
カーテンウォール	一般分野	7.4	21.9	41.6	29.1	67	198	376	264	905
気体膜分離装置	一般分野	20.1	38.0	16.0	25.9	88	166	70	113	437
半導体洗浄と環境適応技術	一般分野	23.9	44.1	18.3	13.7	155	286	119	89	649
焼却炉排ガス処理技術	一般分野	11.1	32.2	29.2	27.5	133	387	351	330	1,201
はんだ付け鉛フリー技術	一般分野	33.8	49.4	9.6	7.2	139	204	40	30	413
プラスティックリサイクル	化学分野	19.1	34.8	24.2	21.9	196	357	248	225	1,026
バイオセンサ	化学分野	16.4	52.7	21.8	9.1	106	340	141	59	646
セラミックスの接合	化学分野	27.8	46.2	17.8	8.2	145	241	93	42	521
有機EL素子	化学分野	9.7	20.8	33.9	35.6	90	193	316	332	931
生分解ポリエステル	化学分野	3.6	19.0	56.5	20.9	28	147	437	162	774
有機導電性ポリマー	化学分野	15.2	34.6	28.8	21.4	125	285	237	176	823
リチウムポリマー電池	化学分野	14.4	53.2	21.2	11.2	140	515	205	108	968
車いす	機械分野	26.9	38.5	27.5	7.1	107	154	110	28	399
金属射出成形技術	機械分野	18.9	25.7	22.6	32.8	147	200	175	255	777
微細レーザ加工	機械分野	21.5	41.8	28.2	8.5	68	133	89	27	317
ヒートパイプ	機械分野	25.5	29.3	19.5	25.7	215	248	164	217	844
圧力センサ	電気分野	18.8	30.5	18.1	32.7	164	267	158	286	875
個人照合	電気分野	25.2	59.5	3.9	11.4	220	521	34	100	875
非接触型ICカード	電気分野	17.5	49.7	18.1	14.7	140	398	145	117	800
ビルドアップ多層プリント配線板	電気分野	32.8	46.9	12.2	8.1	177	254	66	44	541
携帯電話表示技術	電気分野	29.0	51.0	12.3	7.7	235	414	100	62	811
アクティブ液晶駆動技術	電気分野	23.9	33.1	16.5	26.5	252	349	174	278	1,053
プログラム制御技術	電気分野	33.6	31.9	19.6	14.9	280	265	163	124	832
半導体レーザの活性層	電気分野	20.2	46.4	17.3	16.1	123	282	105	99	609
無線LAN	電気分野	31.5	50.9	13.6	4.0	227	367	98	29	721
合計						3,767	7,171	4,214	3,596	18,748

176

図5.2.1-3は、業種別に、各企業の特許の開放比率を示したものである。

開放比率は、化学系で最も低く、電気系で最も高い。機械系と一般系はその中間に位置する。推測するに、化学系の企業では、保有特許は「物質特許」である場合が多く、自社の市場独占を確保するため、特許を開放しづらい状況にあるのではないかと思われる。逆に、電気・機械系の企業は、商品のライフサイクルが短いため、せっかく取得した特許も短期間で新技術と入れ替える必要があり、不実施となった特許を開放特許として供出やすい環境にあるのではないかと考えられる。また、より効率性の高い技術開発を進めるべく他社とのアライアンスを目的とした開放特許戦略を採るケースも、最近出てきているのではないだろうか。

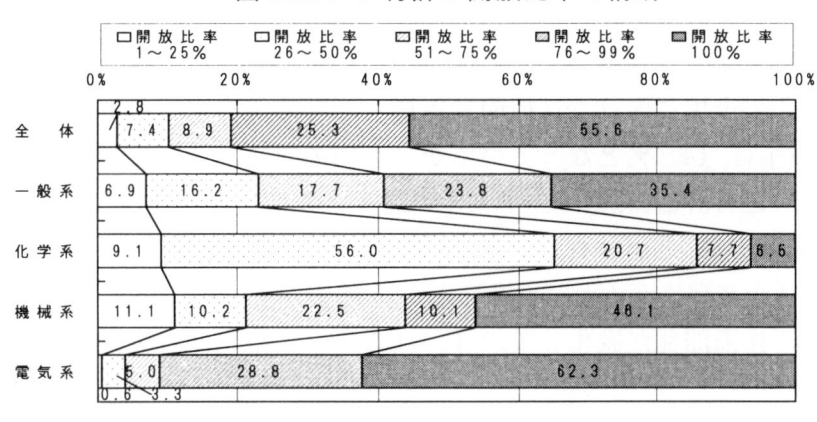

図5.2.1-3 特許の開放比率の構成

図5.2.1-4に、業種別の自社実施比率と不実施比率を示す。全体の自社実施比率は42.5%で、業種別では化学系55.2%、機械系46.5%、一般系43.2%、電気系38.6%である。化学系の企業は、自社実施比率が高く開放比率が低い。電気・機械系の企業は、その逆で自社実施比率が低く開放比率は高い。自社実施比率と開放比率は、反比例の関係にあるといえる。

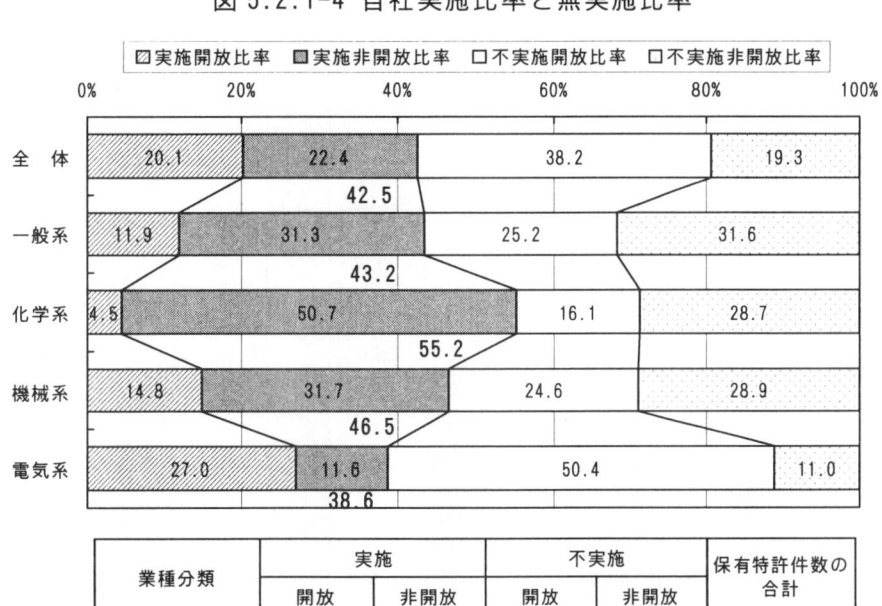

図5.2.1-4 自社実施比率と無実施比率

業種分類	実施 開放	実施 非開放	不実施 開放	不実施 非開放	保有特許件数の合計
一般系	346	910	732	918	2,906
化学系	90	1,017	323	576	2,006
機械系	494	1,058	821	964	3,337
電気系	2,835	1,218	5,291	1,155	10,499
全体	3,765	4,203	7,167	3,613	18,748

(2) 非開放特許の理由

開放可能性のない特許の理由について質問を行った（複数回答）。

質問内容	一般系	化学系	機械系	電気系	全体
・独占的排他権の行使により、ライバル企業を排除するため（ライバル企業排除）	36.3%	36.7%	36.4%	34.5%	36.0%
・他社に対する技術の優位性の喪失（優位性喪失）	31.9%	31.6%	30.5%	29.9%	30.9%
・技術の価値評価が困難なため（価値評価困難）	12.1%	16.5%	15.3%	13.8%	14.4%
・企業秘密がもれるから（企業秘密）	5.5%	7.6%	3.4%	14.9%	7.5%
・相手先を見つけるのが困難であるため（相手先探し）	7.7%	5.1%	8.5%	2.3%	6.1%
・ライセンス経験不足等のため提供に不安があるから（経験不足）	4.4%	0.0%	0.8%	0.0%	1.3%
・その他	2.1%	2.5%	5.1%	4.6%	3.8%

図5.2.1-5は非開放特許の理由の内容を示す。

「ライバル企業の排除」が最も多く36.0%、次いで「優位性喪失」が30.9%と高かった。特許権を「技術の市場における排他的独占権」として充分に行使していることが伺える。「価値評価困難」は14.4%となっているが、今回の「特許流通支援チャート」作成にあたり分析対象とした特許は直近10年間だったため、登録前の特許が多く、権利範囲が未確定なものが多かったためと思われる。

電気系の企業で「企業秘密がもれるから」という理由が14.9%と高いのは、技術のライフサイクルが短く新技術開発が激化しており、さらに、技術自体が模倣されやすいことが原因であるのではないだろうか。

化学系の企業で「企業秘密がもれるから」という理由が7.6%と高いのは、物質特許のノウハウ漏洩に細心の注意を払う必要があるためと思われる。

機械系や一般系の企業で「相手先探し」が、それぞれ8.5%、7.7%と高いことは、これらの分野で技術移転を仲介する者の活躍できる潜在性が高いことを示している。

なお、その他の理由としては、「共同出願先との調整」が12件と多かった。

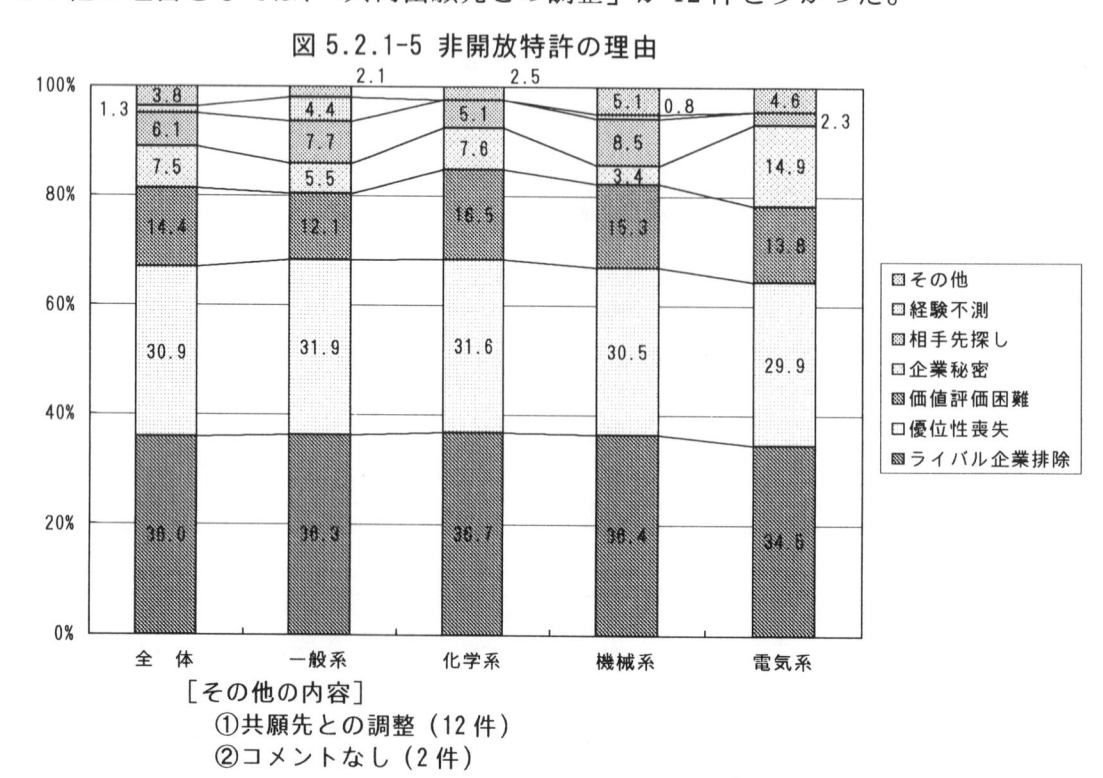

図5.2.1-5 非開放特許の理由

[その他の内容]
①共願先との調整（12件）
②コメントなし（2件）

5.2.2 ライセンス供与に関して
(1) ライセンス活動

ライセンス供与の活動姿勢について質問を行った。

質問内容	一般系	化学系	機械系	電気系	全体
・特許ライセンス供与のための活動を積極的に行っている（積極的）	2.0%	15.8%	4.3%	8.9%	7.5%
・特許ライセンス供与のための活動を行っている（普通）	36.7%	15.8%	25.7%	57.7%	41.2%
・特許ライセンス供与のための活動はやや消極的である（消極的）	24.5%	13.2%	14.3%	10.4%	14.0%
・特許ライセンス供与のための活動を行っていない（しない）	36.8%	55.2%	55.7%	23.0%	37.3%

その結果を、図5.2.2-1 ライセンス活動に示す。306件中295件の回答であった(回答率96.4%)。

何らかの形で特許ライセンス活動を行っている企業は62.7%を占めた。そのうち、比較的積極的に活動を行っている企業は48.7%に上る（「積極的」＋「普通」）。これは、技術移転を仲介する者の活躍できる潜在性がかなり高いことを示唆している。

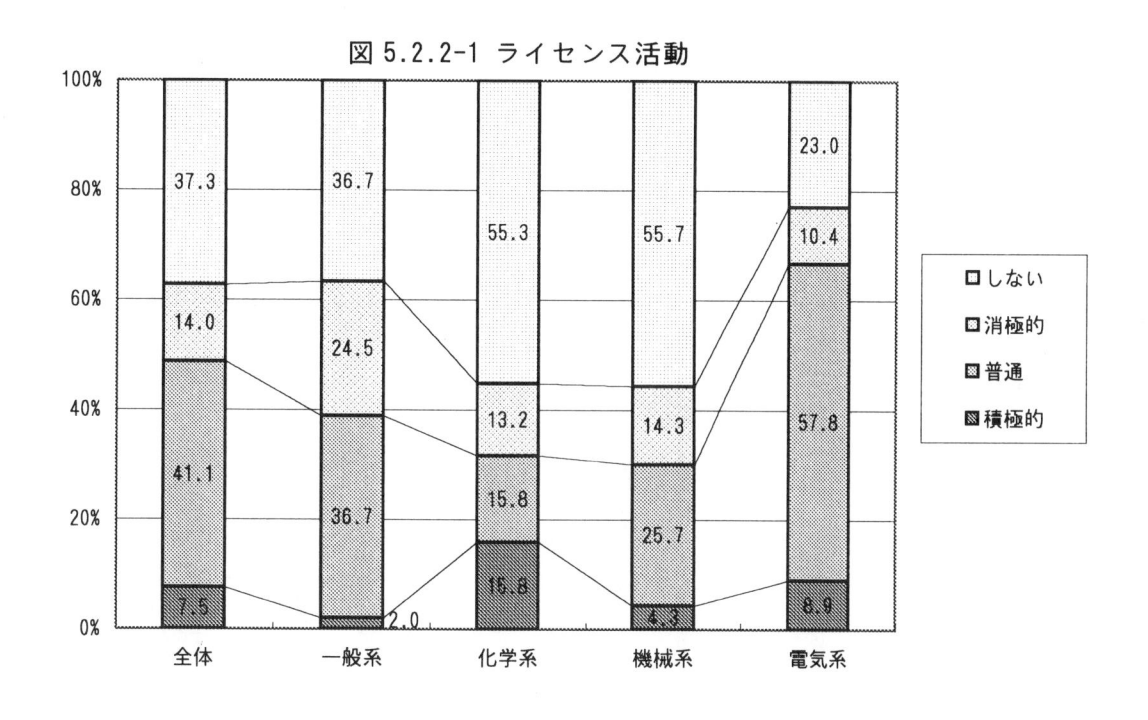

図5.2.2-1 ライセンス活動

（2）ライセンス実績

ライセンス供与の実績について質問を行った。

質問内容	一般系	化学系	機械系	電気系	全体
・供与実績はないが今後も行う方針（実績無し今後も実施）	54.5%	48.0%	43.6%	74.6%	58.3%
・供与実績があり今後も行う方針（実績有り今後も実施）	72.2%	61.5%	95.5%	67.3%	73.5%
・供与実績はなく今後は不明（実績無し今後は不明）	36.4%	24.0%	46.1%	20.3%	30.8%
・供与実績はあるが今後は不明（実績有り今後は不明）	27.8%	38.5%	4.5%	30.7%	25.5%
・供与実績はなく今後も行わない方針（実績無し今後も実施せず）	9.1%	28.0%	10.3%	5.1%	10.9%
・供与実績はあるが今後は行わない方針（実績有り今後は実施せず）	0.0%	0.0%	0.0%	2.0%	1.0%

図 5.2.2-2 に、ライセンス実績を示す。306 件中 295 件の回答があった（回答率 96.4％）。ライセンス実績有りとライセンス実績無しを分けて示す。

「供与実績があり、今後も実施」は 73.5％と非常に高い割合であり、特許ライセンスの有効性を認識した企業はさらにライセンス活動を活発化させる傾向にあるといえる。また、「供与実績はないが、今後は実施」が 58.3％あり、ライセンスに対する関心の高まりが感じられる。

機械系や一般系の企業で「実績有り今後も実施」がそれぞれ 90％、70％を越えており、他業種の企業よりもライセンスに対する関心が非常に高いことがわかる。

図 5.2.2-2 ライセンス実績

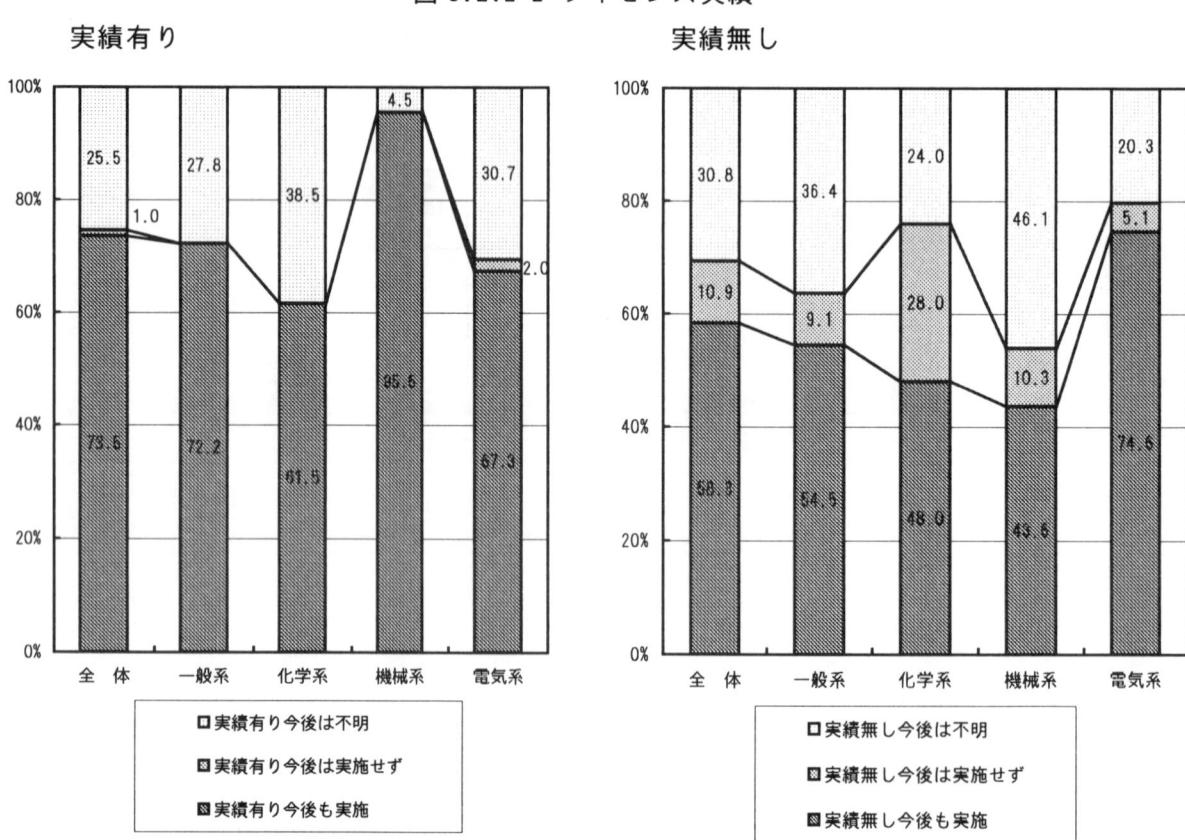

(3) ライセンス先の見つけ方

ライセンス供与の実績があると 5.2.2 項の(2)で回答したテーマ出願人にライセンス先の見つけ方について質問を行った(複数回答)。

質問内容	一般系	化学系	機械系	電気系	全体
・先方からの申し入れ(申入れ)	27.8%	43.2%	37.7%	32.0%	33.7%
・権利侵害調査の結果(侵害発)	22.2%	10.8%	17.4%	21.3%	19.3%
・系列企業の情報網（内部情報）	9.7%	10.8%	11.6%	11.5%	11.0%
・系列企業を除く取引先企業（外部情報）	2.8%	10.8%	8.7%	10.7%	8.3%
・新聞、雑誌、TV、インターネット等（メディア）	5.6%	2.7%	2.9%	12.3%	7.3%
・イベント、展示会等(展示会)	12.5%	5.4%	7.2%	3.3%	6.7%
・特許公報	5.6%	5.4%	2.9%	1.6%	3.3%
・相手先に相談できる人がいた等(人的ネットワーク)	1.4%	8.2%	7.3%	0.8%	3.3%
・学会発表、学会誌(学会)	5.6%	8.2%	1.4%	1.6%	2.7%
・データベース（DB）	6.8%	2.7%	0.0%	0.0%	1.7%
・国・公立研究機関（官公庁）	0.0%	0.0%	0.0%	3.3%	1.3%
・弁理士、特許事務所(特許事務所)	0.0%	0.0%	2.9%	0.0%	0.7%
・その他	0.0%	0.0%	0.0%	1.6%	0.7%

その結果を、図 5.2.2-3 ライセンス先の見つけ方に示す。「申入れ」が 33.7%と最も多く、次いで侵害警告を発した「侵害発」が 19.3%、「内部情報」によりものが 11.0%、「外部情報」によるものが 8.3%であった。特許流通データベースなどの「DB」からは 1.7%であった。化学系において、「申入れ」が 40％を越えている。

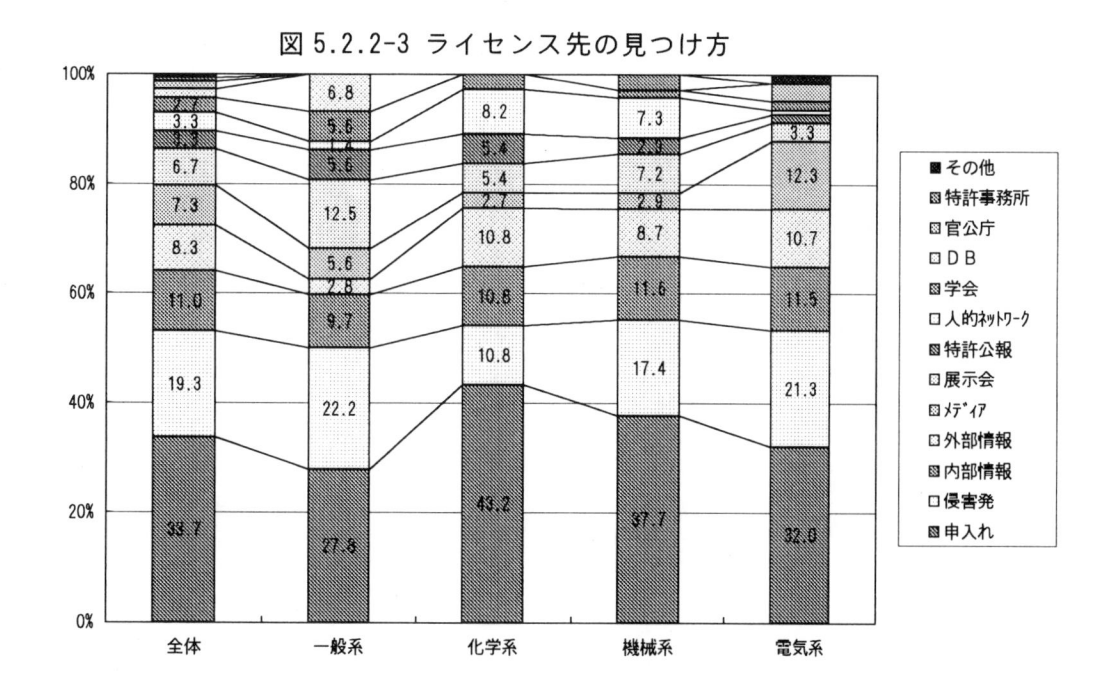

図 5.2.2-3 ライセンス先の見つけ方

〔その他の内容〕
　①関係団体（2件）

(4) ライセンス供与の不成功理由

5.2.2項の(1)でライセンス活動をしていると答えて、ライセンス実績の無いテーマ出願人に、その不成功理由について質問を行った。

質問内容	一般系	化学系	機械系	電気系	全体
・相手先が見つからない（相手先探し）	58.8%	57.9%	68.0%	73.0%	66.7%
・情勢（業績・経営方針・市場など）が変化した（情勢変化）	8.8%	10.5%	16.0%	0.0%	6.4%
・ロイヤリティーの折り合いがつかなかった（ロイヤリティー）	11.8%	5.3%	4.0%	4.8%	6.4%
・当該特許だけでは、製品化が困難と思われるから（製品化困難）	3.2%	5.0%	7.7%	1.6%	3.6%
・供与に伴う技術移転（試作や実証試験等）に時間がかかっており、まだ、供与までに至らない（時間浪費）	0.0%	0.0%	0.0%	4.8%	2.1%
・ロイヤリティー以外の契約条件で折り合いがつかなかった（契約条件）	3.2%	5.0%	0.0%	0.0%	1.4%
・相手先の技術消化力が低かった（技術消化力不足）	0.0%	10.0%	0.0%	0.0%	1.4%
・新技術が出現した（新技術）	3.2%	5.3%	0.0%	0.0%	1.3%
・相手先の秘密保持に信頼が置けなかった（機密漏洩）	3.2%	0.0%	0.0%	0.0%	0.7%
・相手先がグランド・バックを認めなかった（グランドバック）	0.0%	0.0%	0.0%	0.0%	0.0%
・交渉過程で不信感が生まれた（不信感）	0.0%	0.0%	0.0%	0.0%	0.0%
・競合技術に遅れをとった（競合技術）	0.0%	0.0%	0.0%	0.0%	0.0%
・その他	9.7%	0.0%	3.9%	15.8%	10.0%

その結果を、図5.2.2-4 ライセンス供与の不成功理由に示す。約66.7%は「相手先探し」と回答している。このことから、相手先を探す仲介者および仲介を行うデータベース等のインフラの充実が必要と思われる。電気系の「相手先探し」は73.0%を占めていて他の業種より多い。

図5.2.2-4 ライセンス供与の不成功理由

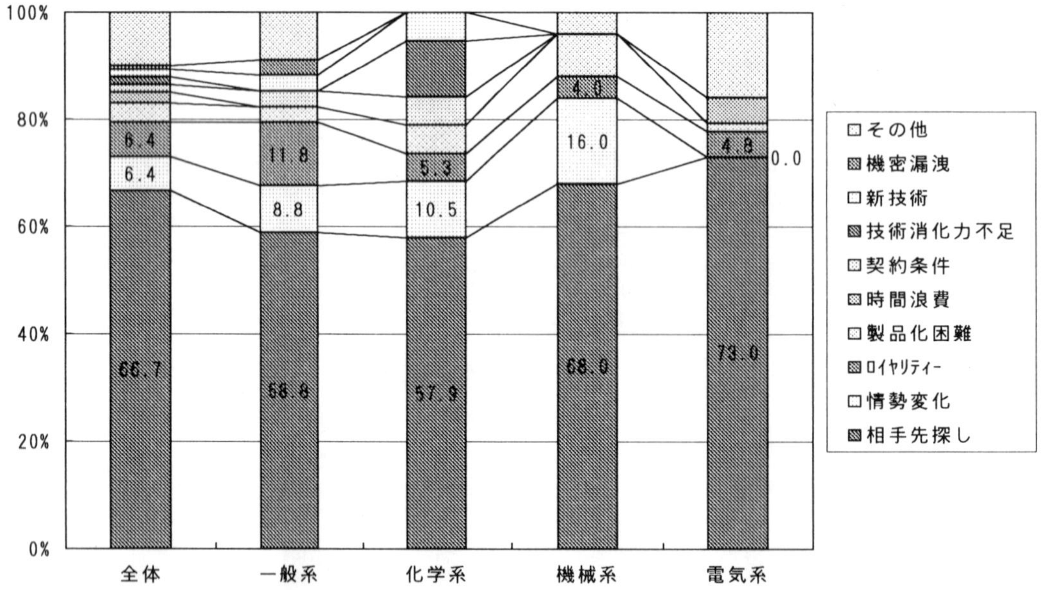

〔その他の内容〕
①単独での技術供与でない
②活動を開始してから時間が経っていない
③当該分野では未登録が多い（3件）
④市場未熟
⑤業界の動向（規格等）
⑥コメントなし（6件）

5.2.3 技術移転の対応
(1) 申し入れ対応

技術移転してもらいたいと申し入れがあった時、どのように対応するかについて質問を行った。

質問内容	一般系	化学系	機械系	電気系	全体
・とりあえず、話を聞く(話を聞く)	44.3%	70.3%	54.9%	56.8%	55.8%
・積積極的に交渉していく(積極交渉)	51.9%	27.0%	39.5%	40.7%	40.6%
・他社への特許ライセンスの供与は考えていないので、断る(断る)	3.8%	2.7%	2.8%	2.5%	2.9%
・その他	0.0%	0.0%	2.8%	0.0%	0.7%

その結果を、図5.2.3-1 ライセンス申し入れ対応に示す。「話を聞く」が55.8%であった。次いで「積極交渉」が40.6%であった。「話を聞く」と「積極交渉」で96.4%という高率であり、中小企業側からみた場合は、ライセンス供与の申し入れを積極的に行っても断られるのはわずか2.9%しかないということを示している。一般系の「積極交渉」が他の業種より高い。

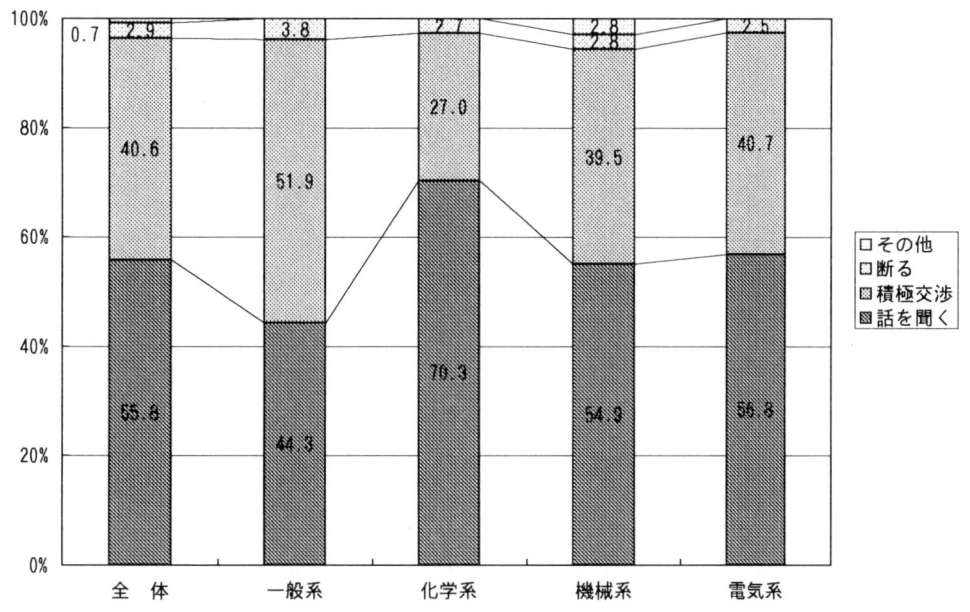

図5.2.3-1 ライセンス申入れの対応

(2) 仲介の必要性

ライセンスの仲介の必要性があるかについて質問を行った。

質問内容	一般系	化学系	機械系	電気系	全体
・自社内にそれに相当する機能があるから不要（社内機能あるから不要）	36.6%	48.7%	62.4%	53.8%	52.0%
・現在はレベルが低いので不要（低レベル仲介で不要）	1.9%	0.0%	1.4%	1.7%	1.5%
・適切な仲介者がいれば使っても良い（適切な仲介者で検討）	44.2%	45.9%	27.5%	40.2%	38.5%
・公的支援機関に仲介等を必要とする（公的仲介が必要）	17.3%	5.4%	8.7%	3.4%	7.6%
・民間仲介業者に仲介等を必要とする（民間仲介が必要）	0.0%	0.0%	0.0%	0.9%	0.4%

図 5.2.3-2 に仲介の必要性の内訳を示す。「社内機能あるから不要」が 52.0％を占め、最も多い。アンケートの配布先は大手企業が大部分であったため、自社において知財管理、技術移転機能が整備されている企業が 50％以上を占めることを意味している。

次いで「適切な仲介者で検討」が 38.5％、「公的仲介が必要」が 7.6％、「民間仲介が必要」が 0.4％となっている。これらを加えると仲介の必要を感じている企業は 46.5％に上る。

自前で知財管理や知財戦略を立てることができない中小企業や一部の大企業では、技術移転・仲介者の存在が必要であると推測される。

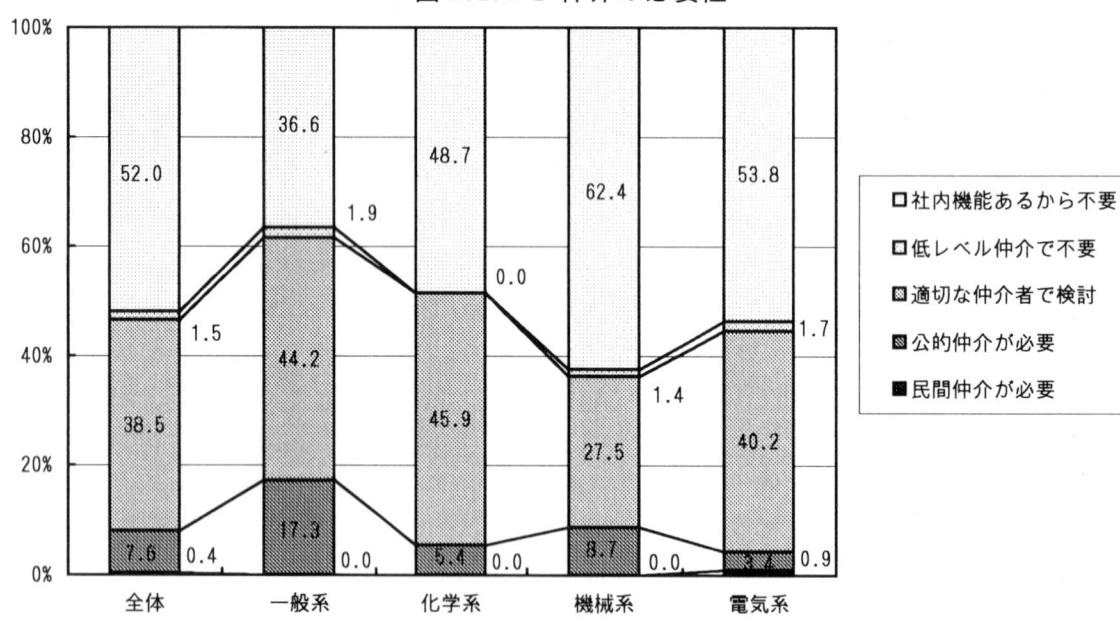

図 5.2.3-2 仲介の必要性

5.2.4 具体的事例
(1) テーマ特許の供与実績

技術テーマの分析の対象となった特許一覧表を掲載し(テーマ特許)、具体的にどの特許の供与実績があるかについて質問を行った。

質問内容	一般系	化学系	機械系	電気系	全体
・有る	12.8%	12.9%	13.6%	18.8%	15.7%
・無い	72.3%	48.4%	39.4%	34.2%	44.1%
・回答できない(回答不可)	14.9%	38.7%	47.0%	47.0%	40.2%

図 5.2.4-1 に、テーマ特許の供与実績を示す。

「有る」と回答した企業が 15.7%であった。「無い」と回答した企業が 44.1%あった。「回答不可」と回答した企業が 40.2%とかなり多かった。これは個別案件ごとにアンケートを行ったためと思われる。ライセンス自体、企業秘密であり、他者に情報を漏洩しない場合が多い。

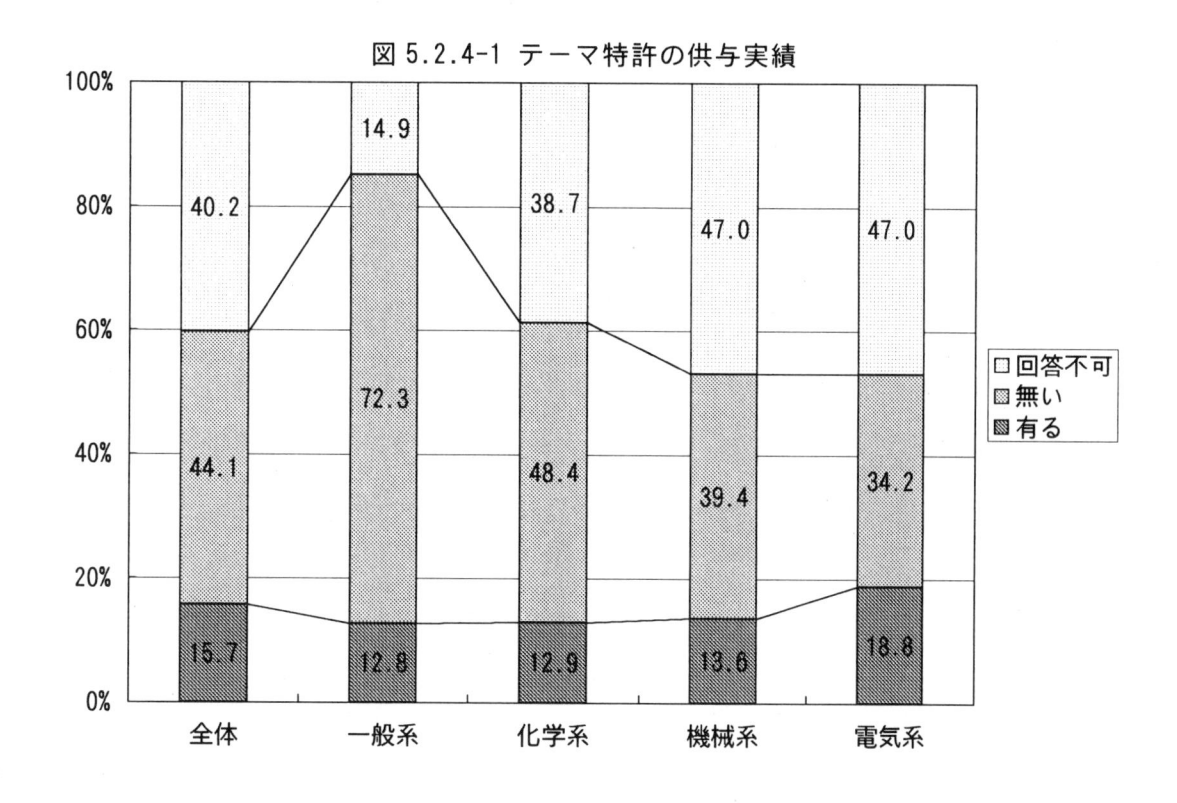

図 5.2.4-1 テーマ特許の供与実績

(2) テーマ特許を適用した製品

「特許流通支援チャート」に収蔵した特許（出願）を適用した製品の有無について質問を行った。

質問内容	一般系	化学系	機械系	電気系	全体
・回答できない（回答不可）	27.9%	34.4%	44.3%	53.2%	44.6%
・有る。	51.2%	43.8%	39.3%	37.1%	40.8%
・無い。	20.9%	21.8%	16.4%	9.7%	14.6%

図5.2.4-2に、テーマ特許を適用した製品の有無について結果を示す。

「有る」が40.8%、「回答不可」が44.6%、「無い」が14.6%であった。一般系と化学系で「有る」と回答した企業が多かった。

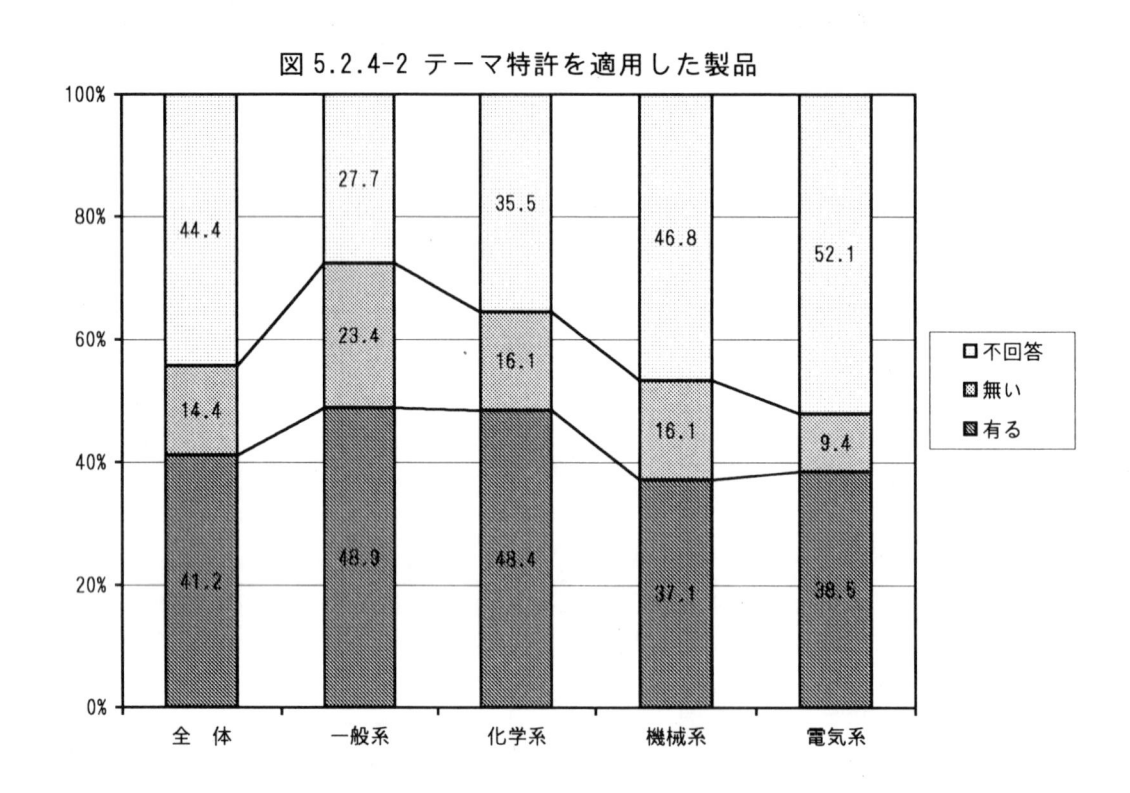

図5.2.4-2 テーマ特許を適用した製品

	全体	一般系	化学系	機械系	電気系
不回答	44.4	27.7	35.5	46.8	52.1
無い	14.4	23.4	16.1	16.1	9.4
有る	41.2	48.9	48.4	37.1	38.5

5.3 ヒアリング調査

アンケートによる調査において、5.2.2の(2)項でライセンス実績に関する質問を行った。その結果、回収数306件中295件の回答を得、そのうち「供与実績あり、今後も積極的な供与活動を実施したい」という回答が全テーマ合計で25.4%(延べ75出願人)あった。これから重複を排除すると43出願人となった。

この43出願人を候補として、ライセンスの実態に関するヒアリング調査を行うこととした。ヒアリングの目的は技術移転が成功した理由をできるだけ明らかにすることにある。

表5.3にヒアリング出願人の件数を示す。43出願人のうちヒアリングに応じてくれた出願人は11出願人(26.5%)であった。テーマ別且つ出願人別では延べ15出願人であった。ヒアリングは平成14年2月中旬から下旬にかけて行った。

表5.3 ヒアリング出願人の件数

ヒアリング候補 出願人数	ヒアリング 出願人数	ヒアリング テーマ出願人数
43	11	15

5.3.1 ヒアリング総括

表5.3に示したようにヒアリングに応じてくれた出願人が43出願人中わずか11出願人（25.6%）と非常に少なかったのは、ライセンス状況およびその経緯に関する情報は企業秘密に属し、通常は外部に公表しないためであろう。さらに、11出願人に対するヒアリング結果も、具体的なライセンス料やロイヤリティーなど核心部分については充分な回答をもらうことができなかった。

このため、今回のヒアリング調査は、対象母数が少なく、その結果も特許流通および技術移転プロセスについて全体の傾向をあらわすまでには至っておらず、いくつかのライセンス実績の事例を紹介するに留まらざるを得なかった。

5.3.2 ヒアリング結果

表5.3.2-1にヒアリング結果を示す。

技術移転のライセンサーはすべて大企業であった。

ライセンシーは、大企業が8件、中小企業が3件、子会社が1件、海外が1件、不明が2件であった。

技術移転の形態は、ライセンサーからの「申し出」によるものと、ライセンシーからの「申し入れ」によるものの2つに大別される。「申し出」が3件、「申し入れ」が7件、「不明」が2件であった。

「申し出」の理由は、3件とも事業移管や事業中止に伴いライセンサーが技術を使わなくなったことによるものであった。このうち1件は、中小企業に対するライセンスであった。この中小企業は保有技術の水準が高かったため、スムーズにライセンスが行われたとのことであった。

「ノウハウを伴わない」技術移転は3件で、「ノウハウを伴う」技術移転は4件であった。

「ノウハウを伴わない」場合のライセンシーは、3件のうち1件は海外の会社、1件が中小企業、残り1件が同業種の大企業であった。

大手同士の技術移転だと、技術水準が似通っている場合が多いこと、特許性の評価やノウハウの要・不要、ライセンス料やロイヤリティー額の決定などについて経験に基づき判断できるため、スムーズに話が進むという意見があった。

　中小企業への移転は、ライセンサーもライセンシーも同業種で技術水準も似通っていたため、ノウハウの供与の必要はなかった。中小企業と技術移転を行う場合、ノウハウ供与を伴う必要があることが、交渉の障害となるケースが多いとの意見があった。

　「ノウハウを伴う」場合の4件のライセンサーはすべて大企業であった。ライセンシーは大企業が1件、中小企業が1件、不明が2件であった。

　「ノウハウを伴う」ことについて、ライセンサーは、時間や人員が避けないという理由で難色を示すところが多い。このため、中小企業に技術移転を行う場合は、ライセンシー側の技術水準を重視すると回答したところが多かった。

　ロイヤリティーは、イニシャルとランニングに分かれる。イニシャルだけの場合は4件、ランニングだけの場合は6件、双方とも含んでいる場合は4件であった。ロイヤリティーの形態は、双方の企業の合意に基づき決定されるため、技術移転の内容によりケースバイケースであると回答した企業がほとんどであった。

　中小企業へ技術移転を行う場合には、イニシャルロイヤリティーを低く抑えており、ランニングロイヤリティーとセットしている。

　ランニングロイヤリティーのみと回答した6件の企業であっても、「ノウハウを伴う」技術移転の場合にはイニシャルロイヤリティーを必ず要求するとすべての企業が回答している。中小企業への技術移転を行う際に、このイニシャルロイヤリティーの額をどうするか折り合いがつかず、不成功になった経験を持っていた。

表 5.3.2-1 ヒアリング結果

導入企業	移転の申入れ	ノウハウ込み	イニシャル	ランニング
—	ライセンシー	○	普通	—
—	—	○	普通	—
中小	ライセンシー	×	低	普通
海外	ライセンシー	×	普通	—
大手	ライセンシー	—	—	普通
大手	ライセンシー	—	—	普通
大手	ライセンシー	—	—	普通
大手	—	—	—	普通
中小	ライセンサー	—	—	普通
大手	—	—	普通	低
大手	—	○	普通	普通
大手	ライセンサー	—	普通	—
子会社	ライセンサー	—	—	—
中小	—	○	低	高
大手	ライセンシー	×	—	普通

＊ 特許技術提供企業はすべて大手企業である。

(注)
　ヒアリングの結果に関する個別のお問い合わせについては、回答をいただいた企業とのお約束があるため、応じることはできません。予めご了承ください。

資料６．特許番号一覧

　１章の表1.2.3-1に記載した出願件数上位51社のうち、主要企業20社については、その保有特許の概要を２章で説明した。残り31社の保有特許の特許番号を表6.-1に示す。無線LANに特徴の有る発明には図6.-1に代表図面を併載した。また、表6.-1において、特許番号に続けて記載した括弧内数字は、表6.-2に示す企業連絡先のNo.に対応している。

表6.-1 主要企業20社を除いた出願件数上位51社の出願リスト(1/2)

	技術要素		課題	特許番号（企業番号）			
1	電波障害対策	伝搬障害対策	相互干渉低減	特開2001- 24579(33)	特開2001-186073(35)	特表2000-501254(40)	特開平 9-293200(46)
			フェージング	特開平11-252103(21)	特開平11-298489(35)		
		環境確保	伝搬環境確保	特開平11-261466(21)	特許第2848981号(24)(図)	特開平10-341243(36)	特開平10-164251(42)
			障害物影響除去	特開平11-275015(24)	特開平 9- 93177(29)	特開平10-313263(45)	
		ノイズ対策	他機器からの妨害対策	特開平11- 68666(24)			
			不特定ノイズ対策	特開平 9-247096(29)			
		その他	その他	特開平11-168467(21)			
2	移動端末ローミング	通信応答性、スループットの改善	基地局と移動局間でのスループット向上	特表2000-506712(23)	特表2000-502544(23)		
				特開平 9-275399(31)			
			通信の応答性改善	特許第3201154号(32)(図)	特開2000-138697(37)		
		高速ローミング	ハンドオーバ簡単化、高速化	特開平10-224381(33)	特許第3043729号(43)		
			通信エリアの円滑変更	特開平 9- 9332(22)	特開平 8-307446(36)	特開2000-156682(37)	
			パケットの確実送信、転送	特開2000-183890(37)			
			高速ローミングの実現	特開2001- 94572(39)	特開2000-307551(45)		
			メッセージの確実転送、送信	特開2000-183897(50)			
		移動局側処理改善	移動局の高精度位置把握	特開平11-163875(24)	特開平11-252121(24)		
			移動局の電力低減	特開平 9- 61508(51)			
			移動局への必要情報提供	特開平11-250393(24)	特開平11-259525(24)	特開2001-189975(32)	
				特開平 9-224029(50)			
		その他	ユーザへのサービス提供向上	特開2001- 53659(25)	特表2000-502521(40)		
3	占有制御	通信性能	通信効率	特開2000-349806(23)	特開2001-177506(25)	特許第2702442号(26)	特許第3043660号(26)
				特許第2777841号(30)	特開平 9- 8815(31)	特開平10- 41969(31)	特開平 9-172446(38)
				特開平 9-294290(38)	特開平11-217848(41)	特開平 9- 27807(43)	特開平10-224832(45)
			通信速度	特開2000-196598(22)	特開平 9- 69834(32)	特許第3167328号(33)	
			高速通信	特開平 9- 98176(21)	特開平10-107816(23)	特開平 7-202891(25)	特許第3170830号(50)
		通信障害	衝突防止	特開平 7-321790(22)	特許第3157679号(24)	特開平 9-162903(24)	特開平 8-237281(36)
				特開平 8-242232(36)	特開平 8-116323(38)		
			通信不能・障害防止	特表平11-501491(23)	特許第2806823号(26)	特開平 7- 74751(27)	特開2001- 36542(27)
				特表2000-504522(30)	特開2000- 49808(31)	特開平11-234208(32)	特許第3043603号(35)(図)
				特開平 9-149463(41)	特開平 9-284249(49)		
			干渉防止	特開2000-308146(25)	特開2000-315994(25)	特開2000-358281(25)	
		システム構成	設備の簡略化	特開平11-284541(22)	特開平11-284634(22)	特開平11- 74900(24)	特開2000-134226(25)
				特許第3153130号(36)	特開2001- 44943(38)	特開平11-355859(39)	
			省電力	特開2000-106605(32)	特開平11-177555(41)	特表11-505691(41)	
			作業性	特開2000-101588(34)	特開平11-355316(39)		
		通信の品質	信頼性向上	特開平11-261558(21)	特許第2742251号(26)	特許第3105859号(26)	特開平 7- 79227(27)
				特許第3110137号(29)	特開平 9- 8826(36)	特開2000-341748(45)	
			機能性	特許第2637380号(23)			
4	端局間の接続手順	通信障害	衝突対策	特開2001- 95048(21)	特開2001-211189(36)		
			障害対策	特開平11-239138(23)	特開2000-134274(35)		
			通信経路確保	特許第3102079号(21)	特開2000-261360(21)	特開2001- 44908(22)	特開2001-148702(32)
		通信性能	通信効率化	特開平10-276481(21)	特開2000-138637(22)	特開平11-266477(25)	特開2001- 57547(25)
				特開2001-148734(25)	特開2000-295245(26)	特開2001- 36543(27)	特開平11-191081(28)
				特開2000-115856(28)	特公平 7- 56980(29)	特公平 7- 56981(29)	特開平 9-200211(31)
				特開平10-164077(31)	特開2000-174766(31)	特開2001-156710(32)	特開平10-257569(33)
				特開2001- 86565(34)	特開2000-148646(37)	特開平10-178427(38)	特許第3049387号(38)
				特開平 5-282468(39)	特開平10-313326(41)	特開2000- 32421(42)	特開2001-197080(43)
				特開平 7- 99499(44)	特開平 9-215044(44)		
			ネットワーク間接続	特開2000- 32554(21)	特開平11- 27272(22)	特開2000-138701(23)	特開2000-138702(23)
				特開2000-151682(23)	特開2000-358046(23)	特開平 9-200248(31)	特開2000-183977(44)
			アクセス簡略化	特開平11-313019(22)	特開平11- 88541(23)	特開平 9-261592(24)	特開平11-252135(29)
				特開2001-197560(32)	特開2001-204055(33)	特開平11-275250(33)	特開2000-253004(34)
				特開平10-234063(45)	特開平11- 27277(47)	特開2001-156797(47)	
		通信品質	信頼性向上	特開2001-196992(25)	特開2000- 92061(27)	特公平 7-117963(28)	特開平11-167444(33)
				特開2001-156717(36)	特開平 9- 8827(36)	特開2000-175252(37)	特許第3196747号(37)
				特開平 6-64882(43)	特開平11-163881(42)	特開2001-189974(43)	
			時間削減	特許第3175271号(24)(図)	特許第3005525号(26)	特許第2685665号(48)	
		システム構成	無線化	特開平10-173671(38)	特開平10-234028(47)	特開平10-276235(47)	
			設備簡略化	特開平10-257121(21)	特開2001- 95047(21)	特開2001-103119(23)	特開2000-115172(27)
				特開平 8-340334(28)	特開平 7-221773(33)		
			新規機器設定登録	特開平11- 88382(27)			
		その他	その他	特開平11-177576(21)	特開2000-138700(21)	特開平10- 94055(24)	特開2000-339254(25)
				特開2001- 86571(25)	特開2001- 95067(25)	特許第2901586号(26)	特開2001- 34313(27)
				特開平11-196179(28)	特開2000- 224221(28)	特開平 5-195859(32)	特開2000- 52931(32)
				特開2001- 54174(33)	特開平11-317750(34)	特開2000-138923(34)	特開2001- 22681(34)
				特開2001-213503(34)	特開2001-160804(36)	特開2001-134591(38)	特開2000-242590(41)
				特開2001- 25070(42)	特開2001-104651(43)	特開2001-101581(46)	特開2001-101599(46)
				特開2001-155295(46)			
				特開平 9- 62419(47)	特開平11-282523(48)	特開平11-203565(49)	特開平 9- 71400(51)

189

表6.-1 主要企業20社を除いた出願件数上位51社の出願リスト(2/2)

	技術要素		課題	特許番号(企業番号)			
5	プロトコル関係	通信性能	通信効率	特許第2702031号(21)	特開2000-132353(31)	特開平 9-247129(32)	特開平 9-130405(33)
				特表平11-503891(40)			
			通信速度	特表2000-507790(23)			
			高速通信	特開平11-112575(41)			
		通信品質	機能性	特開平10-157269(28)	特表平10-512409(33)	特表平10-512121(33)	特開2001-144786(41)
			信頼性向上	特表平10-513330(23)	特開2000-236369(26)	特開2001- 23080(50)	
		システム構成	設備の簡略化	特開平10-341231(21)	特開平10-303923(22)	特開2001-145163(28)	特開平 9-135479(33)
				特許第2577168号(36)	特許第3069327号(43)		
			作業性	特開2000- 13384(29)			
			省電力	特許第3091532号(34)(図)			
		通信障害	通信路確保	特開平 9-327055(28)	特開平 9-307564(28)	特開平10-210052(33)	特開平11- 75266(33)
				特許第2809470号(29)	特許第2809471号(29)	特許第2809472号(29)	特許第2842657号(29)
			通信不能・障害防止	特開平 8-335948(35)			
			衝突防止	特開平10-135955(31)	特許第3107966号(24)		
		その他	その他	特開2000-312373(25)	特開2001-160860(32)		
6	誤り制御	伝送効率の向上	衝突・混信の回避	特開平 9-233074(27)	特表平 7-508385(30)	特開2000-217152(37)	特表平11-513868(40)
				特表平11-513869(40)	特開平10-173680(45)	特開2000- 82974(51)	
			回線品質変動への対応	特開2001-144784(26)			
			再送の効率向上	特開2001-156795(26)	特開平 8- 8928(27)	特開2001- 94588(31)	特開平11-275179(35)
				特開2001-156782(51)			
			その他	特許第2990106号(26)	特表平11-513858(40)	特開2000-209232(43)	
		信頼性の向上	システムの信頼性	特許第2884814号(22)	特開平10-257127(21)	特開平11-261465(21)	特許第2859211号(26)(図)
				特開2001- 57690(28)	特開2000-253095(32)	特公平 6- 95673(35)	特開平 9-130407(36)
				特表平11-514513(40)			
			データの信頼性	特許第3032629号(22)	特開平 8-204629(22)	特開2001-156753(22)	特開平 7-111509(24)
				特開平 9-275392(32)	特開2000-286893(34)	特許第2868303号(36)	特開平 6-232900(41)
		その他	その他	特許第2606746号(31)	特開2001-160867(32)	特開平10-098484(45)	特開平10-105485(45)
				特開平 9- 8933(48)	特開平11-275111(48)		
7	トラフィック制御		無駄なトラフィック発生を抑制	特開2001-156804(22)	特開平 6- 85816(23)	特開平 7-212373(23)	特開平10-107826(23)
				特開平11-146465(23)	特開2000-196629(23)	特開2001-128235(23)	特開2001-144676(23)
				特表平11-514829(23)	特開2000-209301(33)		
			トラフィック偏向防止	特開2001- 69174(27)			
		通信回線の利用率向上	通信回線の利用率向上	特開2000-115171(27)	特開平11-355322(33)	特開平11-346392(34)	特開2001-203754(37)
				特開2000-209234(44)			
			通信システムの伝送効率向上	特開平11-266271(25)			
			メッセージ利用で円滑通信実現	特開平11-177713(28)			
		チャネル割当適正化、処理時間短縮	チャネル割当要求の回数低減	特公平 7- 56982(29)(図)	特公平 7- 56983(29)		
			通信速度、周波数、チャネル等の適正化	特開平11-113043(25)	特開平11- 55253(28)	特開平11-261588(34)	
			呼びから応答までの処理時間短縮	特開平11-275656(42)			
		その他	サービス、通信品質向上及び消費電力低減	特開2000- 13376(27)	特開2000-308130(28)	特開2001- 75881(28)	特開平11-136773(36)
			その他	特開2001- 36970(27)	特開平11-331406(28)	特表平 8-500227(30)	特開2001-218252(36)
				特開2000-174695(37)	特開平 5-244158(44)		
8	同期	通信性能	通信効率の向上	特開2001- 57568(21)	特許第2690474号(25)(図)	特開平11-150549(25)	特表平 7-500960(30)
				特開2000-216849(31)	特開2000-358074(23)	特許第3112346号(23)	特許第2506481号(44)
			信頼性の向上	特開2000- 22614(21)	特開2000-151524(25)		
		通信障害	通信不能・干渉防止	特開平11-298975(21)	特開平 9- 69843(30)	特開平11-355293(35)	特許第2732962号(48)
			衝突防止	特開2000-101601(22)			
		システム構成	省電力	特開平 7- 99500(44)			
			構成の関緩化	特開2000-138698(28)	特開平 7-115422(39)	特開2000-165930(39)	特表2000-512098(40)
			操作性・作業性の改善	特開平11-127168(21)			
		時刻・位置管理	時刻・時間の管理	特開2000-307559(23)			
			現在位置の管理	特開平 8-329298(27)			
9	優先制御	通信の確保	経路の選択、伝送効率の向上	特許第3102057号(21)(図)	特開平11-234297(21)	特開平11-261557(21)	
			品質の確保	特開2000-152330(26)	特開平 8- 51427(51)		
			障害への対応	特開平11- 39006(46)			
		優先順位の制御	順位の決定、衝突の防止	特開2001- 28752(43)			
			順位通り処理	特開平11- 4236(33)			
		資源の確保	省電力化	特開平11-187038(34)			
		データ種別対応	データ種別対応	特表2000-504545(23)	特開2001- 16179(25)	特開2000-138676(37)	
		アドレス・配置	アドレス・配置	特開平 8-331127(22)	特開平 8-331128(22)		
		その他	その他	特開平10-190708(23)	特許第2788903号(26)	特開平11-341532(44)	
10	機密保護	不正アクセス・盗聴の防止	端末への不正アクセス防止	特開平11-298974(21)			
			無線傍受防止	特許第2582968号(22)(図)	特開平 8-274716(35)	特開2000-165942(42)	特開2000-165943(42)
				特開平 9-190264(47)			
		接続・認証処理	安全・確実な認証	特開平 8-154093(22)	特開2000-156887(37)	特開2001-218262(39)	特開平10-187559(45)
			処理の簡素化	特開2001-177520(25)			
			端末の紛失・盗難防止	特開平11-261560(50)			
		情報の保護	加入者情報の保護	特開平11-168560(25)			
			データの保護	特開2001-188761(24)			

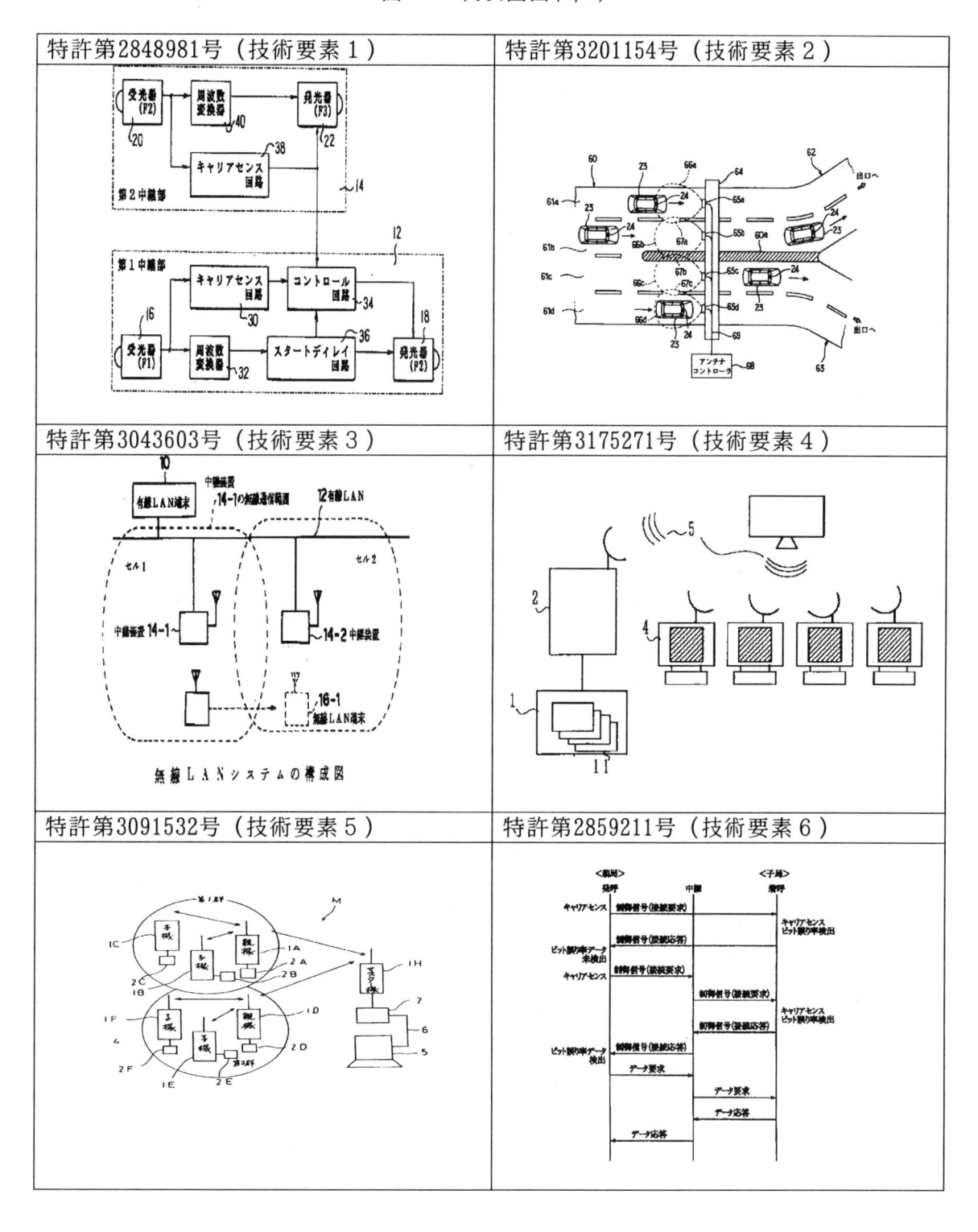

図6.-1 代表図面(1/2)

図6.-1 代表図面(2/2)

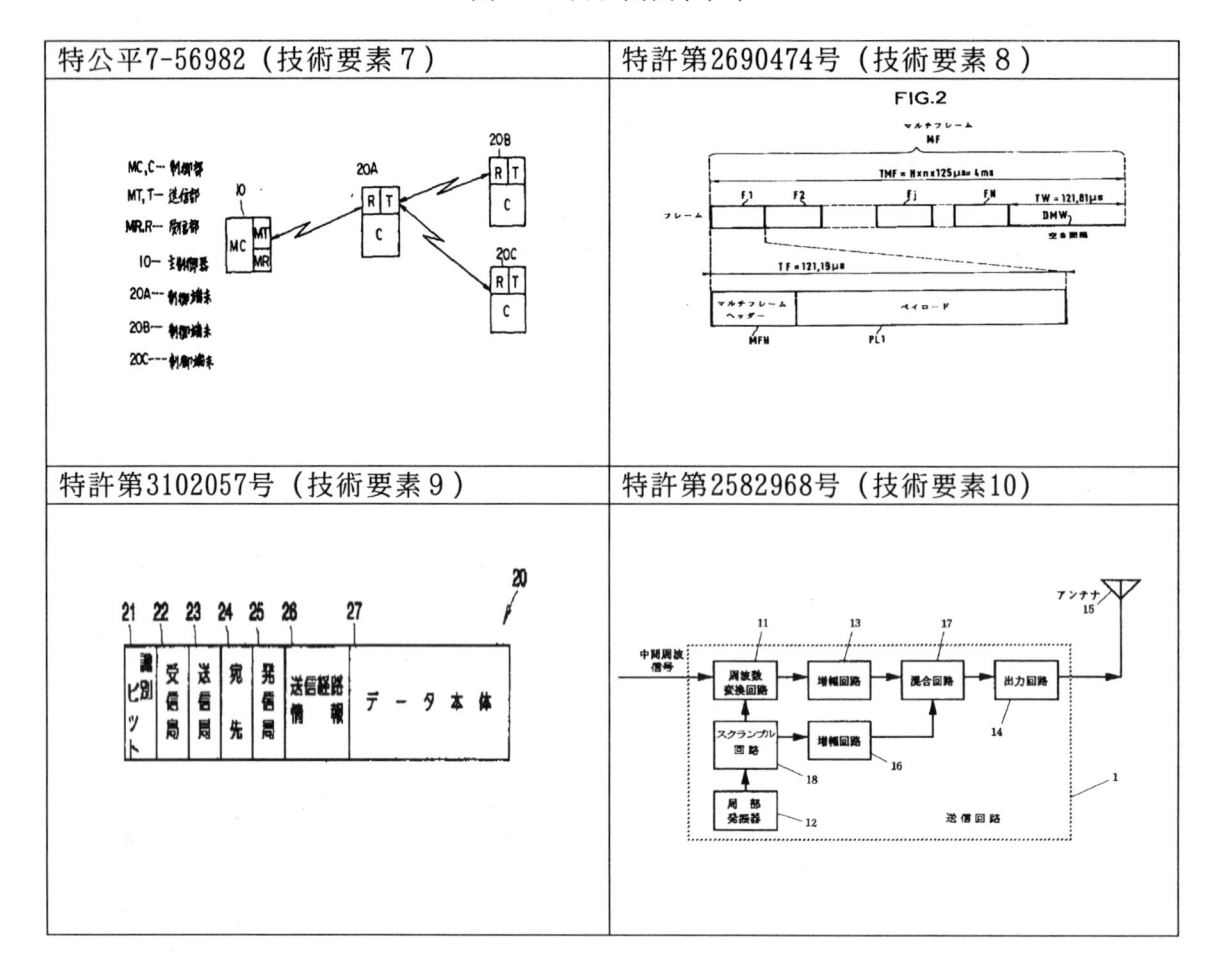

表6.-2 企業連絡先

NO.	企業名	出願件数	住所（本社等の代表的住所）	TEL	技術移転窓口	TEL
21	オムロン	26	〒600-8530 京都府京都市下京区塩小路通堀川東入	075-344-7000		
22	松下電工	20	〒571-8686 大阪府門真市門真1048	06-6908-1131	知的財産統括部	06-6908-0677
23	フィリップス エレクトロニクス	28	〒108-8507 東京都港区港南2-13-37 フィリップスビル	03-3740-5171		
24	NTTデータ	17	〒135-6033 東京都江東区豊洲3-3-3	03-5546-8202	知的財産部	03-5546-8144
25	アルカテル	24	〒112-0004 東京都文京区後楽2-3-27	03-5802-5860		
26	NECモバイリング	15	〒222-8540 神奈川県横浜市港北区新横浜3-16-8	045-476-2311		
27	富士電機	15	〒141-0032 東京都品川区大崎1-11-2 ゲートシティ大崎	03-5435-7111		
28	カシオ計算機	7	〒151-8543 東京都渋谷区本町1-6-2	03-5334-4111	知的財産部 知財管理室	042-579-7270
29	積水化学工業	13	〒530-8565 大阪府大阪市北区西天満2-4-4 堂島関電ビル	06-6365-4122		
30	モトローラ	7	〒107-6029 東京都港区赤坂1-12-32	03-5562-8500		
31	日本電気エンジニアリング	12	〒108-0023 東京都港区芝浦3-18-21	03-5445-4411		
32	デンソー	15	〒448-8661 愛知県刈谷市昭和町1-1	0566-25-5511	知的財産部	0566-25-5996
33	ノキア	17	〒100-0014 東京都千代田区永田町2-13-5 赤坂エイトワンビル7F	03-3597-0200		
34	三洋電機	12	〒570-8677 大阪府守口市京阪本通2-5-5	06-6994-1181	知的財産センター	06-6994-3644
35	日本無線	9	〒107-8432 東京都港区赤坂2-17-22 赤坂ツインタワー	03-3584-8711		
36	AT&T	15	〒105-0001 東京都港区虎ノ門2-10-1 新日鉱ビル	03-5545-9700		
37	三菱マテリアル	11	〒100-8117 東京都千代田区大手町1-5-1	03-5252-5201	知的財産部	03-5252-5454
38	富士ゼロックス	9	〒107-0052 東京都港区赤坂2-17-22 赤坂ツインタワー東館	03-3585-3211	知的財産部	0465-80-2455
39	クラリオン	7	〒112-8608 東京都文京区白山5-35-2	03-3815-1121		
40	テレフォン AB エル エム エリクソン	8	〒112-0004 東京都文京区後楽1-4-14 後楽森ビル	03-3830-2200		
41	ヒューレット パッカード	9	〒168-8585 東京都杉並区高井戸東3-29-21	03-3331-6111		
42	京セラ	7	〒612-8501 京都府京都市伏見区竹田鳥羽殿町6	075-604-3500		
43	三星電子	8	〒103-8488 東京都中央区日本橋浜町2-31-1 浜町センタービル	03-5641-9820		
44	シンボル テクノロジーズ	8	〒160-0023 東京都新宿区西新宿1-22-2 新宿サンエービル4F	03-3348-0213		
45	テキサス インスツルメンツ	9	〒160-8366 東京都新宿区西新宿6-24-1 西新宿三井ビル	03-4331-2000		
46	トヨタ自動車	5	〒471-8571 愛知県豊田市トヨタ町1	0565-28-2121		
47	ミツミ電機	6	〒182-8557 東京都調布市国領町8-8-2	03-3489-5333		
48	大阪瓦斯	5	〒541-0046 大阪府大阪市中央区平野町4-1-2	06-6202-2221		
49	富士通ゼネラル	2	〒213-8502 神奈川県川崎市高津区末長1116	044-866-1111		
50	住友電気工業	5	〒541-0041 大阪府大阪市中央区北浜4-5-33	06-6220-4141		
51	豊田自動織機	5	〒448-8671 愛知県刈谷市豊田町2-1	0566-22-2511	知的財産部 企画契約グループ	0566-27-5173

特許流通支援チャート　電気 9
無線LAN

2002年（平成14年）6月29日　初版発行

編集	独立行政法人
©2002	工業所有権総合情報館
発行	社団法人　発明協会

発行所　社団法人　発明協会

〒105-0001　東京都港区虎ノ門2-9-14
電話　　03(3502)5433（編集）
電話　　03(3502)5491（販売）
ＦＡＸ　03(5512)7567（販売）

ISBN4-8271-0667-3 C3033　　印刷：株式会社　野毛印刷社
Printed in Japan

乱丁・落丁本はお取替えいたします。

**本書の全部または一部の無断複写複製
を禁じます（著作権法上の例外を除く）。**

発明協会HP：http://www.jiii.or.jp/

平成13年度「特許流通支援チャート」作成一覧

電気	技術テーマ名
1	非接触型ICカード
2	圧力センサ
3	個人照合
4	ビルドアップ多層プリント配線板
5	携帯電話表示技術
6	アクティブマトリクス液晶駆動技術
7	プログラム制御技術
8	半導体レーザの活性層
9	無線LAN

機械	技術テーマ名
1	車いす
2	金属射出成形技術
3	微細レーザ加工
4	ヒートパイプ

化学	技術テーマ名
1	プラスチックリサイクル
2	バイオセンサ
3	セラミックスの接合
4	有機EL素子
5	生分解性ポリエステル
6	有機導電性ポリマー
7	リチウムポリマー電池

一般	技術テーマ名
1	カーテンウォール
2	気体膜分離装置
3	半導体洗浄と環境適応技術
4	焼却炉排ガス処理技術
5	はんだ付け鉛フリー技術